U0351501

绿色发展与新质生产力丛书

Statistical Measurement of Price Dependency Risk in China's Carbon Market from a Network Perspective

关联网络视角下中国碳市场价格相依性风险的统计测度

董清利　连兰兰　著

东北财经大学出版社
Dongbei University of Finance & Economics Press
大连

图书在版编目（CIP）数据

关联网络视角下中国碳市场价格相依性风险的统计测度 / 董清利，连兰兰著．—大连：东北财经大学出版社，2024.10．—（绿色发展与新质生产力丛书）—ISBN 978-7-5654-5382-3

Ⅰ．X511

中国国家版本馆CIP数据核字第2024Z7M543号

东北财经大学出版社出版发行

大连市黑石礁尖山街217号　邮政编码　116025

网　　址：http://www.dufep.cn

读者信箱：dufep@dufe.edu.cn

大连永盛印业有限公司印刷

幅面尺寸：170mm×240mm　字数：282千字　印张：21

2024年10月第1版　　2024年10月第1次印刷

责任编辑：刘　佳　　责任校对：徐　群

封面设计：原　皓　　版式设计：原　皓

定价：80.00元

教学支持　售后服务　联系电话：（0411）84710309

如有印装质量问题，请联系营销部：（0411）84710711

本书由国家社会科学基金项目（21CTJ011）资助。

前　言

“二氧化碳排放力争于2030年前达到峰值，努力争取2060年前实现碳中和”是国家主席习近平在第七十五届联合国大会一般性辩论上提出的愿景。“十四五”规划中的“广泛形成绿色生产生活方式，碳排放达峰后稳中有降，生态环境根本好转，美丽中国建设目标基本实现”，亦表明“绿色发展”将成为推动经济社会高质量发展的重要手段。建立健全全国碳排放权交易市场（简称碳市场）是能源低碳发展的重要政策工具，可以通过市场机制低成本高效率地实现全社会减排目标。碳达峰和碳中和目标的提出，向碳市场发出了强烈信号，将促使更多市场主体关注零碳发展。当前国内碳市场虽存量大、交易空间充裕，但碳市场价格（即碳排放权价格，简称碳价）波动不规则、行情跌宕起伏，导致市场交易风险较大，市场主体参与度较低，难以达成减排目标。碳市场风险的核心是价格相依性风险，对其进行有效测度可以增强碳市场的活跃度，这是建立健全碳市场的关键。

由于当前碳市场结构较为单一，仅关注关联市场（如碳期货等）不足以反映碳市场的价格风险，并且碳价波动又由供给、需求以及诸多外部因素所驱动，因而多源驱动因素组成的关联网络是测度碳市场价格相依性风险的重要基础，这也是本书的背景与依据。已有研究主要着眼于碳期货等单一关联市场，难以全面地对价格相依性风险进行测度；碳价波动受需求、供给及场外多源因素驱动，作用路径复杂且记忆叠加，而常规统计手段更多是对单一、固定影响的识别与测度，忽略了碳价驱动因素的关联网络特征；碳市场价格相依性风险测度方法前沿性不足，难以有效利用碳价驱动因素的关联网络信息。鉴于此，本书致力于结合中国碳市场发展现状，从碳市场价格驱动因素的关联网络视角切入，利用前沿统计模型和智能优化方法，拟在相依性风险内在机理、碳价驱动因素的立体识别及关联网络构建、碳市场价格相依性风险测度、碳市场金融属性开发等方面有所突破，同时对发达经济体的碳市场风险管理经验进行系统梳理、归纳、整合、创新，取其精华去其糟粕，使之更适合中国国情与市场，最终在碳市场经济效益和生态效益协同发展目标下，探索有效的风险调控手段和路径。

本书的主要内容：

1. 条分缕析，针对“全国碳市场成立”背景下碳市场价格风险进行全面分析

欧盟碳排放权交易体系成立于2005年，是目前规模最大、碳交易量占比最高的碳排放权交易体系，其通过四个阶段的制度改革实现了风险管控的不断调整，巩固了欧盟在新一轮国际气候谈判中的话语权。相比之下，我国碳排放权交易起步较晚。2021年2月，我国启动了全国碳排放权交易体系，实现从试点市场到全国统一的碳市场的跨越。全国碳排放权交易市场是我国利用市场机制控制和减少温室气体排放，推动绿色低碳发展的一项制度创新，也是落实我国碳达峰、碳中和的核心政策工具。截至2023年5月31日，全国碳排放权交易市场累计成交总量约2.35亿吨，累计成交额约107.87亿元。在交易市场层面实现平稳运行和健康发展的同时，对促进企业温室气体减排，强化社会各界低碳发展意识，也发挥了举

足轻重的作用，彰显了我国积极践行“双碳”目标的决心。

在双轨制的并行制度下，建设全国统一的碳排放权交易市场，是为了打破地方保护和市场分割，打通制约碳市场流通的关键堵点，加快清理废除妨碍统一碳排放权交易市场公平竞争的各种做法，让碳市场高效规范、公平竞争、充分开放。然而试点碳市场间的碳价波动差异，以及全国碳市场价格低位震荡，导致碳市场价格风险尤为突出，不利于全国碳市场的健康运行。我国碳市场受市场行为和政府约束的协同影响，需要结合中国国情与碳市场发展状况，构建健全的碳市场风险管控机制。

本书基于所收集的多源数据，对比欧洲碳市场不同阶段的风险特征，结合习近平新时代中国特色社会主义思想与中国实际，通过多角度剖析碳市场价格的形成机制，深入分析国内试点碳市场及全国碳市场价格风险的内涵、来源与成因，并对当前碳市场价格风险测度方法、管理现状进行全面研究。

2. 见微知著，展开覆盖碳市场环境全链条的相依性风险多角度分析

碳价是碳市场[①]的交易核心，它的异常激烈波动是碳市场价格风险的主要表现。比如，欧盟碳排放权交易体系（The EU Emissions Trading System，EU-ETS）。EU ETS市场在第一阶段出现预估失误，其EUA价格从20欧元一度跌至0，价格的剧烈波动严重影响了市场参与者的减排意愿。而国内的区域试点碳市场，其碳价同样存在过山车般的波动，最低价格为1元，而最高价格高达122.97元，令许多减排主体望而却步。因此，碳市场风险管控的主要对象是碳价，就需要厘清碳价波动的驱动因素。碳价波动涉及多方面因素的综合影响，不仅易受市场供求机制的作用，更易受到政治变动、气候变化、配额分配、金融危机等诸多外界因素的影响，这些影响都会给碳交易市场带来大幅度的波动，导致市场呈现复杂不确定性等非线性系统的特征。碳交易市场的波动频繁会导致市场风险凸显，且受全球金融一体化发展的影响，碳交易市场也面临着多源市场风险要素并

① 本书的碳市场与碳交易市场没有显著区别。

存问题的挑战。因此，碳交易市场风险的识别与度量是碳市场健康发展的关键问题，科学有效的碳交易市场风险管理是实现全球碳减排效果的重要保障。

类似于金融市场资产组合中的不同资产收益率之间存在的尾部相依性，碳价与其驱动因素之间也是高度相依的，这是测度碳市场价格风险不容忽视的问题，也是本书所研究的“碳市场价格相依性风险”。本书从“供给–需求–场外”三个侧面，基于“点—线—面”立体视角对相依性风险要素进行多源识别，进而基于风险溢出理论，采用包括Copula、CoVaR、EVT等在内的多种方法进行碳市场相依性风险多角度分析与度量。

3. 去粗取精，在关联网络视角下进行价格驱动因素的萃取

理论上，碳价应等于企业的边际减排成本。而现实中，除了碳期货等关联市场外，配额分配、外部市场、经济社会发展、能源价格、政策环境等一系列供给、需求和场外多源因素，也会通过影响市场预期和减排成本来影响碳价走势。“场外”因素中的政策披露会影响未来的“供给”侧的配额切割，“供给”因素中的初始配额也会影响下一时刻“需求”侧的微观排放策略，而“需求”因素中的能源价格又会影响到未来的“场外”侧的政策管制，多源因素复杂共生，长短期记忆叠加作用，以螺旋方式驱动着碳价的不断波动。鉴于不同因素间的复杂关联，单独考虑每个因素与碳市场价格的相依风险，不足以全面刻画碳市场价格的真实风险水平。

本书基于关联网络视角，考虑多源驱动因素与碳价波动存在相依作用而引起收益的不确定性变化。研究涵盖了当下主流的关联网络构建思路，包括空间关联理论、TVP–VAR模型、DY溢出指数网络、模糊认知图模型、社会网络理论等，并对比分析不同网络的结构差异，进而实现碳市场驱动因素关联网络间的对比分析。在此基础上，本书利用多种凝聚类和分裂类社区发现方法，对驱动因素关联网络进行深入剖析，更细致地且有针

对性地刻画碳市场中不同的价格波动模式及其影响因素，为制定更精准的风险管理策略提供支持。

4. 尽绵薄之力，为全国碳市场行稳致远建言献策

当前，我国能源系统的低碳转型实际上是供需两侧同时发力，碳市场建设也应该适应行业转型需要，不但应从发电侧（火电发电企业），也应从用电侧包括钢铁、建筑和化工等重点节能减排领域推动入市交易。上下游联动，活跃市场交易，更加准确地反映能源供需平衡情况，形成真实价格信号。火电行业中短期内因为保供和转型等任务，财务压力较大，难以独立承担推动碳市场健全和发展的使命，客观上也需要其他行业企业参与。更多行业企业参与履约交易和自愿减排量交易，一方面可以更早地为政策完善提供依据，另一方面可以为金融机构和投资者提供更为全面和完整的市场方案。总体而言，全国碳市场面临的主要矛盾是——能否保证和提升碳市场流动性。本质上，只有碳金融等衍生品市场逐渐成熟，才会激励更多民间资本参与绿色金融，进入减排行业。如果碳市场价格的发现功能不足，导致定价不合理或无法定价，就会导致基于碳配额的碳金融产品难以发挥出质押、回购、信托等一些应有的金融属性。

缓解该主要矛盾是本书的终极愿景。本书在对碳市场价格相依性风险有效测度的基础上，深入研究碳市场作为投资性资产参与投资组合管理的金融属性。基于严谨的投资收益估计，通过计算对冲比率HR和对冲有效性HE，评价围绕碳市场的投资组合和风险对冲策略。

本书的方法创新之处：

在统一的全国碳市场成立运行与试点碳市场并行双轨制的背景下，本书在对大量国内外研究文献进行归纳、整理的基础上，系统分析了发达经济体对于碳市场风险测度和处置的经验与不足。在适用于中国实际情况的基础上对应用方法加以创新，并将其运用到中国特色情境下碳市场风险的研究范畴。具体表现为以下几个方面：

基于FCM模型和DY指数的关联网络构建的创新之处在于：通过运用

FCM模型和DY指数，在繁杂的碳价驱动影响因素中提取出由数据驱动的关联网络。该关联网络不同于常规的社交网络，网络中不同因素间的连接无法显性地被观测到，它们完全是基于不同因素间历史数据的迭代拟合而得到。在此关联网络基础上，可以结合常规的网络分析思路和方法，包括引力模型、QAP回归、多维邻近性模型和社会网络理论，对其进行网络结构分析和连通性分析。

基于关联网络的社区发现研究的创新之处在于：在关联网络基础上，采用一系列前沿社区发现算法，包括多种凝聚类和分裂类算法，识别和划分碳市场价格风险驱动因素之间的相关性，并将它们组织成不同的社区。这有助于更好地理解不同因素之间的关联关系，识别出共同的驱动因素，从而提供风险识别和管理的范围。通过分析每个社区的特征和动态变化，可以更准确地评估碳市场价格的风险，并制定相应的风险管理策略。

基于CoVaR的碳市场相依性风险测度研究的创新之处在于：CoVaR是当前衡量市场风险水平的主流工具。与传统的VaR风险测量方法相比，CoVaR考虑了特定因素的风险溢出效应，克服了传统风险度量往往低估损失的问题。使用Copula模型对风险溢出组合的边际分布进行有效拟合，进而基于CoVaR估计碳市场的真实风险水平，并验证风险溢出效应的存在性。这是从网络视角对碳市场风险进行研究的一次创新性方法尝试。

基于TVP-VAR的碳市场相依性风险溢出效应研究的创新之处在于：从VAR模型出发构建静态溢出指数，结合TVP-VAR模型的滚动窗口方法得到时变性溢出，并由此得到碳市场与驱动因素间网络的连通性，以及网络的波动溢出效应和时变特征。进而，采用SNA方法在行业层面探讨了碳市场与股票市场之间的风险溢出网络，从而清楚地了解不同实体之间复杂的相互依赖关系，这有助于识别风险传输路径和网络结构特征。

基于碳市场相依性风险的对冲策略和投资组合研究的创新之处在于：利用DCC-GARCH类模型得到市场之间的动态相关性，在此基础上比较各金融市场对碳市场和绿色债券市场对其他市场的对冲策略和多样化投资组合策略。通过计算Omega值和Sortino Ratio值，评估所构建的二元投资组合的投资绩效，同时评估该投资组合的对冲有效性，并检验碳市场的金融投资属性在COVID-19（新型冠状病毒感染）暴发前后的表现差异，为碳金融发展奠定基础。

本书的特色与主要成果：

本书的突出特色是致力于结合中国碳市场发展现状，从碳市场价格驱动因素的关联网络视角切入，利用前沿统计模型和智能优化方法，拟在相依性风险内在机理、碳价驱动因素的立体识别及关联网络构建、碳市场价格相依性风险测度、碳市场金融属性开发等方面有所突破，同时对发达经济体的碳市场风险管理经验进行系统梳理、归纳、整合、创新，取其精华去其糟粕，使之更适合中国国情与市场，最终在碳市场经济效益和生态效益协同发展目标下，探索有效的风险调控手段和路径。

1. 关于碳市场价格相依性风险理论方面的成果

本书肯定了欧洲等发达经济体对于碳市场风险管理的指导性地位，同时也指出西方理论对中国国情的不适用性。EU ETS已经成为全球最大、最成熟的碳交易市场之一，一直在不断发展和改进管理手段。例如，EU ETS于2021年推出了更严格的碳排放目标，并计划逐步减少碳配额的总量，以进一步推动碳市场的发展和减排目标的实现。此外，EU ETS也在不断优化碳配额分配机制、完善碳市场监管和提高市场的弹性与透明度，以应对不断变化的市场需求和挑战。尽管EU ETS在碳市场管理方面积累了丰富的经验，但由于在政治与制度、经济结构与发展程度、市场规模与复杂性、数据可靠性与检测能力、参与者合规性等方面的差异，这些经验无法直接移植到中国碳市场。中国需要结合自身国情和发展阶段，制定适合的管理措施和机制，以实现碳市场的有效管理和减排目标的顺利实现。

本书尝试在中国“全国统一碳市场”成立的背景下，对碳市场相依性风险体系做出合理展望。统一的全国碳市场与试点市场双轨并行是当下中国碳市场的国情与特色，也是实现“30·60”双碳目标过程中的关键一步。形成全国统一的碳价格，可以提高碳市场的流动性和定价效率，助力低碳平稳转型。打好统一碳市场的基础之后，才能进一步完善碳市场的各项机制，包括优化总量设定方法、配额分配向拍卖过渡、推动金融机构入场参与、形成相对合理的碳价格、推动能源价格市场化改革等。作为一个对政策高度依赖的市场，碳市场交易发展尚未完善，相比其他金融市场，碳交易市场属于较为典型的复杂非线性系统。碳交易市场产品价格波动涉及多方面因素的综合影响，不仅易受市场供求机制的影响，更易受到政治变动、气候变化、配额分配、金融危机等诸多外界因素的影响，这些影响都会给碳交易市场的稳定带来大幅度的波动，导致市场呈现复杂不确定性等非线性系统的特征。碳交易市场的频繁波动会导致市场风险凸显，且受全球金融一体化发展的影响，碳交易市场也面临多源市场风险要素并存问题的挑战。因此，碳交易市场风险的相依性识别与度量是碳市场健康发展的关键问题，科学有效的碳交易市场风险管理是实现我国“双碳”目标的重要保障。

2. 关于在驱动因素关联网络构建方面的成果

本书在以中国为代表的新兴经济体背景下，基于DY指数探究了“-股票-债券”系统内的关联网络与风险溢出。作者考察了新兴经济体在COVID-19期间的“碳-股票-债券”体系，包括碳市场、股票市场（包括传统股票、低碳足迹股票）和债券市场（包括传统债券、绿色债券）之间的风险联系机制和投资管理策略，为投资者进行投资组合优化和风险管理提供依据。与以往研究不同的是，当前大部分研究习惯于从收益率的角度探究市场之间的联系机制或风险管理策略，因而在考虑收益率的同时，本书还从波动率的角度分析了整个系统中的风险溢出。此外，新兴经济体下的碳市场呈现出比发达经济体更大的不稳定性，极端事件如COVID-19的发生可能影响系统中的溢出机制。因此我们以COVID-19为时间分界点将整个样本期进行分割，从而进一步探究极端事件在系统中的确切影响。

本书采用渐进的视角来探讨碳市场与股票市场之间关联网络的结构特征与风险溢出。首先，将碳市场和股票市场作为一个整体进行全面分析，以确定这两个市场之间是否存在显著的风险溢出效应。其次，把重点转移到行业层面的股票市场，并研究不同行业层面股票市场与碳市场之间的行业异质性和溢出网络，这将通过使用时频溢出分析和SNA方法来完成。最后，具体考察能源市场，并进行具体的计量分析，以阐明单个能源企业波动率与碳市场波动率之间溢出效应的潜在机制和驱动因素。本书弥补了部分研究空白，一方面，采用创新的、逐步深入的研究视角分析碳市场的角色变化。先从市场层面，再到行业层面，最后到微观企业层面。这种研究视角有助于全面了解碳市场的演变性质。另一方面，采用SNA方法在行业层面探讨了碳市场与股票市场之间的风险溢出网络，从而清楚地了解不同实体之间复杂的相互依赖关系，这有助于识别风险传输路径和网络结构特征。

3. 关于碳市场价格相依性风险测度方面的成果

本书提出基于Copula-CoVaR的碳市场价格相依性风险测度混合策略。该混合策略专注于因子选择和风险度量的整合，以准确衡量碳交易市场的风险溢出。首先，通过构建基于模糊认知图（FCM）模型的网络精确全面地确定可能导致碳交易市场风险的影响因素。该网络包括现有文献中出现的各种市场因素，并使用社交网络背景下的社区检测方法来探索碳交易市场风险溢出路径的核心社区和范围。该网络方法可以精确识别与碳交易市场相关联的风险因素，有助于准确计算风险溢出。其次，使用Copula模型，通过测量CoVaR来估计碳交易市场的风险水平，并验证风险溢出效应的存在性。这是从网络视角对碳交易市场进行风险研究方面具有创新性的尝试，可以为投资者和管理人员更好地理解碳交易市场价格形成机制并制定更有效稳定的价格调控机制提供信息和参考。

本书使用TVP-VAR测度了全球冲突背景下碳市场的相依性风险。首先，采用了数据驱动的因子分析策略，引入模糊认知图（FCM）模型来建立碳市场网络并识别与风险相关的因素。然后，运用组合计量方法评估碳市场的风险水平和溢出效应，并探索它们在投资组合管理中的应用。研究发现包括三个方面。第一，基于在2008年至2022年期间的3 217个观测样本，FCM模型确定了影响碳市场风险的五个因素，包括OIL（石油）、COAL（煤炭）、SP500ENERGY（标普500能源指数）、SPCLEANENERGY（标普清洁能源指数）和GPR（全球能源）。第二，在俄乌冲突期间，地缘政治风险GPR对EUA的风险溢出显著增加，并且在极端事件发生期间出现了跨市场总体风险溢出的升级。第三，本书提供了关于俄乌冲突之前SP500ENERGY对EUA的对冲效应以及冲突期间SPCLEANENERGY对EUA的对冲效应的新证据，并给予政策制定者和投资者启示。

4. 关于发展碳金融方面的探索及成果

全国碳市场自开市以来，每个交易日均有成交，其中一个特点是交易量随履约周期变化明显。履约期结束前交易量显著提升，但在履约期结束后，市场总体交易意愿下降，成交量明显回落。因而，保证和提升碳市场流动性，是当前市场发展的关键问题之一。目前，我国碳交易方式限于现货交易，交易目的以控排企业的履约需求为主，因此，客观上造成市场换手率低，流动性、活跃度相对不足的局面。从发达地区碳交易市场来看，欧盟碳交易的重点方式聚焦于碳期货、碳期权等衍生品交易，市场整体具有更强的金融属性和价格发现功能。全国碳市场除了要高举助力减排的大旗以外，也要逐步释放出经济效益和激励效果，丰富交易主体，吸引合规的机构投资者，稳步提升市场流动性。

本书探究了不同子样本期间金融市场对碳市场的对冲策略和投资组合策略，并根据对冲有效性评估其对冲效果。研究结果表明利用金融资产对冲碳市场风险时，构建金融市场和碳市场之间的投资组合策略比对冲策略更为有效，这一结果表明管理者可以优先考虑投资组合策略来应对市场波动。碳市场和金融资产市场之间的低溢出效应和低相关性也说明了金融资产的多样化优势，利用金融资产与碳市场建立投资组合策略会得到较好的投资绩效。此外，根据Omega值和Sortino Ratio值评估所构建的二元投资组合投资绩效，我们发现利用绿色债券和碳市场指数构建的投资组合策略表现出了较好的绩效，因此投资管理者在使用投资组合策略应对市场风险时还可以提高收益；在对二元投资组合策略的投资绩效分析中，我们发现当用绿色债券构建关于碳市场的投资组合策略时可以最大程度地提高投资绩效。但是受经济震荡的影响，COVID-19时期投资绩效明显降低，因此投资者应该灵活地制定风险管理策略。

本书测度了碳市场作为传统金融市场风险对冲工具的作用和效果。

在俄乌冲突之前，通过将SP500ENERGY指数纳入投资组合中，可以实现对EUA风险的有效分散。结果表明，做空价值0.42美元的SP500 ENERGY与做多1欧元的EUA相组合，可以将EUA的风险降低4.53%。此外，OIL、SPCLEANENERGY和COAL在冲突之前也可以对冲EUA的风险。在冲突期间，尽管所有市场的对冲效应都有所降低，但SPCLEANENERGY是对冲EUA的最佳工具。结果表明，做空价值0.05美元的SPCLEANENERGY与做多1欧元的EUA相组合，可以将EUA的风险降低0.37%。此外，GPR降低了投资者的信心并增加了市场波动性。当投资者感知到更多的风险时，他们变得更加谨慎，因此减少了投资。这种行为可能导致市场价值持续下降，同时增加了金融市场的不稳定性并降低了碳减排的有效性。鉴于全球紧张局势上升导致的金融市场不稳定性，本书评估了碳市场的金融风险管理属性，为投资者提供了减少风险暴露、降低风险预防成本、优化资本配置的参考依据。

本书由董清利与连兰兰共同编写，编写分工如下：第一章、第二章前两节由连兰兰撰写，第二章第三节、第三章由董清利负责。在撰写过程中，东北财经大学研究生周亚楠、唐容容、张宇和王伊萌积极参与了资料的收集与整理工作，马晓君教授则为本书提供了宝贵的指导。在此，谨向所有为本书做出贡献的同仁致以崇高的敬意与衷心的感谢！

由于编者水平有限，书中难免存在疏漏之处，恳请广大读者批评指正，并提出宝贵意见。

董清利

2024年5月

目　录

第一章　碳市场价格风险基础理论研究／1

第一节　绪论／1

第二节　碳市场的内涵及现状／8

第三节　碳市场价格形成机制／20

第四节　碳市场价格风险管理现状分析／31

第五节　碳市场价格相依性风险要素综述／39

第二章　中国碳市场价格驱动因素的关联网络最新进展／61

第一节　驱动因素关联网络的构建方法综述／62

第二节　驱动因素关联网络社区发现综述／85

第三节　基于关联网络的相依性风险度量综述／103

第三章　中国碳市场价格相依性风险的前沿统计测度实证研究／123

第一节　基于FCM模型的碳市场价格相依性风险的测度与应用研究／124

第二节　基于TVP-VAR模型的碳市场价格相依性风险的溢出效应研究／151

第三节　“碳-债券-股票”系统在COVID-19期间的风险溢出和管理策略研究／172

第四节　渐进视角下碳市场和股票市场之间的风险溢出：测度、溢出网络和驱动因素／212
第五节　碳市场与易感因素之间的风险溢出：关联网络视角／242
第六节　全球冲突时代碳市场的风险测量与应用：基于关联网络的数据驱动研究／275

参考文献／306

索引／316

第一章　碳市场价格风险基础理论研究

第一节　绪论

一、选题背景

气候变化作为一项全球性环境风险问题，深刻影响着生态稳定、人类健康与社会经济发展。科学应对气候变化是涉及环境、经济、政治等多学科领域的重大战略问题，以二氧化碳为主的温室气体排放是全球气候变暖的主要原因（Qin等，2017）。由于环境资源属于社会公共品，基于“公地悲剧”理论，理性个体将在收益最大化目标下过度使用公共资源，导致环境污染、市场失灵等负外部性问题。为降低碳排放总量，推进能源经济绿色转型，政策制定者尝试采用减排技术革新、碳定价工具等多种手段实现深度减排（张希良等，2022）。碳税和碳排放权交易体系作为国际主流的两种显性碳定价形式（李晶和师军，2023），旨在综合利用政府与市场之手提高微观企业主体的碳排放成本，将碳排放可能导致的环境负外部性问题内生化，在能源资源利用、环境保护与产业发展等多方面发挥不可替代的作用。

碳排放税源于“庇古税”，作为一种强制性的价格政策，碳税具备较低的行政成本与较高的政策灵活度。主管部门在确定税率后向碳排放企业征税，采用价格手段合理控制企业碳排放。然而在实践中，碳税的政治阻力强，各国财政能否对碳税进行最优配置尚存不确定性。相比之下，碳排放交易计划是遏制温室气体排放强有力的管理机制，该机制将二氧化碳排放权视作特殊商品，认为未来的累积碳排放是一种有限的、可供地区共享的全球资源，是利用市场手段有效配置资源，管控环境的良好范例。作为碳排放交易体系的基本要素，碳排放限额价格（即“碳价”）在相关领域的理论框架中扮演着关键角色。一方面，碳价可以释放经济信号，影响污染者行为；另一方面，碳价可为碳汇和碳减排项目提供经济激励，具备环境效益。碳排放交易市场来源于一般交易市场，由国际政治谈判、市场失衡等因素导致的碳价不确定性波动将被视作价格风险。

碳市场价格波动对社会的经济影响可以是深远的。第一，碳市场价格波动直接影响涉及温室气体排放的企业和行业的成本。当碳价格上升时，企业需要支付更高的成本来购买碳排放权，这可能导致企业的生产成本上升。对于高碳排放行业，如能源、制造业和运输业等，这可能对它们的盈利能力和竞争力产生负面影响。第二，碳价格波动可能会激励企业投资于低碳技术和清洁能源，以减少其碳排放并降低碳成本。高碳价格鼓励企业寻求创新解决方案，推动技术进步，例如开发更高效的能源生产方式和减少排放的工艺流程。第三，碳价格的波动对可再生能源市场也有直接影响。较高的碳价格可以提高可再生能源的竞争力，促使投资者和能源公司增加对可再生能源项目的投资。这有助于推动可再生能源的发展和市场规模的扩大。第四，碳价格波动可能会对国际竞争力产生影响。在某些国家或地区，碳市场机制可能推动企业采取减排措施，导致其产品价格上升。这可能导致这些企业在国际市场上面临竞争压力，特别是面对那些碳成本较低的国家或地区的竞争对手的时候。第五，碳市场价格波动对绿色金融和投资也会产生影响。碳价格的变动可能影响投资者对可持续和低碳项目的投资决策。较高的碳价格可能使得低碳投资更具吸引力，吸引更多的资金流向可持续发展领域。总的来说，碳市场价格波动对社会的经济影响涉及成本、技术创新、市场竞争和投资决策等方面。这种波动可能会对高碳排放行业带来挑战，但也为低碳技术和可持续发展领域提供了商机。同时，政府和利益相关者的政策支持与管理措施也可以影响碳市场价格的波动及其对经济的影响。

中国作为世界第二大经济体和全球最大的碳排放国，在面临经济增长与节能减排双重压力的同时主动承担起全球环境责任，向国际社会作出庄严承诺：二氧化碳排放在2030年左右达到峰值并争取尽早达峰（UNFCCC，2015），国内碳排放权交易市场在推进绿色低碳发展的时代背景下应运而生。中国国家发展和改革委员会（NDRC）于2011年设立了北京、上海、天津、广东、湖北、深圳、重庆7个碳交易试点，2016年中国福建碳交易市场成立，2017年底正式启动中国碳交易市场，是落实“十三五”规划纲要的重要抓手之一。截至目前，全国碳市场已建立起基本的框架制度，打通了关键的流程与环节，初步发挥了碳价发现机制作用，有效推动了企业绿色低碳转型意识提升。如图1-1所示，国内8个碳交易试点的碳市场价格趋势没有显著的变化，反而呈无序波动特征。原因可能是国内市场对于该类新兴碳市场的认识较弱，除了响应政府行政手段的参与程度，还缺乏利用碳市场提升企业价值的意识和手段。此外，政府和市场管理部门对碳市场的理解和宣传不足，对于碳市场价格的调控手段不力，致使低价波动的碳市场价格进一步降低市场主体的参与度。

二、研究意义

在此背景下，缓解碳市场发展困境的一个重要突破点在于了解碳市场价格的波动机制，对碳市场价格风险进行有效测度，进而制定合理的市场调控措施，同时丰富碳市场的金融衍生属性，保证碳市场价格呈现稳步上升的态势。本书研究基于关联网络视角，系统分析了相关领域的最新进展，采用前沿的测度模型度量了中国碳市场的价格相依性风险，构建溢

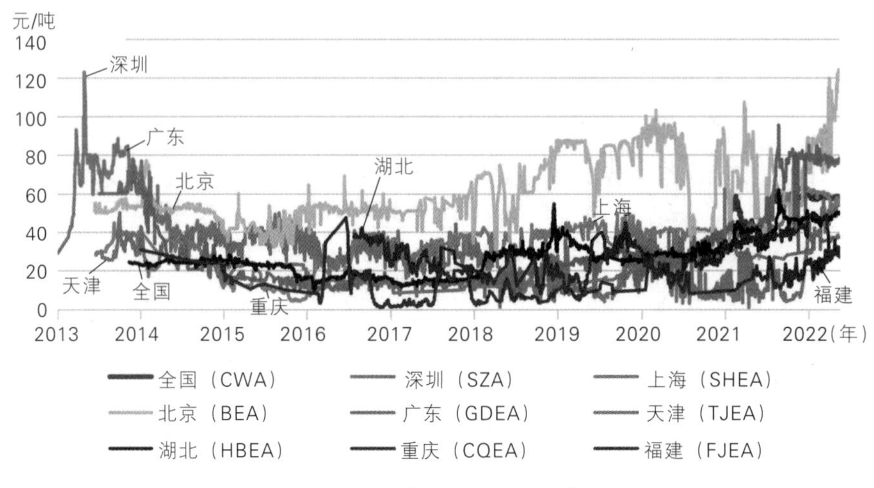

图1-1　国内碳市场价格变化趋势

出网络并分析其驱动因素。能够为企业风险管理、投资者融资决策制定、碳市场监督管制等提供依据，激励各地区持续探索低碳发展路径，实现碳达峰减排目标，为政府宏观政策制定提供参考，具备一定的理论和现实意义。

（一）选题的理论价值

研究碳市场价格的波动机制并对其风险进行测度具有重要的理论价值，可以提供理论基础和实践指导，促进碳市场的风险管理、金融创新和碳衍生品设计。

1. 价格发现与市场效率：研究碳市场价格波动机制可以深入了解市场的价格发现过程和效率。通过分析价格波动的原因和趋势，可以评估碳市场的信息传递效果和参与者行为对价格形成的影响，从而提高市场的透明度和效率。

2. 风险管理与决策：研究碳市场价格波动机制可以帮助理解和测度碳市场的风险特征。了解碳市场价格波动的统计特性、波动性和相关性，有助于投资者、企业和政策制定者更好地管理碳市场风险，制定风险敞口和决策策略。

3. 投资评估与资产定价：研究碳市场价格波动机制可以为碳资产的评估和定价提供理论支持。了解碳市场价格波动的驱动因素和市场因素，可以帮助投资者和估值专家更准确地评估碳资产的价值，以支持相关投资决策和资产配置。

4. 金融工程与衍生品设计：研究碳市场价格波动机制可以为金融工程和衍生品设计提供理论基础。了解碳市场价格波动的模式和特征，可以促进相关金融产品和衍生品的创新，例如碳期货、碳期权和碳衍生品，以满足市场参与者对风险管理和套期保值的需求。

（二）选题的实践意义

1. 对于碳市场主要参与主体，如重污染企业：碳市场价格相依性风险能够揭示碳交易市场与其他市场之间的风险传导及联动机制。能源公司、碳排放企业等市场直接参与者在面对碳约束等现实问题时，应具备改善商业可持续发展战略的潜在意识。明晰碳市场价格的相依性风险可以帮助其更为精准地识别系统中的风险与机遇，适应碳市场的波动与变化，在此基础上改进并制定合理的战略规划，如优化碳资产组合、调整生产和运营策略等。本书的研究有助于企业施行更为有效的资源配置策略，合法践行国家规定的减排标准，提高自身市场竞争力，最终实现自身的经营管理目标。

2. 对于投资者和融资机构：可以通过分析碳价波动的驱动因素，可视化碳风险网络的溢出效果进行贷款决策。正确评估碳价的相依性风险能够帮助投资者了解市场运行规律，分析企业的碳排放信息与信用风险，进行更为合理的投资决策和资产配置，以提高投资回报率和自身声誉。与此同时，通过投资碳市场并关注碳价相依性风险，投资人可以积极参与碳减排和可持续发展的实践，为低碳经济转型做出贡献，并满足社会对可持续投资的需求。

3. 对于政策制定者：可借助本书研究的相关结论维护全国碳市场的稳

定运行，制定更具弹性和适应性的监督管理措施以应对不同市场条件下的价格波动，有效规避系统性风险。由于不同国家和地区的碳市场之间存在着相互关联的风险传导机制，相依性风险网络能够推动各国决策者进行更为深入的经验交流，取精华去糟粕，不断优化碳市场政策，携手应对环境气候风险与挑战，推进各国碳市场的国际化合作，助力实现碳达峰、碳中和目标。

三、本书研究的哲学观与研究方法

（一）哲学观

实证主义哲学观认为，科学研究应基于客观事实和可观察到的现象。在研究中国碳市场价格相依性风险的统计测度系列问题时，实证主义哲学观强调通过收集大量的实证数据、运用统计分析方法和模型，以客观、可量化的方式揭示碳市场价格与其他能源市场价格等因素间的动态关系，分析其相依性风险。基于此，研究者可建立严谨的研究框架，进行验证性的实证分析，为研究结果提供客观可靠的依据。

实用主义哲学观强调研究应该具备实际应用价值，将理论与实践相结合，聚焦解决实际问题。通过推进关联网络视角下中国碳市场价格相依性风险测度的实证研究，研究者可以与利益相关方密切联动，关注碳市场参与者的主观认知、行为模式等对碳价相依性风险的影响，充分了解各方主体现存的需求与挑战。将研究成果转化为实际的政策建议、风险管理策略和投资决策框架等，能够为企业风险管理、投资者融资决策制定、碳市场监督管制等提供现实依据。

解释主义哲学观认为各主体行为具有目的性，倡导通过观察法、文本分析、图形结合等定性研究方法探究理性个体的行为现象，要求研究者关注群体间的关联性。在解释主义哲学观的指导下，本书可视化了碳市场直接、间接参与者间的风险溢出网络图像，探究了碳价溢出的驱动因素，分析了碳市场中的价格变动对能源、金融、商品市场等其他相关市场的影响，揭示了碳市场不同主体间的内在联系，深入分析了其观念、行为背后的原因和动机。

（二）研究方法

在实证主义、实用主义、解释主义哲学观的指导下，本书综合考虑了研究目的、研究对象特点以及指标数据的可获得性，采用文献综述法、案例研究法、比较研究法、实证研究法、模型建构法进行综合研究。

基于文献综述法整合大量相关领域的文献、书籍资源，在明确界定相关概念的基础上深入分析碳市场的内涵及现状，在外部性、碳金融市场价格、科斯产权等基本理论的指导下探索碳市场的价格形成机制，明晰中国碳市场价格相依性风险及碳市场价格驱动因素关联网络的最新研究进展，基于此进行多角度综述，提出本书的创新点。

案例研究法和比较研究法可体现在对欧盟碳排放权交易体系[①]、中国试点省市碳市场以及中国碳排放权交易市场[②]发展现状的对比研究上。通过比较具体的碳排放交易市场案例，可以分析不同市场在实现碳减排目标和取得经济环境效益方面的成效，发现市场之间的共性和差异，有助于各国评估其自身的贡献度与现存改进空间。案例研究法能够细致分析个别案例的特征与机制，而比较研究法则能揭示现象的关联性与异质性，并提供跨文化、跨地域的研究视角。根据具体研究问题和目标，将两种方法相结合，可获得更为全面和深入的研究成果。

实证研究法旨在通过观察、测量和分析真实的数据和现象来提供客观的事实依据。本书使用了大量的实证研究法，如通过构建模糊认知图（FCM）模型下的关联网络测度碳市场价格相依性风险，在此基础上进行应用研究等。这种基于实证的研究方法能够为待研究的问题提供科学、合理、可靠的证据，使研究结论更具说服力。与此同时，通过对已有理论提出具体假设并进行实证检验，有效证实了相关理论的有效性和适用性，为

① 欧盟碳排放权交易体系和欧盟碳排放交易体系表达同一意思。

② 中国碳排放交易市场和中国碳排放市场表达同一意思。

结论的修订与发展提供了重要支持。

模型建构法可通过捕捉关键因素和变量间的关系，解释现象的内在规律，具备系统性、结构性、可操作性和实用性等优点，预测和解释能力强，是一种科学有效的研究方法。本书在多维相近性、社会网络等理论的指导下，详细阐释了TVP-VAR、FCM等模型的理论基础与实际应用，清晰定义模型的结构和参数，将研究问题转化为可操作的模型与指标，基于上述模型进行碳市场价格相依性风险的溢出效应研究。

综上所述，在关联网络视角下探讨中国碳市场的价格相依性风险将涉及哲学观和研究方法的相互作用。在此基础上，本书致力于探索碳市场的内涵及发展现状，分析碳市场价格的形成机制与风险管理现状，综合评述中国碳市场价格的相依性风险并总结碳价驱动因素关联网络的研究进展，最后进行中国碳市场价格相依性风险的前沿统计测度与实证研究，提出对应的结论与建议，为碳市场的稳定发展提供了重要的支持和指导。

第二节　碳市场的内涵及现状

碳排放交易是一种市场机制，也是减缓气候变化的重要手段（胡珺等，2020）。明确碳排放交易市场的内涵和发展现状能够为碳价相依性风险测度提供清晰的理论背景框架，是正确理解碳定价机制，测度碳价相依性风险的前提。本节将对碳市场中的相关要素进行概念界定，追溯欧盟碳市场与国内碳市场的发展历程，总结不同碳市场在发展过程中面临的经验与挑战，为后续的碳价研究奠定坚实基础。

一、相关概念界定

（一）碳排放权

碳排放权的概念起源于排污权。排污权又称污染物排放权，最早由美国经济学家罗纳德·哈里·科斯提出，是指排放主体在符合法律规定的条件下，按照所拥有的排污指标向环境排放污染物的权利。随着环境经济学及环境管理研究的推进和发展，学者逐渐将目光聚焦于排污权的分支，即碳排放权。碳排放权是指排放主体在符合法律规定的条件下，按照所拥有的排污指标向环境排放以二氧化碳为主的温室气体的权利。它源于环境管理部门对排放主体进行的许可，并在确保不损害其他公众环境权益的前提下行使。作为一种特殊商品，碳排放权具有稀缺性、排放性、强制性、波动性和政策性等多重特征。

（二）碳排放权交易

对于企业而言，碳排放权是一种有价值的资产，政府允许排污企业自由支配其所得的碳排放权，包括占有、买卖交易、转让和使用等。美国经济学家戴尔斯在其1968年出版的著作《污染、财富和价格》（*Pollution, Property and Prices*）中首次提出了碳排放权交易（简称“碳交易”）这一概念，是以碳排放权为交易对象进行的所有贸易活动的总称。具体指在碳市场上进行的买卖交易活动，涉及购买和销售碳排放权等行为。旨在通过经济手段促进温室气体减排，减缓气候变化及其可能带来的恶劣影响。碳交易的基本原则为：合同的一方付钱给另一方，以获得温室气体排放许可。买方可以使用购买的排放信用额代替减少温室气体排放，从而实现其自身的减排目标。

（三）碳排放权交易市场

作为实现碳交易的具体场所，碳排放权交易市场（简称“碳市场”）是指由政府机构建立和管理，以碳排放权为交易标的的金融市场，旨在应对气候变化等问题，实现减污降碳目标。碳市场的有效运行主要依赖于配额分配机制和碳交易机制。配额分配机制是一种总量控制机制，在该机制的指导下，政府通过宏观把控、设定相关标准来限制各企业应得的排放权配额，确保总的排放量不会超过规定的目标。碳交易机制是指碳排放量不足的企业可以通过购买其他企业剩余的排放配额来实现排放权交易。目前，全球碳排放权交易市场主要包括欧盟碳排放权交易体系、中国的全国碳排放权交易市场、美国实施的区域碳污染减排计划（RGGI）、加州的碳排放限额与交易计划、东京的碳排放限额与交易计划、新西兰的碳排放交易计划和韩国的碳交易计划。

碳市场被认为是避免危险气候变化的最具前景、最有效、最高效的政策工具，可以快速、灵活和经济高效地实现“新的绿色协议”。国际碳交易市场有巨大的增长空间。全球碳交易可以迅速成长为一个每年价值超过1 750亿美元的市场。然而，碳市场仍处于起步阶段，缺乏成熟市场的许多潜力。市场本身不能创造奇迹，但如果放任不管，市场将被私人利益所控制，发展成寡头，并最终解散。目前只有国家和政府间的协议为碳市场的存在和运作提供了必要的监管。市场行为者、非政府组织和公私伙伴关系都没有政治权力来建立、管理或掌握不断变化的市场结构。从整体来看，清洁能源的快速发展为碳市场创造了机遇，而建立健全的监管机制是一个复杂的过程，目前仍需要进一步提高碳交易市场的公平、透明和可靠性。

（四）清洁发展机制与中国核证自愿减排量

清洁发展机制（Clean Development Mechanism，CDM）被认为是处理温室气体排放的有效工具。它允许工业化国家在发展中国家实施可持续发展减排项目，以减少温室气体的排放，从而履行发达国家在《京都议定书》及后续议定书中承诺的减排义务。中国经济快速发展、开放的投资环境、政治稳定和可靠的基础设施吸引了外国投资者，使中国成为世界上最大的CDM项目东道国。清洁发展机制为发展清洁能源提供了巨大的机会，这有助于中国提高非化石能源的比例。然而，由于交易成本的增加和价格的波动，CDM存在经济风险，导致近年来CDM市场逐渐萎缩。

基于CDM的发展经验和困难，中国在国内建立了CDM的替代方案：中国核证自愿减排量（China Certified Emission Reduction，CCER）。CCER是一种碳抵消机制，即控排企业向实施碳抵消活动的企业购买可用于抵消自身碳排放的核证量。CCER的申请程序在中国进行，开发周期缩短，成本远低于CDM。CCER作为国内碳市场的重要辅助手段，既降低了排放主体的成本，又刺激了可再生能源的发展和技术创新。然而，由于市场流动性不足，碳排放价格低，交易量小，国家发改委于2017年3月暂停了CCER的申请。2020年，作为全国碳排放市场的首个履约期，中国生态环境部重新制定了CCER的抵消比例。这将丰富碳排放市场交易的种类，拓宽企业减排的绩效渠道。评估CCER对国家碳排放市场发展的作用具有重要意义。

二、欧盟碳排放权交易体系

随着全球减排行动的深入推进，国际社会逐渐达成碳减排合作共识，温室气体排放交易计划已在国家和国家以下各级地区建立起来，呈现出一派繁荣景象。其中，尽管大多数欧洲国家赞成在《京都议定书》谈判中征收碳税，欧盟仍顺应着全球碳减排的趋势，建立了以市场为基础的温室气体减排体系：欧盟排放交易体系（EU ETS）。相比《京都议定书》的第一个承诺期，它的启动提前了三年，于2005年起开始正式运作。EU ETS以市场为基础，通过一个多国框架（即欧盟）实施行动，是经济原则在气候问题上的重要应用。经过不断的探索与论证，其在实践中不断发展、几经变革。作为国际碳排放权交易体系的核心标杆，该体系的市场定价机制与市场架构形式能够为其他地区的碳排放交易体系建设提供积极的示范作用。

（一）EU ETS的成立背景

欧盟作为世界上最大的经济体之一，其工业发展水平较高，涉及能源生产、制造业、建筑业和交通业等多个领域，能源生产是欧盟经济的重要组成部分。然而，在长期追求经济快速发展的同时，以二氧化碳为主的温室气体排放问题为欧盟的工业经济建设带来了更多挑战。自20世纪90年代起，欧盟成员国普遍意识到气候变化对经济、环境和社会的重大影响，致力于在可持续发展框架下实施减碳措施，将其对能源环境问题的关注付诸实践。欧盟是《京都议定书》的签约方之一，承诺从1997年到2020年期间减少温室气体排放。为实现规定的减排目标，欧盟亟需建立一种有效的机制控制并减少温室气体排放。

采用市场方法控制碳排放问题的逻辑起点可追溯到1990年美国国会通过的《清洁空气法修正案》。该法案的目标是通过引入经济激励机制来减少污染物的排放。此后，《联合国气候变化框架公约》（UNFCCC）及其附属协议《京都议定书》的签订为全球减排行动提供了政治和法律框架，推动了国际社会对气候变化问题的认识和重视。然而，签订和执行这些协议也面临一些现实的阻碍。首先是全球合作的复杂性和挑战性。不同国家具有差异化的经济发展水平、利益诉求和责任分配观点，导致政治协商在敲定结果阶段屡屡受挫。其次，一些国家对减排行动持有不积极的态度，抑或直接选择不履行承诺，缺乏有效的监督和执行机制，使得减排进展受到限制。最后，协议在执行成本控制、技术转让及知识产权保护等多方面也存在着问题。

然而，上述困难并未降低欧盟在全球气候治理方面的决心。1998年6月欧委会发布了官方文件《气候变化：后京都议定书的欧盟策略》，明确了欧盟在后《京都议定书》时期的气候变化政策目标，如减少温室气体排放、提高能源利用效率、发展可再生能源等。这为欧盟成员国和利益相关者提供了明确的指导方向，推动了欧盟在气候变化领域的行动。2000年的《温室气体绿皮书》确立了二氧化碳排放权交易的政策框架，强调了以碳排放权交易作为一种经济工具来实现减排目标的重要性，并提出了相关的政策措施，为欧盟碳排放权交易体系的建立奠定基础。《排放贸易指令（2003/87/EC）》在扩大碳市场覆盖范围的同时，明确了欧盟碳排放权交易体系的法律地位，设立了欧盟排放许可（European Union Allowance，EUA）和碳排放配额，强化了欧盟成员国的监测与报告要求，为欧盟成员国提供了明确的指导和规则，2005年，欧盟碳排放权交易体系正式启动，随后开始了首个交易周期。EU ETS自成立之初便能够涵盖11 500个设施的二氧化碳排放，这些设施每年排放约65亿吨二氧化碳，约占全球排放总量的40%。2009年EU ETS产生了近1 200亿美元的收入，成为世界上最大的限额与交易计划。

（二）EU ETS的发展阶段

截至目前，欧盟碳排放权交易体系已成为国际碳交易体系中的领军者，不断践行着所承诺的减排目标。其成熟的交易体系及制度框架成为全球总量控制模式下的市场化交易典范。由于在实施过程中缺乏可参考的范例与标准，EU ETS经历了分步骤、多层次的变革与发展，由最初的试验期逐渐走向成熟，现已经历了四个主要发展阶段，分别是2005—2007年的第一阶段，2008—2012年的第二阶段，2013—2020年的第三阶段和2021—2030年的第四阶段。

第一阶段（2005—2007年）是为“真正的市场”做准备的测试阶段，可被视作碳市场建立之初的试验期。此阶段的总配额由每个欧盟成员国依据各自的分配计划自下而上确定，一些成员国家使用拍卖和基准分配配额。二氧化碳作为唯一一类能够在系统内交易的温室气体，配额上限为2 096万吨标准煤。碳交易系统所覆盖的行业包括发电、工业（炼油厂、焦炭烘炉、炼钢厂）以及制造业（水泥、玻璃、陶瓷等）。此阶段的政策并未限制欧盟碳市场的CDM、JI信用额度，但在实际操作中未使用相关的碳信用。该阶段通过累积碳市场交易经验，完善总量设置机制及配额分配问题，为后续的碳市场发展奠定了基础。

第二阶段（2008—2012年）的EU ETS受全球经济危机的负面冲击影响，配额需求量骤降，二氧化碳排放量限额降至2 049万吨。与此同时，欧盟将甲烷等六种温室气体纳入交易体系，在系统覆盖的行业中增设了航空业。利益相关者从原本的欧盟成员国家，逐渐扩大到冰岛、列支敦士登和挪威。此阶段的配额分配方式与第一阶段相仿，内含90%的免费碳配额。德国、英国、荷兰、奥地利、爱尔兰、匈牙利、捷克共和国和立陶宛共八个国家采用了免费分配和拍卖相结合的形式，约占总配额量的3%。自第二阶段起欧盟采用了定性、定量限制相结合的分配手段。定性限制包括允许除土地利用、土地利用变化和林业（LULUCF）与核能之外的大多数清洁发展机制（简称CDM）、联合履行机制（简称JI）碳信用额度。定量限制指对CDM和JI的碳信用额度进行百分比限制。在金融危机的影响下，欧盟企业所需要的碳排放量大幅下降，导致EU ETS的碳排放配额供给严重过剩，因此该阶段市场的碳价也处于较低水平。

第三阶段（2013—2020年）EU ETS规定在欧盟范围内维持二氧化碳排放量的线性递减，即要求每年减少1.74%的二氧化碳排放量，设定2020年的碳排放量上限为18.16亿吨。在此标准下，每年需减少约3 830万吨的碳配额。此阶段的行业覆盖范围进一步扩大，在原有的工业、发电业、制造业、航空业的基础上扩增了碳捕获、碳封存、有色金属和黑色金属生产行业等。与前两个阶段相比，该阶段的拍卖配额占比明显提高（约为57%），剩余约43%的配额则按照基准线法免费发放。此外，信用抵消机制趋于严格化，新产生的信用配额必须来源于非发达国家项目，而来自其他国家CDM和JI项目的碳信用只有在2012年12月31日前注册和实施才有资格进入二级市场流通。

第四阶段（2021—2030年）EU ETS的目标是：2021年在欧盟范围内实现15.72亿吨的二氧化碳排放量限额，且每年减少2.2%的碳排放量上限，这也意味上限每年持续降低约4 300万吨标准煤。在第四阶段，电力行业的碳配额均需通过拍卖手段获得。同时，该阶段引入了现代化基金和创新基金两个低碳基金机制，现代化基金一部分将被用于投资与提升能源效率有关的项目，另一部分将支持低收入成员国能源部门的现代化建设。创新基金则会为能源密集型行业开发可再生能源、掌握碳捕捉和存储等创新技术提供支持。与此同时，欧盟还推出了碳市场稳定机制（Market Stability Reserve，MSR）来平衡市场供需，维持市场稳定。

综上所述，欧盟碳排放权交易体系的核心原则为“总量控制交易原则”；分配机制主要包括免费发放与拍卖两种形式，通过多阶段的改革和调整，其拍卖比例升高趋势明显。现如今，EU ETS已发展成为全球最大的碳市场，在减少碳排放、推动低碳经济发展等方面发挥着举足轻重的作用，其改革的进程、绩效与方向为各国的碳排放权交易体系建设提供了宝贵的学习范本，为欧盟成员国之间以及其他国家和地区间的碳排放权交易提供了平台，此种跨国的交易和合作能够有效推动全球范围内碳市场间的减排合作。

三、中国碳排放权交易市场

中国在巴黎联合国气候变化大会上承诺，到2030年底将碳排放量减少至2005年水平的60%~65%。为经济、有效地控制碳排放，中国政府引入了碳排放权交易体系（ETS）。中国碳交易市场的发展过程是渐进有序的，经历了“碳试点设立—全国碳市场筹备—正式启动全国碳市场”三个阶段。中国作为全球第二大经济体和碳排放大国，其碳市场的发展与运营能够吸引全球投资者和企业的关注，为国际碳交易和合作提供更多的可能性，对全球碳市场的稳定和发展产生重要影响。

（一）中国试点省市碳市场

1.试点碳市场的建立与发展

中国第一个提到碳交易的官方文件是2010年10月发布的《国务院关于加快培育和发展战略性新兴产业的决定》，自此之后，碳交易多次出现在“十二五”规划（2011—2015年）和其他政策文件中。2011年10月，为落实“十二五”期间逐步建立国内碳排放权交易市场的基本要求，中国国家发展和改革委员会宣布在北京、天津、上海、重庆、湖北、广东和深圳7个省市初步开展碳排放权交易试点工作，这些地区横跨东部沿海地区，一直延伸至中国中部。区域面积达4 800万平方公里，总人口为2.62亿。统计数据显示，2014年7个碳试点市场均已启动网上交易，参与试点的企业和服务单位超过1 900家，碳排放配额分配总量约为12亿吨。截至2015年底，7个试点碳市场累计成交额近8 000万吨，总价值超过25亿元。

从宏观角度看，2015年各试点碳市场参与者的交易行为发生了显著变化。首先，与2014年同期相比，2015年的合规率整体提升明显：2014年，只有上海碳试点市场的履约率达到100%，2015年，北京、广东、上海、湖北的履约率均达到100%。其次，该年度各试点的碳市场规模相比前一时期也有所扩大，市场参与者数量与整体交易量日益增长。最后，中国实施了CCER作为碳排放配额的一种抵消形式，正式启动相关注册制度。在此背景下，7个试点市场先后出台了各自的碳抵消管理办法。

不同碳试点市场的减排认证制度具备异质性，由此导致了各试点在CCER项目类别、项目来源、政策准入门槛与抵消限制等方面均存在差异。上海、北京等补偿规则限制较少的试点地区相关交易的表现更优。CCER的市场准入政策能够有效提升碳市场的流动性，但也不可避免地造成了碳市场价格的下跌，如2015年各试点市场的配额价格均有明显下降。其中，上海碳市场的CCER绩效量最大，碳配额价格变化幅度亦最大。上海的日均和月均价格最低，分别为9.5元/吨和15.52元/吨。

2016年，共有2 391家企业和单位进入7个碳交易试点平台，碳排放配额分配总量约为12亿吨。虽然中国的碳交易量与欧盟碳交易体系相比仍存差距，但碳交易体系的整体规模已跃居全球第二位，涵盖了钢铁、电力、化工、建筑、造纸和有色金属等关键行业。截至2016年12月31日，7个试点碳市场的成交额为1.6亿吨，接近25亿元人民币。

《国家生态文明试验区（福建）实施方案》提出在福建省建立碳排放权交易平台。基于此，中国第8个碳交易市场试点于2016年12月底在福建启动。在综合借鉴其他试点发展的经验教训后，确定将电力、钢铁、化工、石化、有色、建材、民航、造纸、陶瓷等9个行业纳入福建碳交易市场。此外，电力、水泥、电解铝3个行业的配额分配方式与国家配额分配方式基本保持一致。该试点在采用国家碳核查标准和准则的同时，建立了以林业为基础的碳汇交易模式，形成了具有福建特色的碳市场。在中国8个碳交易试点市场中，福建碳交易市场的碳排放总量最大。截至2017年7月，福建市场碳交易总量约达401.67万吨，交易金额约为1.0562亿元。其中，碳配额总量为305.51万吨，交易金额8 647万元。CCER成交量68.7万吨，成交金额1 390万元。福建林业碳汇（FFCER）售出27.4万吨，成交额达525万元。

近年来，8个碳交易试点地区尝试了不同的政策理念和分配方式，实施了系列创新政策和支持措施，建立了相对完善的碳市场管理体系和监测报告机制，包括排放核查、数据报告和审核等。这些经验和举措能够为政策制定者提供实际的数据和案例，为全国范围内的碳市场建设提供政策参考。

2.试点碳市场的基本特征

中国碳排放权交易试点的建立与发展为全国碳市场的筹备启动奠定了基础，多区域覆盖模式能够测试出不同经济结构和能源消费模式下碳排放权交易市场的可行性和适应性。我国的碳排放权交易试点涵盖了电力、钢铁、水泥、化工等多个行业，能够督促各类高碳排放企业采取有效减排措施提高能效，以达到自身的降碳目标。政策制定者在碳交易试点的建构阶段充分借鉴了欧盟碳排放权交易体系的经验和教训，取长补短。在此基础上，中国碳排放权交易市场整体呈现如下基本特征：

（1）配额分配方式与分配方法

试点碳市场的配额分配方式以免费分配为主，拍卖等有偿手段为辅。分配方法主要包括历史法、行业基准线法，抑或混合使用这两种方法。北京、湖北、重庆和广东采用历史法。在该方法的指导下，参与者在初始时期获得的碳排放配额取决于其历史碳排放量。碳排放量较高的企业在初始时期将被分配更多的碳排放配额，碳排放量较低的企业则被分配到较少的配额。该方法考虑到了企业已有的碳排放量，允许其在适应碳市场机制时保留一定的过渡期。深圳碳试点主要采用行业基准线法，该方法与历史法相比更为科学。行业基准线是指一个行业在历史上的平均碳排放水平，通常基于过去三到五年的数据计算得出。如果某企业的碳排放量低于基准线，则可以将其剩余的碳排放量出售给需要的企业；如果其碳排放量高于基准线，则需要购买更多的碳配额。这种方法可以鼓励企业降低碳排放量，同时保证各行业的公平竞争。最后，天津和上海采用两种方法相结合的方式进行配额分配。

（2）行业覆盖范围与控排效果

虽然各试点碳市场减排行业的覆盖范围均以高碳排放行业为主，电力、钢铁、石化、化工等行业出现的频率更高，但由于不同地区具备差异化的资源禀赋与经济发展水平，导致各碳试点的控排行业覆盖范围具有异质性。例如，上海将金融行业以及一些第三产业企业纳入试点范围；湖北冶炼和造纸产业发展水平居全国前列，相关核心企业均出现在碳排放权交易试点名单中；广东将陶瓷和纺织工业纳入试点名单。从温室气体覆盖率来看，排名前五的碳交易试点分别为天津（60%）、广东（55%）、上海（50%）、重庆（40%）和北京（40%）；从控排主体数量来看，排名前五的碳交易试点分别为北京（981）、深圳（635）、重庆（242）、上海（191）、广东（184）。截至2020年底，湖北和广东的累计成交量与成交额分别位列第一、二位，控排效果最优。重庆和天津则位列名单末端，与其他试点相比仍有较大差距。

（二）全国碳排放权交易市场

国家发改委于2016年发布《关于切实做好全国碳排放权交易市场启动重点工作的通知》；2017年发布《全国碳排放权交易市场建设方案（发电行业）》，此举旨在推进碳排放权交易试点的协同发展，保证全国碳排放权交易市场顺利建设。文件指出将率先在电力行业开展全国碳排放权交易试点工作，原试点地区之间签订跨地区碳交易协议，碳排放权交易由试点走向互联互通，全国碳排权放交易市场正式启动。

2018年和2019年分别为全国碳排放权交易市场的基础建设期和模拟

运行期，在全国碳市场启动后，多部门通力合作助力完善相关政策制度，对重点行业领域制定更为详细的规划指导，2019年出台了诸如《碳排放权交易管理暂行条例》《发电行业配额分配技术指南》等指导性公告，主张开展发电行业配额模拟交易，完善碳市场管理制度和支撑体系，全国碳排放权交易市场机制逐渐完善。

2021年1月5日生态环境部发布《碳排放权交易管理办法（试行）》，这标志着全国统一碳交易市场正式启动。该管理办法规定了碳市场的组织管理、碳排放权交易的程序与规则、市场监管等方面的内容，为全国范围内的碳排放权交易提供了法律依据和操作指南。至此，碳市场由数个试点扩大至全国范围，市场中涌入了数目更多、活跃度更强的参与者，具备更为庞大的交易规模。全国碳排放权交易市场是实现碳减排目标和推动低碳经济转型强有力的工具，体现了中国应对气候变化和推动全球碳减排合作的决心。

与欧盟碳交易市场侧重于减少碳排放总量不同，现阶段我国建立碳市场的主要目的在于降低参与企业的碳排放强度，进而降低增速。由于电力行业排放占比高、数据基础好、监管体系严，全国碳排放权交易市场在建设初期以该行业为突破口，并根据《全国碳排放权交易市场建设方案（发电行业）》提出的目标任务，完成全国统一的数据报送系统、注册登记系统和交易系统建设，开展碳市场管理制度建设。2020年进入全国碳排放权交易市场的深化完善期，在发电行业交易主体间开展配额现货交易，交易仅以履约为目的。这一阶段是全国碳排放权交易市场发展的关键阶段。

2021年7月，全国碳排放权交易市场的第一个履约周期共纳入发电行业重点排放单位2 162家，年覆盖二氧化碳排放量约45亿吨，是全球覆盖排放量规模最大的碳市场。截至2022年10月21日，碳排放配额累计成交量约1.96亿吨，累计成交额85.8亿元人民币，市场运行总体平稳有序。

我国提出要在2030年左右达到碳排放峰值，碳排放权交易市场的逐步成熟运行对于我国实现该目标具有重要意义。生态环境部提出在“十四五”期间期望基本建成“制度完善、交易活跃、监管严格、公开透明”的全国碳排放权交易市场，实现全国碳排放权交易市场的平稳有效运行。我国在实现碳达峰后，全国碳排放权交易市场需从服务于碳强度下降目标转向服务于碳排放绝对量下降目标。因此，碳排放权配额将更为稀缺，碳排放权价格随之提高，碳交易将更为活跃，初始配额的分配方式会进一步发生转变。

目前全国碳市场刚刚起步，在建设、管理方面仍面临着诸多问题与挑战。如交易活跃度维持在较低水平，尤其体现在履约期过后，交易较为平淡。此外，碳市场的法律法规和政策体系仍有待完善。未来相关部门需进一步强化市场功能，在保证碳市场平稳运行的基础上，逐步扩大行业覆盖范围，丰富交易主体、交易品种和交易方式，加强市场主体能力建设。围绕全国碳市场法律法规，技术规范等重要文件，对市场主体进一步开展系统的培训，进一步提升市场主体的综合能力。通过更好发挥碳市场的激励约束机制作用，助力实现碳达峰碳中和。

第三节　碳市场价格形成机制

一、理论基础

（一）外部性理论

外部性理论由剑桥学派经济学家马歇尔在1980年出版的《经济学原理》中最先提出，其创造性地运用“内部经济”与“外部经济”这对概念说明了除传统土地、资本、劳动外的第四种生产要素如何增加生产产量。实际上，马歇尔把企业内分工而带来的效率提高称作是“内部经济”，即随着产量的逐渐扩大而长期平均成本逐渐降低；而把企业间分工而导致的效率提高称作是“外部经济”，即由于企业外部的各种因素所导致的各种生产费用的减少。虽然没有明确提出外部性理论的内涵，但“外部经济”的概念为外部性理论奠定了基础。此后，庇古在马歇尔研究成果的基础上对外部性作了进一步解释，将其区分为“外部经济”与“外部不经济”两个重要组成部分。庇古把生产者的某种生产活动带给社会的有利影响，叫作“边际社会收益”；把生产者的某种生产活动带给社会的不利影响叫作“边际社会成本”。外部性实际上就是边际私人成本与边际社会成本、边际私人收益与边际社会收益的不一致。在没有外部效应时，边际私人成本就是生产或消费一件物品所引起的全部成本。当存在负外部效应时，由于某一厂商的环境污染导致另一厂商为了维持原有产量，必须增加诸如治污设施等所需的成本支出，就是外部成本。外部性的存在改变了市场主体之间的成本与收益结构，经济体因未能承担自身行为引起的任何成本或收益问题而造成市场失灵，无法进行有效的资源配置以实现帕累托最优。

碳排放造成的负外部性影响可细分为三类：一是由碳排放权在全球各国间负外部性，作为公共物品的大气环境具有非排他性与非竞争性的属性，全球范围内的各国均对环境保护负有一定的责任与义务。二是在一定区域范围内，碳排放在各生产企业间的负外部性。在对碳排放权具有相同交易规则与政策约束的区域范围内，生产企业必须在边际减排社会收益与边际私人收益之间权衡，若一个企业积极进行减排，其向大气排放的二氧化碳量不断下降，这在增加全社会环境收益的同时必然会增加企业的生产成本，若这种行为只靠企业的自觉性则会造成积极减排的企业生产成本不断增加，而没有进行减排的企业却没有得到相应的处罚，市场的无序性便会增加。三是碳排放的代际外部性。对大气环境的保护是一项功在当代、利在千秋的伟大工程，发展低碳经济亦要走可持续发展的道路，避免过度消费资源对后代造成无法挽回的影响。

（二）排污权交易理论

排污权交易是指在一定区域内，在污染排放总量不超过允许排放量的前提下，内部各污染源之间通过货币交换的方式调剂排污量，从而达到减少排污量、保护环境的目的。污染物排放权交易延续了科斯产权理论下对清晰界定产权以优化资源配置的思路，排污权理论核心包括总量限定与配额分配两个部分。而排污权交易理论是在排污权理论的基础上，引入市场手段控制污染物排放。根据排污权理论，在一定区域范围内，由政府部门确定出一定区域的环境质量目标，并以此为依据评估该区域的环境容量，推算出污染物的最大排放量，将最大允许排放量分割成若干规定的排放量，即若干排污权；然后政府选择不同的方式将这些排污权分配给相关主体，并通过建立排污权交易市场使这种权利能够合法地买卖。获得排污权的主体可通过货币交换或信用抵消的方式在排污权交易市场上自由调剂排污量，最终实现以较低成本完成减排的目标。排污权交易以总量控制为前提，而污染物排放总量应当根据当地环境的自净能力来确定。排污权交易的最大优势是将政府干预与经济刺激手段相结合，在保证控制排污总量的同时引入市场的灵活机制，促使企业依据成本效益原则把握均衡价格以决定在碳排放交易市场上的经济活动。

（三）科斯产权理论

针对负外部性问题，庇古与科斯均按照外部效应内部化的思路提出截然不同的解决方案。庇古强调政府运用税收手段以消除外部效应。在1960年由科斯撰写的《社会成本问题》一书不仅将“交易费用”这一概念引入到人们的视野之中，更使产权理论成为处理外部效应的另一种重要手段及依据，其认为产权不清是经济活动存在外部性的重要来源。从某种程度上讲，科斯产权理论是在批判庇古理论的基础上形成的。科斯认为当产权明确或交易费用为零时，不管初始产权如何界定，都能实现社会总产值的最大化或资源的最优配置，但现实中交易成本为零的情况很难存在；科斯第二定理指出，当交易费用为正时，产权的初始界定情况将影响到资源的最终配置或社会总产值；科斯第三定理在对之前的理论进行完善的同时指出当交易费用大于零时，产权的清晰界定将有助于降低人们在交易过程中的成本，改进效率，实现社会产值最大化。

由科斯提出的产权理论不仅是制度经济学的基础，更是运用除碳税减排之外的另一种解决碳减排问题的有效方案，能够促使碳排放权交易与科斯产权理论之间的协调统一。科斯产权理论的核心是，一切经济交往的前提是制度安排，这种制度实质上是一种人们之间行使一定行为的权力。按照科斯产权理论，碳排放权基于排污权交易理论已成为一种特殊商品，尽管对其产权的界定十分不易，但多年来碳排放权的产权界定也在发展中前进，各国减排的行动不断深化。政府作为这种商品的所有者，第一步便是在既定减排目标的约束下，向减排企业分配碳排放配额，明确其各自拥有的碳排放权，政府运用法律、监管等综合手段促进公共物品商品化，确保产权清晰，减少资产被无偿占用的可能是碳排放交易实现帕累托最优的基础。而在政府充分发挥其职能后，依靠完善的碳排放交易市场体系，交易主体之间可根据生产边际成本与减排边际成本之间的差值对比自主决策，针对配额开展购买、出售等一系列的交易活动，使碳排放问题的外部性以内部化的市场方式解决，为平衡企业边际收益与社会边际收益的共同最大化提供一条新的解决路径。

（四）均衡价格理论

均衡价格理论是马歇尔关于价值（价格）的决定机器变动规律的理论。他在《经济学原理》（1980）一书中，用商品的均衡价格衡量商品的价值。均衡价格理论认为在其他条件不变的情况下，商品价值是由商品的供求状况决定的，由商品的均衡价格衡量的。其中，均衡价格是指一种商品的需求价格和供给价格相一致时的价格，也就是这种商品的市场需求与市场供给相等时的价格。均衡价格被认为是经过市场供求的自发调节而形成的。但无论商品价格高于或低于均衡价格，供给量与需求量此消彼长的状态不停地发生着改变，直至供给量与需求量相等，市场上出现均衡价格。因此，碳排放权作为一种商品在碳交易市场中也受到均衡价格理论的指导，碳排放权的供求因素在众多影响碳价走向的因素中占据核心位置，在碳交易过程中，该理论可作为碳排放权价格的重要指导，引导交易双方根据自身减排技术、生产成本等方面衡量碳价的长期均衡价格，进而对其在碳价市场中的经济活动作出科学决策。

二、碳现货价格定价机制

碳交易市场配额现货的交易价格主要是由市场供需关系来决定的，以达到减少温室气体排放的目的。其中，供给因素包括配额政策、碳减排技术、碳税政策、其他履约机制项目等；需求因素包括经济发展水平、能源价格、经济发展周期以及气候因素。目前，碳市场主要采用两种价格定价机制：拍卖和交易所交易。拍卖是指由政府或交易所组织，通过拍卖的方式向市场发行一定数量的碳排放权或者其他碳市场商品，参与拍卖的买家可以根据市场供求关系进行出价。最终，交易价格以最高出价成交，参与拍卖的买家则以该价格获得碳排放权或其他碳市场商品。交易所交易是指在碳交易所进行的交易，买家和卖家可以在交易所上挂单进行交易，根据市场供求关系自主定价。在交易所上，交易价格由市场参与者自主决定，交易所通过撮合买卖双方，提供交易平台和交易清算服务。此外，一些国家还采用税收或补贴的方式来影响碳市场商品的价格。比如，对排放二氧化碳的企业征收碳税，或对使用清洁能源的企业提供碳补贴，这些措施可以通过影响企业的成本和收益来影响碳市场商品的价格。

在碳现货价格定价机制中，还可以采用多种定价方式。例如，可以采用基于固定价值的方法，根据碳排放权的预期价值进行定价，也可以采用基于市场需求和供给的方法，根据市场情况自动调整价格。此外，还可以采用基于环境效益的方法，将碳排放权的价格与减排效果挂钩，以达到最大的环境效益。需要注意的是，碳现货价格定价机制仅仅是碳市场的一种组成部分，而且碳市场也是应对气候变化的多种措施之一。此外，碳市场的建立和运作需要政府和国际组织的支持和引导，以确保其有效性和可持续性。

三、碳期货价格定价机制

碳金融市场中的碳期货产品是在碳现货基础上衍生出来的，碳期货具备一般期货所具备的特点，提供了价格发现、规避风险、套期保值等功能。碳期货价格定价机制是指对于未来交割的碳市场商品（如碳排放权）进行交易时所采用的定价机制。碳期货价格定价机制一般采用基于市场供需关系的定价机制，也就是期货交易市场上的买家和卖家根据市场供需关系自主决定交易价格。供需受多种因素影响，包括经济增长、能源政策、气候变化等。一般来说，当政府推出限制排放的政策或企业采取减排措施时，二氧化碳排放权的供应量减少，会导致碳期货价格上涨。相反，当政府政策宽松或二氧化碳排放量增加时，供应量增加，碳期货价格将下跌。在碳期货市场上，参与交易的主要是专业的投资者和企业，他们利用碳期货市场来进行风险管理和投资。一些企业也可能通过碳期货市场来锁定未来的碳成本，以避免碳价格的不确定性对企业经营造成的影响。买方和卖方通过期货合约进行交易，合约的价格在交易过程中不断变化，最终交易价格取决于市场供求的平衡点。碳期货价格定价机制的目的是激励减排和推动能源转型，通过市场机制引导企业更加环保和可持续发展。此外，碳期货价格也可以影响投资决策和能源市场的结构，对推动清洁能源的发展具有积极的作用。

值得注意的是，EUA碳现货和碳期货之间存在一定关系，二者之间相互牵制，即使相互偏离，二者之间也会有一定的机制进行调节，使得它们按照约定成俗的轨迹运行下去。碳期货价格定价机制和碳现货价格定价机制存在一些差异。碳现货的价格定价通常是由市场供需关系决定的，即由卖方和买方之间的谈判决定。它可以反映市场上碳配额的实际供需情况，当碳配额供应量大于需求量时，价格就会下跌，反之则会上涨。碳现货的价格还可能受到政府政策、气候变化和经济发展等因素的影响。碳期货的价格定价机制基于交易所的交易规则和市场机制。碳期货价格的定价方式通常是基于市场上买方和卖方对未来碳配额价格的预期和需求量的情况。因此，碳期货价格往往受到市场的预期和需求的影响，而不是当前市场供需情况的影响。

四、碳市场价格形成机制

碳市场是实现总量控制和减排成本最小化的政策工具，而定价机制是影响碳市场发展的主要因素之一。供求平衡形成了国际主流碳市场内的碳价格，因此国际政府主要利用市场手段来调节碳价格。政府改变碳配额和抵消的数量、实施碳储备、价格触发机制以及允许配额的银行和借贷来调整碳价格。不同国家或地区的减排目标和成本不同，面对碳价格异常波动或长期低迷的现象，国际碳市场采取了相应的调控措施以维持碳市场的稳定性。在欧盟碳排权放交易体系（EU ETS）发展的第三个阶段中，EU ETS发展相对成熟，欧盟采取了配额总量递减、折量拍卖和市场稳定机制三种措施来稳定碳市场。通过减少整个市场的配额供给保证了碳配额的稀缺性，有效提升市场价格；通过减少短期市场供给改善配额供求失衡情况；同时，市场稳定储备机制为市场建立了灵活调节的长效机制。中国碳排放权交易市场的价格机制主要参考国外的价格机制，但其碳排放权交易方案主要使用非市场手段限制价格波动，与国际碳市场相比，中国碳市场起步较晚，因此国内碳市场运行机制有明显的政府直接调控特点。我国碳市场的显著特点是各碳试点的发展状况不均衡。

首先从碳市场价格的形成理论来看，碳市场具备一般金融市场的基本特性，企业和政府是决定碳价格的主体，价格由企业形成，政府负责管控。而影响企业定价的主要因素是企业的边际成本和市场需求弹性，因此，在碳价格形成过程中，企业需要考虑到碳市场中边际减排成本和碳排放需求价格弹性。在碳金融交易中，碳排放配额分配数量、拍卖频次、能源结构、气候因素等影响碳价格的变化。我国碳排放市场由政府设定允许排放的上下限、碳配，企业通过影响消费者需求来控制碳排放量。一般来说，政府通过设立市场机制和对消费者和企业实施政策来实现对碳价格的管控，在供应方面，碳价格由供需平衡形成，均衡价格理论和边际效用理论也表达这一观点。因此总量设置、配额分配方式、抵消机制运用、交易方式、市场开放程度以及市场调控机制等因素不同程度地影响碳价的形成。

（一）碳交易的配额总量设定

总量控制是碳排放权交易市场建立的前提和基础，配额总量反映了市场供给量的多少。总量设置需要控制在一定的合理范围内，若碳排放目标控制趋于严格，配额设定目标过紧，会导致配额总供给相应减少，在其他条件不变的情况下碳价会相应升高。我国各试点地区根据各自经济发展状况和碳排放水平设置的配额总量不同，但大多试点地区年度成交总量不高，配额整体流动性较弱。

（二）分配机制

碳交易市场的分配机制包括分配主体、分配方式等因素。初始配额的分配方式包括免费分配和有偿分配两种形式。免费分配由政府层面制定标准、确定总量，但具体各参与主体得到的配额数量要由政府自行决定并须最终通过中央审核。有偿拍卖是有偿分配的一种方式，这种形式充分发挥了市场功能，对于市场价格的形成主要体现在：一是当各参与主体对配额价格的判断存在较大差异时，通过有偿拍卖能够充分发挥市场价格导向作用。二是在市场价格波动比较剧烈时，通过有偿拍卖这种方式能扩大碳价格的可接受范围。三是通过这种方式调整供需，有偿拍卖从某种程度上来说可以增加市场供应量，碳金融作为市场的一种，具备一定的市场属性，当市场供应增加时，能够有效抑制过高的市场价格。有偿拍卖充分发挥了市场调节功能，在一定程度上能有效缓解配额供给短缺的压力，随着碳市场的发展，更多的配额将通过有偿拍卖来分配。

（三）交易方式

各试点碳市场的交易方式主要分为公开挂牌交易和协议转让，这两种方式形成的交易价格不同。挂牌交易价格由公开市场决定，更符合市场化的定价机制，而协议转让由点对点的双向协商机制形成价格，价格涨幅区间大，适合大宗交易。由于两种交易方式之间存在价格差异，各试点情况有所不同。就我国实际情况而言，上海、湖北和天津碳市场的协议转让价格和挂牌交易价格基本接近稳定；北京碳市场的协议转让价格通常大大低于挂牌交易价格而且波动性较大。

（四）市场开放程度

就我国各试点碳市场交易状况而言，参与主体的多元化提高了区域碳市场的活跃度和流动性。投资机构的引入和数量变化体现了市场开放程度的扩大，参与主体的多元化和多量化有利于提供足够多的交易主体，从而有效提高了碳市场的交易活跃度，对市场价格的形成起到了一定促进作用。同时，机构投资者能够为企业提供专业化的碳资产管理，分散市场价格波动风险，进一步提升资产利用率和定价效率。

五、碳市场价格运行机制

在碳市场中，价格受到多种因素的影响，如居民因素，即消费者需求；企业因素，即生产、能源使用结构；政府因素，即碳储备政策、价格限制、碳市场监管以及间接财政政策，减排教育和其他强制性法规。我们需要综合考虑影响碳价格的供给与外部因素，在统一原有各试点运行机制的基础上完善全国统一市场的价格机制。碳价格是由需求的价格弹性和其他配额供求的因素驱动的，影响碳排放量的因素又是十分复杂的，如经济周期、碳减排技术、能源结构、政府政策等都是影响碳价格波动的来源，我国碳市场起步较晚，相比较于国际碳市场，我国碳市场运行机制主要是发挥非市场功能，这体现在政府通过调整碳配额的额度和分配方式来体现出来的。

（一）碳配额调整机制与高低限价机制

政府在碳配额分配初期将部分碳配额预留，在碳价超出正常波动范围时给予及时调整。同时，政府要事先设好碳排放权交易价格的最高价格和最低价格，最高价格的设定是为了防止因为碳价格过高而增加碳减排企业的减排经营成本和减排压力，最低价格的设定是为了确保碳减排任务的顺利完成，鼓励碳减排企业尽力投入减排技术的开发。

（二）碳配额的跨区域抵消机制

抵消机制是一种市场化的激励手段，政府通过调整碳抵消的比例，以影响碳市场的供需，从而稳定碳价格。在碳价格恢复到正常水平后，碳抵消的比例应恢复到正常的水平。抵消比例的调整通过影响市场供求关系调节碳价高低，也是缓解配额价格异常波动的有效方式之一。另外，为了避免市场供应量过大，各试点在允许使用抵消比例的基础上进一步对项目类型、来源和时间进行了严格限制。此外，在碳排放信用跨区域抵消方面，碳排放信用作为可以代替碳排放配额进入碳市场进行交易的碳排放计量单位，其能够在规定的碳排放限额下，进一步丰富企业排放交易方式并创新碳减排努力方向。认证后的碳排放交易信用将能够在全国碳交易市场自由流动，在有效控制签发数量的基础上规定其可以跨区域抵消碳配额，从而进一步激活全国碳排放权交易体系的市场化运作，推进全国统一市场的完善与提升。

（三）以跨期储存机制为主的柔性履约机制

实施以跨期储存机制为主的柔性履约机制是避免我国现有碳排放交易市场上履约前后交易量激增对碳价带来的不可控影响的有效手段。该运行机制是运用制度手段解决碳交易时间集中程度的一种方式，碳排放权的跨期使用涉及跨期储存、预支，其中跨期储存是国际碳交易市场上为减少交易成本，增加控制碳价灵活性的通用做法，但这种储存需要分阶段进行，各发展阶段的划分需要视具体的发展情况而定。因此以跨期储存机制为主的柔性履约机制将成为抑制碳价在短时间内暴涨或暴跌的重要手段。

（四）设定浮动的双边安全阀机制

碳交易价格的安全阀在稳定碳价中起到重要的作用，国际上较为成熟的浮动安全阀机制为我国控制碳价波动提供了有价值的参考。尽管不同的交易体系规定有所不同，但各浮动安全阀都有一个共性，明确了低价的同时按照一定时间段内的经济增长率与通货膨胀率调整安全阀的阈值。我国在触发标准的设定方面，要全面考虑碳均衡价格随时间推进的波动情况，以各季度或各年度的平均价格作为触发双边安全阀的基准线。

六、碳市场价格监管机制

碳排放权交易虽然应主要遵循市场经济运行规律，但政府的有效监管是保障其健康稳定进行的基本条件。碳市场作为政策性的新兴市场，兼具环保市场、能源和金融市场的特点，具有主体多元性、客体特殊性、利益性、信息不对称性等特征，碳市场的稳定发展离不开合理有效的监管机制。中国碳市场的发展历程经历了从试点向全国过渡的阶段，形成了"国家层面碳市场统筹性文件—试点层面碳市场统筹性文件—试点层面碳市场操作性文件"三级监管政策体系，监管对象为交易主体和交易行为。从立法方面，自碳交易试点工作启动之后，我国各碳试点分别以地方性法规或地方政府规章的形式制定了相应的碳排放权交易管理规定。2012年6月，我国印发施行了《温室气体自愿减排交易管理暂行办法》（以下简称《暂行办法》）对温室气体资源减排等5个事项实施备案管理。自实施以来，提高了自愿减排交易的公正性，调动了全社会自觉参与碳减排活动的积极性。但《暂行办法》在施行过程中也存在着温室气体自愿减排量小、个别项目不够规范等问题；2014年12月制定了《碳排放权交易管理办法》，规定了全国碳市场运行的配额分配、交易、核查、监督管理以及法律责任，构成了现阶段我国碳交易管理的法律基础；为推进生态文明建设，更好地履行《联合国气候变化框架公约》和《巴黎协定》，规范全国碳排放权交易及相关活动，我国自2021年2月开始施行《碳排放权交易管理办法（试行）》，该政策明确规定了碳排放权配额的发放，即以免费发放为主，同时对未来引入有偿分配提出期许。

在监管机构设立方面，我国规定国家发展和改革委员会与各省市发展和改革委员会为碳市场的主管部门，负责统筹协调；设立证监会，负责对交易机构和交易场所进行业务规范；由统计部门提供数据支持，财政部门提供财政支持，金融部门负责业务监管，交易所负责日常交易，工商税务部门负责违规处罚工作，同时由社会公众等进行外部监督。

从监管内容上方面，与传统市场监管类似，我国碳市场的监管内容包含宏观与微观两个层面。宏观层面包含政策的顶层设计、减排目标的设定、配额的分配方法、交易规则的制定等；微观层面主要包含市场的准入与退出机制、交易监管制度的细化、资金运营中的具体监管、相关机构或平台的运营监督等。实际上，宏观层面的监督与微观层面的监督交叉进行，二者相辅相成、相互配合，维护碳市场健康稳定发展。

在我国碳市场监管体系中，排放报告系统、注册登记系统和交易系统三大技术支撑平台发挥了举足轻重的作用。排放报告系统可实现排放数据上报和数据核查功能；注册登记系统通过对配额进行编码和实名制，实时记录跟踪配额的转移情况，避免不正当交易的发生；交易系统与注册登记系统相互衔接，配额在交易系统完成之后，注册登记系统收到反馈会对相应配额进行扣除。国家自愿减排登记注册系统已于2015年启动运行，用以记录国家核证自愿减排量（CCER）的签发、转移、取消、注销等流转情况。

第四节　碳市场价格风险管理现状分析

一、国际碳市场价格波动现状

在欧盟碳市场中，碳价格波动影响表现在内部和外部两个层面。当碳价格过高时，负反馈效应明显，经营者会选择出售碳配额。而且，碳价格波动具有长期记忆性，过去价格的波动会影响到未来价格走势，从这一方面来看，碳市场价格的波动是由于内部不稳定性造成的。欧盟碳市场的外部环境较为复杂。国际谈判、津贴、天气温度和能源需求等外部环境因素较多。这些因素主要通过干扰碳市场内部机制来影响碳价格。欧盟碳排放权交易体系作为全球发展最早的碳排放权交易体系，EU ETS创新性地采取分阶段运行机制，从2005年EU ETS碳排放权价格的起伏较大，EUA和CER价格都表现出了巨大变化，如图1-2所示。且波动情况随着EU ETS的不同发展阶段而呈现出相应的阶段性特征。第一阶段是从2005年到2007年，该阶段为尝试减排阶段。该阶段EUA的交易总量持续增长。产生这种现象的原因是，在EU ETS中，碳排放采取的供给方式主要采取的是国家分配方案，但是参与碳减排的主体无法获取自身的基础排放数据，因此各主体很难做到客观地评估实际碳排放总量，这种现象造成的直接后果是整个欧盟内部的碳超额排放。第二阶段是从2008年到2012年，该阶段为履行减排义务阶段，市场运行与操作正式开始。该阶段受以金融危机、欧债危机为代表的全球经济发展环境的恶化影响，导致碳交易市场中对碳配额需求骤降，加上第一阶段遗留过多的碳排放配额，本阶段的主要问题是配额过剩和供需失衡问题。第三阶段是从2013年到2020年，该阶段为减排阶段。该阶段初期受欧债危机的冲击，与工业生产相关企业的生产规模锐减，工业活动大幅度减少，欧盟碳排放权交易市场上的碳排放权供大于求，碳排放交易产品价格开始频繁波动并呈现出不断下跌的趋势。但是为稳定碳交易市场体系与环境，EU ETS第三阶段的政策有所调整，欧盟统一制定并发放碳排配额，免费碳排放权将被有偿拍卖取代且拍卖所占比重呈现递增趋势；同时扩大了碳配额的覆盖范围，更多行业被纳入该体系，降低参与企业的履约成本并逐步提高排放权价格。

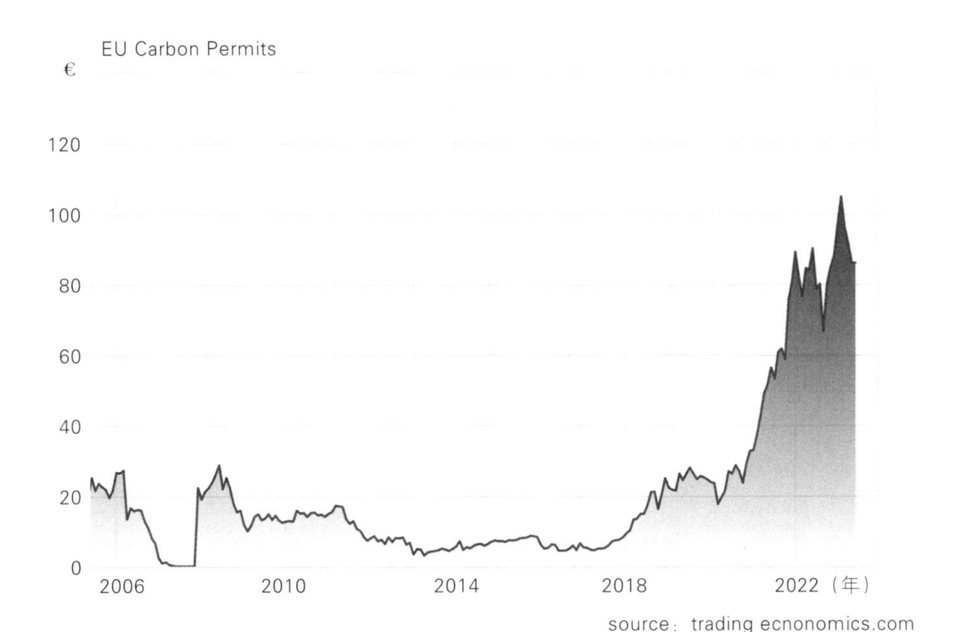

图1-2 国际碳市场价格

二、国内碳市场价格波动现状

价格波动是碳金融交易市场所具有的基本属性之一，但是价格波动过大会直接影响到我国当前试点运作的有序发展，更会直接影响我国统一碳市场的发展进程。合理有效的碳价格对碳市场的平稳运行起着重要作用，各试点自2013年陆续启动至今，碳价格波动呈现出前期价格大幅波动，后期波动逐渐趋于平稳的态势，如图1-1所示。就我国碳市场实际情况来看，全国碳市场以单一的发电行业为主，大型央企和地方国企居多，更趋向集团化管理，很多交易限于内部调配；另外，配额分配初期全部免费发放，企业缺乏交易动力。这些因素将直接影响全国碳市场的交易活跃度，进而影响市场价格发现功能。我国碳价格机制主要以国际主流碳市场为导向，配额的供需平衡形成了碳价格。碳价格受到多种因素的影响，如居民因素，即消费者需求，企业因素，即生产、能源使用结构等。从本质上来看，市场供需关系是影响碳价波动的主要因素。在交易的过程中，碳价格的波动能有效地反映市场行情，在交易过程中，一定范围的碳价波动是正常现象，但是过高或过低的波动范围都不利于市场的发展。因此，我们有必要基于全国碳市场的开盘价、成交金额和成交量研究碳市场的价格波动特点，具体波动趋势见图1-3。2021年7月，全国碳市场运行初期，全国碳市场的开盘价、成交金额和成交量都显示出较为明显的波动趋势，碳市场成交量处于较低水平；2021年8月至9月中旬价格开始下降；2021年11月中下旬至2022年1月中旬，此时进入第一个履约周期的收尾阶段，全国碳排放配额成交量开始逐步增加，碳价也有所上升，但是该阶段成交量和碳价的波动趋势更加明显。进入2022年初期，第一个履约期结束，碳价保持上升的趋势，随后碳价一直保持较为平稳的趋势，但是碳排放配额的成交量呈现出相对低迷的趋势。由此可以发现，碳价格波动主要出现在碳市场运行初期以及履约期。2022年全年截至目前，碳市场价格整体波动趋势较小，其间出现碳交易低迷、流动性低以及市场不活跃等问题。

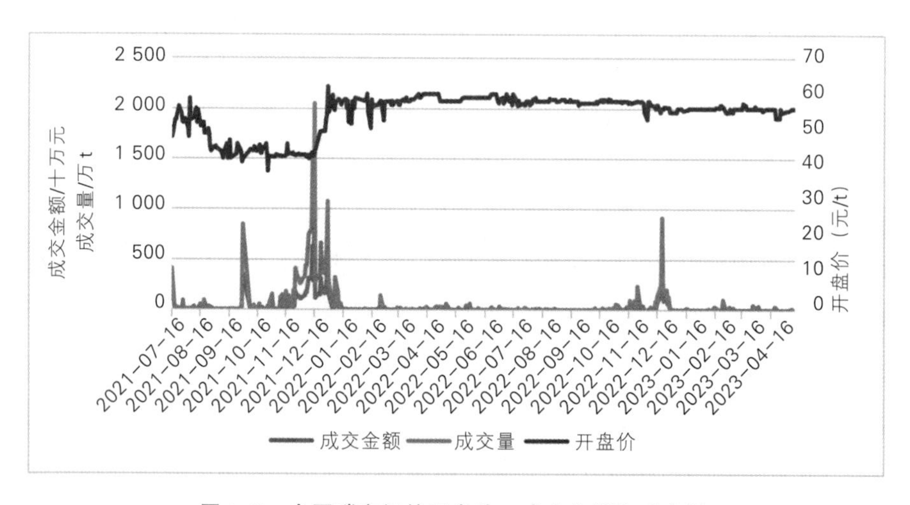

图1-3　全国碳市场的开盘价、成交金额和成交量

我国各试点的碳价波动差距较大，这种价格波动产生的原因包括不同碳试点地区经济发展水平、能源消费结构及交易制度等因素的深刻影响。但是不同碳市场交易价格波动趋势存在趋同性，各试点在碳排放权交易市场启动之后都经历了起落幅度较大的时期，然而在此之后，随着全国及地方碳市场各方面规章制度的不断完善，交易价格的波动趋势有所减小，各个试点市场交易价格整体上均呈现逐步下降的趋势。中国各个试点的碳市场差异较大，运行效果不尽相同，不同碳市场的配额分配机制以及违约处罚等都存在较大差异。总结来说，我国碳市场价格波动主要呈现出两方面的特点。

一方面，市场设立初期波动较大，政策依赖性强。碳市场运行初期价格波动较为明显，到2021年11月中旬跌破开盘价，此后到2022年初期，价格逐渐稳定，波动性明显降低。该阶段碳市场呈现出较强的政策依赖性，其价格的波动趋势依赖于低碳减排等政策的市场需求，例如伴随企业碳配额分配额度的公布，成交量会有明显变化。

另一方面，价格波动受到外部冲击相对较小，价格主要受到供需关系的影响。整体来看，我国碳市场价格相对稳定，仅在碳市场启动初期和履约期有较大的波动，但是这种波动的产生主要是由市场供需关系决定的，受到外部冲击较小。例如，2022年欧洲能源危机，各国碳市场价格波动剧烈，而我国碳价格仍保持相对稳定的趋势，尽管全国碳配额成交量保持较低的趋势，但碳价格并未受到明显的国际市场冲击。

三、碳市场价格风险度量研究

有学者采用尾部极端风险的极值理论对欧盟碳市场碳价风险暴露程度进行了分析，通过将静态VaR和动态VaR相结合，发现欧盟碳排放权交易体系中的价格波动呈现出不对称的特点，市场价格的暴涨和暴跌往往就是由极端风险所导致的。赵芷萱（2022）利用在险价值模型衡量碳价格风险，实证结果得到在95%的概率下，投资者持有一定期限的最大可能损失，并表示经济发展水平及能源价格指数会在一定时间内对碳价格产生影响，成为碳市场风险的来源之一。张晓楠和蒋语然（2021）以北京碳市场为例，运用GARCH-VaR模型度量了该市场的价格风险，他们表示北京碳市场价格波动幅度波动较小，存在的极端风险较小。张志俊和闫丽俊（2020）表示我国碳市场在起步初期碳价格受政策影响较为明显，其运用ARMA-GARCH模型拟合相关数据得到，我国碳市场价格存在尖峰后尾现象和波动聚集性，他们的研究也进一步验证GARCH模型能够准确地度量碳排放权交易价格的风险水平。

（一）经典风险度量模型

在险价值法（VaR）是国内外应用最主要的测度市场风险的方法，发展于20世纪90年代，由巴塞尔风险监管委员会推出，它是给定一定的置信区间，研究由于金融市场价格风险导致在下一个持有期内造成的最大损失。从统计学的角度来理解，VaR值在原理上同回报的期望值，是投资组合回报分布的一个百分位数。根据计算出的VaR值，金融机构的风险管理者采取相应的持有策略，同时，市场监管者采取资本充足性的监管措施。置信水平、持有期、基础货币是VaR模型的三大要素，其中置信水平表示风险承担者对风险的偏好程度；持有期即风险存在的时间区间。基于此，VaR模型用公式表达为：

$$prob(\Delta P > VaR) = 1 - c \tag{1-1}$$

其中，ΔP代表了持有期内造成的损失，c代表置信水平。

在资产收益的概率密度分布函数已知条件下，可以求得各分位数下的风险值，根据上面介绍的定义，可得相对VaR计算公式为：

$$VaR = E(W) - W^* = W_0(1 + \mu) - W_0(1 + R^*) = -W_0(R^* - \mu) \tag{1-2}$$

绝对VaR的计算公式为：

$$VaR = W_0 - W^* = -W_0 R^* \tag{1-3}$$

对于给定置信水平c，投资组合最低价值W^*如下：

$$c = \int_{W^*}^{0} f(p)dp \tag{1-4}$$

正态分布下的VaR，是把一般形式的分布$f(p)$转换成标准正态分布$\varnothing(\varepsilon)$。其中，ε的平均值为0，标准差为1。一般情况下，R^*为负值，因此设定$R^* = -|R^*|$。由此，R^*与标准正态偏离α的关系可表达为：

$$R^* = -\alpha\sigma + \mu \tag{1-5}$$

由此，可得公式：

$$1 - c = \int_{-\infty}^{W_0} f(w)dw = \int_{-\infty}^{-|R^*|} f(r)dr = \int_{-\infty}^{-\alpha} \varphi(\varepsilon)d\varepsilon \tag{1-6}$$

其中，令$N(d) = \int_{-\infty}^{-\alpha} \varphi(\varepsilon)d\varepsilon$

则相对VaR的公式可表示为：

$$VaR_R = W_0(R^* - \mu) = W_0\alpha\sigma\sqrt{\Delta t} \tag{1-7}$$

绝对VaR的公式可表示为：

$$VaR_A = -W_0R^* = W_0(\alpha\sigma\sqrt{\Delta t} - \mu\Delta t) \tag{1-8}$$

其中，W_0是投资组合或金融资产的初始价值，R是持有期内投资组合或金融资产的收益率，$W_0(1 + R)$为该金融资产或投资组合的期末价值，μ和σ分别为持有期内收益率的期望和标准差，Δt是时间间隔，R^*是在给定置信水平下，该资产的最低收益率。

（二）模型的经典估计

计算VaR一般分为参数法和非参数法，其中，参数法又包括解析法、方差-协方差法、极值法等，非参数法又包括蒙特卡罗模拟法和历史模拟法等。

1.历史模拟法。历史模拟法假设未来价格走势与过去完全相同。即根据历史收益数据估算投资组合变化的经验分布，得到当前的“历史”收益，再根据给定的置信水平，找到对应的分位数，求出该分位数下的风险值，即VaR值。

该方法优势在于简单直观，无须作特定假设，完全基于历史数据的统计分布。但这种方法的一大缺点在于一旦历史趋势发生逆转，我们计算得到的VaR值将会与实际值产生较大偏差，另外，由于该方法是历史重现，其计算往往需要大量的连续历史数据，因此历史模拟法不能计算提供比样本中最大损失还要大的预期损失值，同时，该方法得到的结果不适用于极端事件。

2.蒙特卡罗模拟法。蒙特卡罗模拟法是一种随机模拟方法，蒙特卡罗模拟法的基本思想是通过大量的随机样本来了解一个系统，进而得到了所要计算的值。该方法与历史模拟法同属于VaR模型的参数法，但与历史模拟法不同的是，蒙特卡罗模拟法不直接使用历史数据来计算VaR，而是利用“随机数发生器”同时结合历史数据的可能分布来得到大量的符合经验分布的可能损益，再根据给定的置信水平，找到对应的分位数，求出该分位数下的风险值，即VaR值。蒙特卡罗模拟法的优势在于它需要的历史数据更少，计算的精度和准确度更高，但该方法的缺陷在于计算过程相对复杂，需要多次重复才能提高结果的准确性，而且需要足够大的样本量。

3.方差-协方差法。方差-协方差法又称为分析法，对投资组合收益的方差-协方差矩阵进行估计是该方法的核心，综合历史波动和相关性来进行风险度量。它将正态分布作为资产报酬的分布假设，其中有两个重要假设：一是给定时期内资产价值变化与风险因素报酬呈线性关系；二是正态分布假设。

综上所述，VaR模型不仅能为风险管理者预测损失规模，还能预知其发生的可能性，金融资产或投资组合在不同置信水平上的VaR值，准确反映金融市场风险状况。在VaR方法应用于金融风险管理领域的过程中，计算VaR值最常用的方法是方差-协方差法，该方法是通过对资产报酬的方差-协方差矩阵进行估计。其中，方差的计算方法又有两种，其中“指数权重计算方法”能够更好地反映金融时间序列的特征。这种方法实际上就是GARCH模型，基于GARCH模型计算的VaR能够较好地拟合碳价的波动规律。GARCH模型广泛应用于金融市场价格波动的研究，探讨价格波动的不对称性，比较正向信息和负向信息对价格波动的影响大小等，是最常用的波动率模型。GARCH模型是在ARCH模型基础上提出的，又被称为广义的ARCH模型，是一种可实现对时间序列的尾部特征更加精确描述的自回归异方差模型。基于以上，GARCH模型用公式表示为：

$$r_t = \mu + \varepsilon_t \tag{1-9}$$

$$\sigma_t^2 = \alpha_0 + \sum_{i=1}^{q} \alpha_i \varepsilon_{t-i}^2 + \sum_{j=1}^{q} \beta_j \sigma_{t-j}^2 \tag{1-10}$$

其中，μ为收益率序列期望；ε_t为残差；σ_t^2为方差；α_0为常数，α和β为相应待估参数。

第五节　碳市场价格相依性风险要素综述

碳市场价格相依性风险是基于《京都议定书》中所规定的碳排放权交易体系，而形成的碳市场中衍生出的市场风险。实际上，《京都议定书》在全球范围内以法律法规形式限制发达国家在既定时期内的温室气体（CO_2，CH_4，N_2O，HFCs，PFCs和SF_6）排放量，并提出了联合减排、国际排放权交易（International Emission Trading，IET）和清洁发展机制三种灵活的机制以帮助发达国家完成减排目标。

为积极应对全球气候变暖问题，实现《京都议定书》中的减排要求，发达国家与发展中国家均在减排的道路上不断努力，通过制定碳排放配额以严格控制温室气体的排放，其中作为全球碳排放权交易体系的领军者，EU ETS在经过十几年的不断探索与发展后逐渐走向成熟，并促进了全球对设置碳排放权价格、运用经济手段解决气候问题的共识。欧盟碳排放权交易体系中的价格机制也因此得以完善，形成了具有自身特色交易系统。但是，作为目前全球最大的碳排放大国，中国碳交易和衍生品市场潜力巨大。具体来说，从2013年开始中国在多地区建立碳试点市场，并在2021年7月16日启动全国碳排放权交易体系，截至2022年12月，全国碳排放权交易市场累计成交额101.21亿元，碳配额成交量2.23亿吨，覆盖了超过40亿吨二氧化碳，占全球排放量的40%以上。目前中国碳市场的总体规模已超过欧盟排放权交易体系（EU ETS），成为全球第一大排放权交易市场。然而，目前启动的全国碳市场仍处于基础建设阶段，相关制度和配套措施还未完善，因此中国碳市场内可能存在比欧盟碳排放权交易体系中更复杂的相依性风险。

作为一个对政策高度依赖的市场，碳交易市场交易尚未发展完善，相比其他金融市场，碳交易市场属于较为典型的复杂非线性系统。碳交易市场产品价格波动涉及多方面因素的综合影响，不仅易受市场供求机制的作用，更易受到政治变动、气候变化、配额分配、金融危机等诸多外界因素的影响，这些影响都会给碳交易市场的稳定带来大幅度的波动，导致市场呈现复杂不确定性等非线性系统的特征。碳交易市场的频繁波动会导致市场风险凸显，且受全球金融一体化发展的影响，碳交易市场也面临着多源市场风险要素并存问题的挑战。因此，碳交易市场风险的识别与度量是碳市场健康发展的关键问题，科学有效的碳交易市场风险管理是实现全球碳减排效果的重要保障。

综上，碳市场价格波动的风险会影响到其他市场或资产的价格。碳市场价格上涨可能会导致其他市场或资产价格下跌，而碳市场价格下跌则可能导致其他市场或资产价格上涨。

一、碳市场价格相依性风险要素识别

基于国内外多位学者对于碳市场价格风险要素的研究，碳市场价格主要受宏观经济、能源市场、政策和法规、气候变化、投资者情绪等要素影响。然而各个要素对碳市场价格的作用机制不同，例如通过改变企业的排放需求，外部环境影响，宏观市场调控等，本书将其分为了供给因

素、需求因素和其他因素并在后文进行详细分析。

（一）供给因素

1.碳排放权配额的总体分配

碳市场中，碳配额与碳配额总量的设定密切相关。对于碳配额总量的确定，当前研究主要有两种模式：模式一为“自上而下”，基于生态或大气变化确定控制目标，从该目标出发估算总的可用于分配的排放空间，由中央政府将总的碳配额分配到各个省份。模式二为“自下而上”，先按事先确定的分配方法，将碳配额分配到纳入企业，再将配额分配量加总得到总量配额。

现有的分配方法主要是“祖父法（Grandfathering）”和“基准法（Benchmarking）”。祖父法是按照排放单位的历史排放量为基准分配配额，而基准法是根据排放单位的生产活动乘以该行业所设定的基准值来分配配额。基准法在一定程度上弥补了祖父法所导致配额分配不均的问题。此外碳配额在中国各省际之间的分配是根据历史累计碳排放量、GDP、能源强度、农作物实际播种面积所决定，因此配额的价格由它的流通量与各省市预计碳排放量的相对关系决定。如果该额度相对各省市实际或预计碳排放量较少，则需求增加，推动价格上升；反之，该额度相对各省市实际或预计碳排放量较多，则需求减少，引发价格下降。由于各国的国家分配计划是数年制定一次，所以原则上它是影响碳排放权价格的长期因素之一（陈晓红和王陟昀，2012）。

2.清洁发展机制和联合履行机制

清洁发展机制和联合履行项目是《京都议定书》确定的三大机制中的两个，也是影响碳配额供给的因素之一。CDM是一个机制，允许发达国家在减少本国温室气体排放的同时，通过在发展中国家开展可再生能源和能效项目来获取减排凭证。CDM机制的目的是鼓励发达国家在减排方面更加积极，并通过转移清洁技术和知识促进发展中国家的可持续发展。CDM凭证可以在碳市场上进行交易，为购买凭证的企业提供了一种经济实惠的减排方式。JI是另一种减排机制，允许发达国家在其他发达国家的项目中投资，以获得减排凭证。JI机制的目的是鼓励发达国家之间的合作，在减排方面共同努力。JI凭证可以在碳市场上进行交易，为购买凭证的企业提供了一种经济实惠的减排方式。

联合履行机制是指发达国家之间共同实施减排项目，以达到减排目标。通过联合履行，一些发达国家可以更加灵活地满足其减排义务，同时还可以在碳市场上交易凭证，为购买凭证的企业提供了一种经济实惠的减排方式。

CDM和JI都是为实现全球减排目标而设计的机制。它们为企业和国家提供了一种灵活的减排途径，并为碳市场提供了更多的减排凭证，从而促进了碳市场的发展。它们所产生的碳信用可以转变为碳市场的供给。理论上，清洁发展机制和联合履行供给越多，价格越低；供给越少，价格越高。综上，清洁发展机制和联合履行两种机制也是影响碳价格的供给因素。

3.储存（Banking）和商借（Borrowing）制度

碳市场中的储存（Banking）和商借（Borrowing）制度是指将未来的碳减排凭证（如碳信用证）“存储”或“借用”到未来的年度中。这种制度的主要目的是为碳市场中的买方和卖方提供更大的灵活性，以更好地管理他们的碳减排风险。

储存制度允许卖方将其未来年度的碳减排凭证储存在碳账户中，以便在未来的年度中进行交易。通过储存，卖方可以灵活地管理其碳减排凭证的供应，并在将来的年度中更好地应对碳减排需求。商借制度允许买方在未来年度中向碳市场“借”碳减排凭证，以便在当前年度中使用这些凭证进行碳减排。通过商借，买方可以灵活地管理其碳减排风险，以适应其业务需求。商借制度的另一个好处是，它可以鼓励买方在当前年度更积极地减排，因为它们可以在未来年度中“还”这些凭证。

储存和商借制度设计也会影响碳配额供给。从理论上讲，碳市场中的储存制度可以限制碳配额的供应量，从而促使碳排放权配额的交易价格上涨。储存制度允许卖方将其未来年度的碳减排凭证储存在碳账户中，以便在未来的年度中进行交易。通过储存，卖方可以更好地管理其碳减排凭证的供应，从而控制碳配额的供应量。综上所述，碳市场价格的影响供给因素为配额的总体分配、储存与商借制度和CDM与JI机制等因素影响。

（二）需求因素

碳配额价格的是由市场需求和供应的变化所决定的。在碳市场中，影响碳配额价格的需求因素主要包括政策因素、经济因素、科技因素和能源价格因素。

1.政策因素

政策因素是影响碳配额价格的主要因素之一。政府对碳排放的管制程度和政策导向对碳市场需求的影响较大。政策的改变或者新政策的出台，往往会直接或者间接地影响碳市场的需求。具体来讲，政府一般会出台有关碳市场政策，例如碳排放配额、碳税等，会直接影响碳市场的供给和需求。因为政府对碳排放配额的限制越严格，碳排放权的供给量就越小，需求不变的情况下，碳配额价格就会上涨。反之，政府增加碳配额供给的数量，则会导致碳配额价格的下降。此外，有时政府也会出台有关环境治理政策，环境政策的改变可能会对企业的生产和经营活动产生影响，从而间接影响碳市场的供需情况。例如，环境监管的加强和环境保护意识的提高，将导致企业的生产成本上升，碳配额价格可能会上涨。同时贸易政策对于国际贸易和投资产生直接的影响，这将导致不同地区碳市场的供求情况发生变化，从而影响碳价格。例如，某些国家对碳排放权的进口限制加强，将导致供给减少，碳配额价格可能会上涨。

2.经济因素

经济因素也是影响碳配额价格的重要因素。能源消费量的变化会直接影响企业的碳减排需求进而影响经济增长。此外，经济因素还包括货币政策和利率等宏观经济因素的变化对碳市场需求的影响。

经济增长与碳定价之间联系背后的经济学直觉如下。宏观经济政策的影响传导主要也是通过先影响企业行为、后改变碳价。首先，经济活动促进了对工业产品的高需求。反过来，受碳市场监管的公司需要生产更多的产品，排放更多的二氧化碳，以满足消费者的需求。这将导致其对二氧化碳配额的更大需求，以覆盖工业排放，最终导致碳价格上涨。

行业指数主要代表了控排企业所在行业的发展现状。行业发展对碳价的传导主要体现在，当其他条件不变且行业处于高速发展或者上升期时，企业经济活动相对较多，因此对二氧化碳排放需求量也较大，会促进碳价的上升；相反，若行业发展速度较慢，对应碳价也会相应下降。

3.科技进步

随着科学技术的进步，出现了新的低碳技术和清洁能源技术的开发和应用，可以促进各个企业碳减排的实现。各企业对碳配额需求减少，同时会间接影响碳配额的实际价格。科技进步也是影响碳市场中碳配额价格波动的因素。

4.能源价格

碳市场的需求还受到能源价格的影响。主要包括传统能源和新能源市场，其中，传统能源是通过对企业行为产生影响，以此来对碳价产生影响。传统能源价格的上升，使企业减少对其需求，在其他条件不变的情况下，企业需求下降意味着二氧化碳排放的减少，当所有企业减少二氧化碳排放时，二氧化碳排放市场上产品供给上升，需求下降，从而使碳价下降；另外，传统能源价格上升使企业能源需求下降时，依据自身利益最大化的假设以及对企业产品市场的关注，企业不会减少自身经济行为，而会转为寻找其他经济行为动力，从而可能出现企业二氧化碳排放不变或增加的情况，即对应着碳市场中碳价不变与上升的现象。在市场灵活变动的情况下，当传统能源受到冲击，不同碳市场将会受其企业行为影响，使碳价出现围绕均衡值上下波动的趋势。

随着我国能源结构的改革，新能源在能源的使用中比重逐步上升，其对碳价也产生了一定影响。新能源对碳价的传动机制与传统能源较为类似，都是通过改变企业的二氧化碳排放需求，最终对碳市场碳价产生影响。

总之，碳配额价格的需求因素与其他市场价格的需求因素类似，受政策、经济、科技和市场供需等多种因素的影响。

（三）外部因素

天气情况、自然灾害和环境变化一系列外部因素也是碳价格波动的重要影响因素。分别来看，自然灾害，如干旱、洪涝、暴风雪等，可能会对某些地区的能源供应和生产活动产生影响。例如，水电站在干旱期间可能无法正常发电，导致能源供应减少，碳价格可能会上涨。气候变化会影响能源的供给和需求，从而影响碳价格。例如，全球变暖可能会导致冬季用电需求减少，碳价格可能会下降；而夏季用电需求增加，则可能导致碳价格上涨。同时自然资源的变化也会对碳价格产生影响。例如，石油和煤炭等化石燃料的价格波动会对碳价格产生直接的影响，因为化石燃料是碳排放的主要来源。

综上所述，环境因素、政策因素与经济因素等因素共同作用，塑造着碳市场的形态，需要综合考虑各种因素的影响，以实现碳市场的有效运行和碳减排的目标。

二、碳市场价格相依性风险机理分析

全球化背景下，国内碳市场的价格风险与国内外政策经济因素、环境风险及其他市场风险等联系密切，价格相依性风险能够揭示此种关联，有助于监管机构、投资者和风险管理者合理评估碳价形成机制，深入分析碳价波动的内在动因。为有效测度碳市场价格的相依性风险，学者常综合运用各类方法分析碳价与经济政策不确定性（Economic Policy Uncertainty，EPU）、地缘政治行为（Geopolitical Risk，GPR）、股市不确定性

(Volatility Index，VIX)、绿色债券（Green Bond，GB）及其他能源市场价格等因素间的动态关系。欧盟碳市场的定价机制在全球范围内具有示范作用，可为中国的碳市场建设提供参考和借鉴。Reboredo（2014）采用多变量自回归模型捕获了EU ETS第二阶段石油与欧盟排放配额EUA市场间的波动溢出效应，结果表明波动动态和杠杆效应会对布伦特原油和碳价格波动产生影响。Zhang和Sun（2016）基于DCC-TGARCH和全BEKK-GARCH模型探讨了EUA期货价格与化石能源价格间的波动性外溢，发现煤炭市场与碳市场的正相关性最强，其次是天然气和布伦特原油市场，而碳市场与布伦特原油市场间不存在显著的波动性外溢效应。

随着中国碳市场的兴起和发展，我们迫切需要了解国内碳市场的价格驱动因素与相依性风险，这对国内环境风险管控、资源配置、低碳转型及政策制定有重要现实意义。宋雅贤和顾光同（2022）的研究结论表明，试点地区的碳价具有一定的空间集聚效应与时空相关性，价格驱动因素存在显著异质性。王庆山和李健（2016）通过构建时变参数模型，讨论了能源价格、市场活跃度与政府惩处力度对市场碳价差异的影响，基于此建立了价格调控机制。Liu等（2023）对中国碳市场与煤炭、原油和天然气市场之间的尾部依赖和风险溢出效应进行了测度，结果表明国内碳市场比能源市场更容易受到极端外部冲击和季节性波动的影响，具有高风险，投资碳市场能够降低投资能源大宗商品的风险。

现有研究成果已能够从多角度出发量化中国碳市场的价格相依性风险，捕捉不同主体之间的价格相依程度及风险传递方向，但也存在一定的局限性，如模型选择较为单一、研究范围集中于中国碳市场的特定方面或特定时间段等。碳市场价格相依性风险机理是指在碳市场中，不同的碳配额价格之间存在相互影响的关系，这种关系可能会引起价格的波动和风险。为了更好地理解这种机理，需要对碳市场中价格相依性风险的来源以及作用机理进行分析。本书主要从碳交易市场风险的界定、碳交易市场风险要素的识别与分析以及碳交易市场风险要素的交互关系三个方面进行分析。

（一）碳交易市场风险的界定

本节的研究是为了更好地理解碳交易市场的风险特征和机理。在理论研究过程中，我们将梳理金融风险的概念和分类。随后，我们将专注于对碳交易市场的风险进行界定和分类，例如价格风险、政策风险、流动性风险等，这些风险因素都可能对碳交易市场造成不同程度的影响。我们的研究旨在帮助投资者和从业者更好地认识和管理碳交易市场的风险，提高市场参与者的风险意识和风险管理能力。

1.金融风险

金融风险是指投资或融资活动所面临的可能带来经济损失的不确定性。通常来讲，收益的不确定性存在收入的不确定性和损失的不确定性两种可能。收益的不确定性给企业带来的负面影响，可能导致企业资产或未来收益损失，从而导致企业价值下降。损失的不确定性是金融风险的主要来源。

一般来说，金融风险可分为市场风险、信用风险、操作风险、流动性风险和法律风险等不同类型。市场风险是指由于市场变动而导致投资价值下降的风险；信用风险是指借款人违约或信用评级降低的风险；操作风险是指由于内部控制不力、技术问题或操作失误导致的损失风险；流动性风险是指由于市场交易量下降、交易成本上升或交易对象无法迅速转化为现金等原因导致的风险；法律风险是指由于法律变动、合同纠纷或政府政策变动等因素导致的风险。不同的投资或融资活动所面临的风险类型和程度也会有所不同，因此对于每种类型的金融风险都需要有相应的管理措施和风险管理策略。

2.碳交易风险

随着碳交易市场不断发展建设，碳金融的重要性不断凸显，有关于碳排放的金融衍生品类似于碳期货，不断流入市场，与金融商品一样存在交易，但是由于碳市场交易制度、运行机制等建设不完善，从而导致在交易过程中可能会存在更多的不确定性，风险问题随之凸显。本小节主要说明了碳交易市场建设中所面临的风险信息以及风险之间的关系。碳交易风险是指在碳交易市场中，由于市场波动、政策变化、技术创新、供需变动等因素所引发的损失或不确定性。碳交易风险通常包括市场风险、政策风险、技术风险、信用风险等多个方面。

首先，市场风险是指由市场变动引起的资产损失风险。在碳交易过程中，碳价波动可能会影响碳交易市场的稳定性，降低资产流动性，从而影响参与减排项目企业的生产运行，因此投资者需要在交易前充分了解市场情况和市场风险。其次，政策风险是指由政策变动导致的风险，碳交易是在相关政策完善健全的条件下进行的，并且碳交易可能会带来一定负外部效应，因此碳交易市场完全属于政策性市场，即政策变动可能导致碳交易市场的法规、税收、减排目标等方面发生变化，从而对市场价格和投资者利益造成影响。此外，技术风险是指由于技术创新或技术落后所引发的风险，例如碳交易市场的信息技术、清洁技术等方面的进步或滞后可能对市场产生影响。最后，信用风险是指交易对手方无法按时兑付或无法履行合同等方面的风险，在碳交易中可能存在大量信息不对称的情况。例如，碳交易市场中，如果交易对手方存在信用风险，可能会导致投资者无法如期收回本金和利息，从而对投资者造成损失。

3.碳交易市场风险

碳交易市场是一种促进节能减排和促使企业低碳经济转型的重要手段，建设目的决定了碳交易市场和传统金融市场存在不同性质。

根据对碳交易市场建设作用机理以及金融市场风险的分析，并结合碳交易市场与传统金融市场的联系，本书将碳交易市场风险定义为：碳排放权交易市场运作机制中由于多源风险因素的不确定性，给参与碳市场交易的宏微观主体实现既定的减排或者投资目标带来不利影响或者损失的不确定性。市场风险来自利率、汇率、宏观经济、能源价格等。

与此相比，碳交易风险更侧重于指碳交易本身所特有的风险，包括碳配额供需失衡、碳价格波动等风险。可以说，碳交易市场风险是在碳交易市场中进行交易时所面临的各类风险，而碳交易风险则更侧重于碳交易本身所带来的风险。两者有重叠之处，但也存在不同之处。

（二）碳交易市场风险要素的识别与成因

1.碳价波动

经由上文论述，碳市场衍生商品价格可能受到政策性事件变动、供求关系、外部事件、气候波动的影响，进而会导致碳资产价格存在波动，因此碳价波动是引发碳交易市场风险的主要原因。

碳价波动可能会影响碳交易市场产生风险的原因在于碳市场的运行机理。碳交易市场的定价机制是由市场供需关系决定的，而碳价格的波动则受到供需因素、政策影响、市场预期等多种因素的影响。当碳市场供需关系发生变化，比如碳排放减排目标的调整、市场参与主体的变化、经济形势的变化等，都会引起碳价格的波动。当碳价格出现大幅波动时，市场参与者的预期会发生变化，市场流动性会受到影响，从而使市场产生风险。

2.汇率波动

基于上文论述，本书认为碳交易市场的风险也受到宏观经济和金融市场的影响。比如，全球经济形势的变化、货币政策的变化、利率变化等因素都会对碳交易市场的运行产生影响，从而增加碳交易市场的风险。因此，在对碳交易市场的风险进行分析时，需要考虑到这些因素的影响。

首先考虑汇率变化，由于目前建设最完整的碳交易市场还是欧盟碳排放权交易市场，因此直观来看参与碳排放权交易结算的货币主要是欧元和美元，对参与国际碳交易活动的不同国家来讲，碳交易商品价格直接体现在汇率差别上。所以汇率波动所隐含的国际资本市场内部风险也是引发碳市场风险的一部分。

3.利率波动

利率是衡量借入或存款成本的指标，对于投资者和企业而言，利率的波动会对其决策产生重要影响。当利率上升时，企业借款成本增加，投资者的资金成本也随之上涨，从而降低企业的投资意愿和投资者的风险承受能力。与此同时，利率上升还会导致资产价格下跌，从而进一步增加风险。

在碳市场中，利率波动会对碳市场的多个方面产生影响。首先，利率上升会使得碳市场参与者的借款成本上升，从而增加其经营成本和资金成本，降低其参与市场的意愿。其次，利率上升还会使得投资者的资金成本上升，从而降低其参与碳市场的风险承受能力，导致市场交易量下降和价格波动加剧。最后，利率上升还会导致资产价格下跌，从而进一步增加碳市场的风险。

因此，利率波动是碳市场风险的一个重要来源。对于市场参与者而言，他们需要密切关注利率的波动，及时调整经营和投资策略，以降低市场风险。对于监管机构而言，他们也需要积极引导利率的稳定，保持市场的平稳运行。

（三）碳交易市场风险要素的交互关系

1.碳价和利率的关系

碳市场价格和利率之间存在一定的关系。利率是指资金的借入或贷出价格，是一个重要的宏观经济指标。当利率上升时，企业和个人融资成本增加，因此可能会减少对碳市场的投资需求，从而导致碳市场价格下跌。反之，当利率下降时，融资成本降低，可能会增加对碳市场的投资需求，从而推高碳市场价格。

此外，利率还会影响碳市场中的期货合约价格。碳市场中的期货合约价格受到现货市场价格和预期的利率影响。如果市场预期未来的利率将上升，则期货合约价格可能会下降，因为投资者更倾向于将资金用于收益更高的固定收益投资，而不是用于期货市场。反之，如果市场预期未来的利率将下降，则期货合约价格可能会上涨。因此，利率波动可能会对碳市场价格和期货合约价格产生影响，进而对碳交易市场风险产生影响。

2.碳价与汇率的关系

碳价和汇率之间存在一定的关系，尤其是对于那些涉及跨国贸易的碳市场参与者。汇率的变化会影响到参与者的成本和收益，从而影响到其在碳市场中的投资决策和行为。当本国货币升值时，进口碳的成本将减少，而本国碳出口的收益将减少。反之，当本国货币贬值时，进口碳的成本将增加，而本国碳出口的收益将增加。

此外，汇率变化还会对碳市场中的国际合作和碳交易产生影响。例如，当一国货币升值时，其与其他国家的碳贸易成本可能会增加，这可能会减少该国与其他国家的碳交易，从而降低碳市场的流动性和效率。

3.利率和汇率的关系

利率和汇率之间存在一定的关系。通常情况下，当一个国家的利率上升时，投资该国家的资本回报率也随之上升，从而吸引更多的资本流入该国家，导致该国货币升值。相反，当利率下降时，资本回报率下降，资本流出该国家，导致该国货币贬值。

另外，利率还会影响汇率的预期。例如，如果市场预期一个国家将会提高其利率，那么投资者将更愿意持有该国货币，从而导致该国货币升值。反之，如果市场预期一个国家将会降低其利率，那么投资者将更愿意持有其他货币，导致该国货币贬值。除此之外，二者的关系与碳交易市场相关，利率和汇率的变化可能会影响碳市场的供求关系和投资者对碳市场的预期，从而影响碳市场价格和波动。例如，如果一个国家的利率上升，会吸引更多的资本流入该国，提高该国经济发展水平，从而增加该国对碳配额的需求，推高碳市场价格。反之，如果一个国家的利率下降，资本流出该国，减少了该国对碳配额的需求，对碳市场形成压力，导致碳市场价格下降。

三、碳市场价格相依性风险要素特征建模

在碳排放权交易市场中，碳市场价格的相依性风险是一个重要的研究

领域。为了更好地理解和控制市场风险，许多学者和研究人员开始对碳市场价格相依性风险进行建模和研究。其中，一种常见的研究方法是基于特征建模的思路，即通过对碳市场价格的特征变量进行分析和建模，来揭示碳市场价格相依性风险的内在机制和规律。在这个领域，“碳市场价格相依性风险要素特征建模”成为了一种常见的研究方向。本书将探讨这种建模方法的原理、实践和应用，并通过实证分析来验证其有效性。

（一）ARMA模型

ARMA模型是一种时间序列模型，它是由自回归模型（AR）和移动平均模型（MA）结合而成的。AR模型描述了当前时间点的观测值与前p个时间点的观测值之间的关系，而MA模型描述了当前时间点的观测值与前q个时间点的噪声项之间的关系。将两种模型结合起来，ARMA模型可以描述当前时间点的观测值与前p个时间点的观测值以及前q个时间点的噪声项之间的关系。

具体而言，ARMA（p，q）模型可以用以下的方程表示：

$$Y_t = \phi_1 Y_{t-1} + \cdots + \phi_p Y_{t-p} + \theta_1 \varepsilon_{t-1} + \cdots + \theta_q \varepsilon_{t-q} + \varepsilon_t \quad (1-11)$$

其中，$r \geqslant 0$，$s \geqslant 0$；Y_{t-p}是Y_t的p阶滞后；ε_t是Y_t的残差，ε_{t-q}是ε_t的滞后q阶。

ARMA模型的拟合需要确定模型的阶数，即p和q。一般而言，可以通过观察时间序列的自相关图和偏自相关图来确定p和q的值。在实际应用中，ARMA模型通常用来对时间序列进行预测和模拟，它可以对时间序列的长期趋势、季节性和周期性等进行建模，并对未来的观测值进行预测和分析。

（二）ARCH模型

ARCH模型为时间序列波动率建模提供了一个系统框架。它解决了传统的计量经济学对时间序列变量的第二个假设（方差恒定）所引起的问题，即假定波动幅度（方差）是固定的，这其实是不符合实际情况的。ARCH模型能准确地模拟时间序列变量的波动性的变化，在金融工程学的实证研究中应用广泛，使人们能更加准确地把握波动性来判断风险大小。时间序列 r_t 的残差为服从p阶自回归条件异方差模型ARCH（p）的表达式如下：

$$\begin{cases} r_t = \mu + \sum_{i=1}^{r} \gamma_i x_t + \varepsilon_t \\ \delta_t^2 = \alpha_0 + \sum_{h=1}^{p} \alpha_h \varepsilon_{t-h}^2 + \eta_t \end{cases} \tag{1-12}$$

其中，$p \geqslant 0$，$\alpha_0 > 0$，$\alpha_h \geqslant 0$；δ_t^2 是 r_t 的方差；ε_{t-h} 是 ε_t 的滞后 h 阶；η_t 是 δ_t^2 的残差。

ARCH模型已经成为研究人员和金融市场分析师不可或缺的工具，他们将其用于资产定价和评估投资组合风险。该模型对风险管理行业来说是一个里程碑，因为它认识到了市场风险建模方法的普遍影响。由于碳配额价格收益率分布特征具有尖峰厚尾的特性，学者们一般都采用条件异方差模型去模拟碳价波动规律。由于碳价具有其他一般金融商品的波动特征，因此他们还觉得最新的GARCH模型对于碳价格波动的体现效果更佳。

（三）GARCH模型

ARCH模型和GARCH模型是两种广泛应用于金融领域的时间序列模型，用于对金融资产的波动性进行建模和预测。

ARCH模型是由Engle在1982年提出的，用于描述时间序列中存在异方差（即方差不稳定）的情况。ARCH模型的基本思想是将方差建模为过去一段时间的平方残差的加权和，从而使模型的方差随时间而变化。具体而言，ARCH（p）模型可以表示为：

$$\sigma_t^2 = \omega + \sum\nolimits_{i=1}^{p} a_i \varepsilon_{t-i}^2 \tag{1-13}$$

其中，σ_t^2 表示时间点 t 的方差，ω 为常数项，a_i 为权重系数，ε_{t-i}^2 表示时间点 $t-i$ 的残差。ARCH模型的优点在于它能够对时间序列中的波动性进行有效建模，但是它忽略了时间序列中存在的相关性，因此在金融领域的应用有一定的局限性。

为了解决ARCH模型的局限性，Bollerslev于1986年提出了GARCH（Generalized Autoregressive Conditional Heteroscedasticity Model，广义自回归条件件异方差模型）模型。GARCH模型是在ARCH模型的基础上引入了移动平均项，使得模型不仅能够对方差进行建模，还能够对残差的自相关性进行建模。具体而言，GARCH（p，q）模型可以表示为：

$$\sigma_t^2 = \omega + \sum_{i=1}^{p} a_i \varepsilon_{t-i}^2 + \sum_{j=1}^{q} b_j \sigma_{t-j}^2 \tag{1-14}$$

其中，σ_t^2表示时间点t的方差，ω为常数项，a_i为权重系数，ε_{t-i}^2表示时间点$t-i$的残差，σ_{t-j}^2表示时间点$t-j$的方差。GARCH模型的优点在于它能够对时间序列中的波动性和相关性进行有效建模，因此在金融领域中的应用更加广泛。

（四）ARMA-GARCH模型

ARMA-GARCH模型是ARMA模型和GARCH模型的结合体，可以用于对金融时间序列的波动性和相关性进行建模和预测。

ARMA-GARCH模型的基本思想是将ARMA模型和GARCH模型相结合，用ARMA模型来描述时间序列的相关性，用GARCH模型来描述时间序列的波动性。具体而言，ARMA（p，q）-GARCH（r，s）模型可以表示为：

$$y_t = \mu + \sum_{i=1}^{p} \phi_i y_{t-i} + \sum_{j=1}^{q} \theta_j \varepsilon_{t-j} + \varepsilon_t \tag{1-15}$$

$$\varepsilon_t = \sigma_t \epsilon_t \quad \epsilon_t \sim N(0,\ 1) \tag{1-16}$$

$$\sigma_t^2 = \omega + \sum_{i=1}^{p} a_i \varepsilon_{t-i}^2 + \sum_{j=1}^{q} b_j \sigma_{t-j}^2 \tag{1-17}$$

其中，y_t表示时间点t的观测值，μ为常数项，ϕ_i和θ_j分别为AR和MA模型的系数，ε_t表示时间点t的白噪声，σ_t^2表示时间点t的方差，ω为常数项，a_i和b_j分别为GARCH模型的权重系数。

ARMA-GARCH模型的优点在于它能够对时间序列中的相关性和波动性进行有效建模，从而能够更加准确地对金融时间序列进行预测。但是，

ARMA-GARCH模型的参数估计较为复杂，需要进行多次迭代计算，因此在应用中需要谨慎选择。

ARMA-GARCH模型是一种常用的金融时间序列建模方法，它广泛应用于股票、汇率、商品价格等金融领域的数据分析与预测。相比传统的ARMA模型，ARMA-GARCH模型可以更准确地描述金融时间序列的波动性，避免了传统ARMA模型的异方差性问题。在ARMA-GARCH模型中，ARMA部分描述时间序列的相关性，GARCH部分描述时间序列的波动性。ARMA部分的参数可以通过OLS等方法直接估计，而GARCH部分的参数通常采用极大似然估计法来估计。

ARMA-GARCH模型的建立需要考虑以下几个步骤：首先，对时间序列进行平稳性检验和白噪声检验，以确保时间序列具有平稳性和独立性；其次，通过自相关函数ACF和偏自相关函数PACF来确定ARMA模型的阶数；再次，可以通过Box-Jenkins方法来确定ARMA-GARCH模型的参数。最后，对模型进行拟合和诊断检验，以检查模型是否能够较好地拟合数据，并且是否符合模型假设。

在实际应用中，ARMA-GARCH模型可以用来预测金融时间序列的未来走势和波动性，以及进行风险管理和投资决策。例如，在股票市场上，投资者可以通过ARMA-GARCH模型来预测未来的股票价格和波动性，以制定更加合理的投资策略和风险管理方案。

四、碳市场价格相依性风险要素研究综述

碳排放权价格相依性风险是碳交易体系中至关重要的组成部分，对指导政府碳金融政策的调整，促进整个碳交易体系的平稳运行起着重要作用。现有文献已经从多个层面和角度对碳排放权价格的各种相关问题进行了探讨。我们将从碳交易市场风险研究进展、碳交易市场价格的影响因素研究、碳交易价格与其他市场价格相关性研究三个方面展开梳理，试图厘清对于碳市场价格相关问题的研究脉络，为接下来的研究构建分析框架和

理论基础。

（一）碳交易市场风险研究进展

近年来，随着全球对气候变化的关注度不断提高，碳交易作为一种应对气候变化的重要工具逐渐成为国际社会所关注的焦点。在碳交易市场中，碳排放权的价格波动不仅受到供需因素的影响，还受到多种风险因素的影响，这些因素的存在和变化对于市场参与者的风险管理和决策具有重要影响。因此，对碳交易市场风险进行深入研究，探索风险管理的有效方法和策略，是当前学术界和业界关注的热点问题。例如，王喜平和王雪萍（2022）首先关注到国内外碳市场存在非对称的相依结构，且市场风险对下尾比较敏感。

与此同时，学者还将研究视角放在碳市场向其他市场溢出风险的问题上。例如，国外学者Dhamija等（2018）认为EUA市场与布伦特、煤炭和天然气市场之间存在高度的波动性协同运动。同时碳市场与能源市场的风险溢出随时间变化，并且石油和碳市场都与股票和非能源商品市场而不是债券市场紧密相连。国内学者刘建和等（2020）探讨了我国碳市场与国内焦煤市场、欧盟碳市场之间的溢出关系，刘建和认为碳市场对焦煤市场的溢出效应强于焦煤市场对碳市场的溢出效应。

除此之外，随着碳排放权交易市场的不断发展和扩大，市场中也出现了很多不确定性。各类风险相继出现，如政策风险、信用风险、市场风险等，于是以碳排放权为基础的用于规避风险的具有投资价值的金融衍生品逐渐被开发出来。一些学者就以碳金融为基点研究碳市场在金融层面的风险信息。例如，有学者通过构建ARIMA-RBF神经网络模型使用金融时间序列分析的国内碳金融交易风险。

（二）碳交易市场价格的影响因素研究

分析碳交易市场价格波动的影响因素也是探究相依性风险的重要切入角度之一，经由上文分析碳市场价格可能会受到多种因素影响，如供给因素：总体碳配额的分配、清洁发展机制和联合履行机制以及储存和商借制度的影响，需求因素：政府干预、宏观经济因素、能源市场价格变化等，外部因素：气候变化、环境恶化等因素影响。Jiao等（2018）也表示碳价格变动与经济增长面相关，并且该文章通过采用经济SD抽样方法，将宏观经济基本面信息纳入碳收益率VaR建模和预测，结果发现碳收益在不同宏观经济面的状态中具有不同的分布。陈晓红和王陟昀（2012）基于供给、需求和市场三个方面对碳排放交易价格影响因素进行理论分析，结果发现政策和制度对配额的供给是交易价格中最重要的影响因素。张云（2018）从交易层面信息和政府层面信息两个层面探究中国碳交易价格驱动因素，并且研究结果发现中国碳交易价格同时受到市场基本面因素与政策信息的影响。

在能源价格方面，许多学者也展开了相关调查，旨在探究能源价格变动对碳市场价格的影响。一方面，能源价格是碳市场价格的重要影响因素之一，因为碳配额价格与能源价格之间存在一定的替代关系。当能源价格上涨时，企业减少能源消耗的意愿，转而购买更多的碳配额，从而推升碳配额价格；而当能源价格下跌时，企业更倾向于增加能源消耗，减少碳配额购买量，从而使碳配额价格下降。另一方面，能源价格的变动也与碳市场的需求和供给相关，能源价格上升会抑制碳市场需求，同时增加生产成本，导致碳配额供给减少，从而推升碳配额价格。有学者在对碳排放权交易市场发展现状的研究基础上，分析可再生能源发展和绿证价格对碳市场价格的影响情况，结果发现电煤价格和均衡电价均与碳排放价格呈反向变化关系，同时这种影响关系对中国各个碳试点的影响机制均有不同。

除此之外，能源价格的变动还可能对碳市场价格的长期趋势产生影响。例如，能源价格长期上涨可能会刺激企业加快节能减排的步伐，从而减少碳排放量和碳配额需求，进而推动碳市场价格趋势下降。而能源价格长期下跌可能会导致企业减少节能减排投资和消费，导致碳排放量和碳配额需求增加，进而推动碳市场价格趋势上涨。相关的研究Reboredo（2014）调查到除了能源价格会显著影响碳市场交易价格之外，整个石油市场与碳排放市场之间存在显著的波动溢出效应和杠杆效应，这说明能源市场和价格波动存在长期影响。同样，Dhamija等（2018）通过构建GARCH（BEKK-MGARCH）模型，发现EUA市场与布伦特、煤炭和天然气市场之间存在高度的波动性协同运动。因此，能源价格对碳市场价格的影响较为复杂，不仅与碳配额的需求和供给相关，还与能源消费和节能减排投资等因素相关。

在宏观经济因素方面，宏观经济周期对碳市场需求的变化产生了影响，进而影响碳市场价格的变化。因此许多研究学者对经济因素对碳市场价格变化的影响机制展开了研究。除此之外，相关的研究还通过理论建模和实验经济学方法，以欧盟、美国和中国广东等碳市场为例进行对比分析，探讨了碳市场的稳定机制，包括数量稳定、价格稳定和价量联动稳定。研究发现，宏观经济周期对碳交易价格有显著影响，在碳配额价格剧烈波动时，量价联动稳定和价格稳定机制在维护市场稳定方面具有重要作用。

外部影响因素，如天气、气候等环境变化也会对碳市场交易价格波动产生一定影响。Liu和Chen（2013）调查了碳排放和气候之间的关系，并利用FIEC-HYGARCH模型讨论碳、石油、天然气和煤炭市场的相互作用、波动性溢出效应以及极端天气的中介作用，结果得到极端天气可以扩展长记忆效应进而引发各种溢出效应。Zeng等（2017）运用SVAR模型研究了北京碳价的影响因素，发现历史价格对碳价的影响显著，煤炭价格对北京碳价的初始影响为0.1%，2天后影响降为0.1%以下，随着时间的增长该影响又缓慢上升至0.1%左右，而原油价格、天然气价格和经济增长对北京碳价存在正向但不显著的影响。

（三）碳交易价格与其他市场价格相关性研究

1.碳市场与能源市场的联动性

随着全球经济的发展，碳市场和能源市场之间的联系越来越密切。碳市场是指政府通过引入碳交易机制，促使企业减少二氧化碳排放，以达到减缓气候变化的目的的市场。而能源市场则是指各种能源的生产、销售和交易市场。这两个市场之间有着重要的联系并相互影响，如何理解和掌握这种联系和影响，对于有效管理碳市场和能源市场的风险具有重要的意义。国内外也有很多学者研究了两个市场的联动性。海小辉和杨宝臣（2014）讨论了能源市场与碳市场之间的动态条件相关性，根据DCC-MVGARCH模型计算的动态条件相关系数，最终得出碳市场与能源市场之间存在显著的波动相似，但布伦特原油价格对碳市场无直接影响的结论。相似的研究还有亢娅丽等（2014）考虑使用Copula函数分析碳市场与电力市场间的相关性，两个市场之间的时变相关系数存在明显的波动，这种波动会随着时间尺度的不同而发生变化。此外，无论是在市场低迷还是市场活跃时期，两个市场之间的尾部相依性较小，也就是说它们在这些时期之间的相关性较弱。

2.碳市场和股票市场的联动性

碳市场和股票市场都是当今经济社会中非常重要的市场，它们的变化对全球经济都有着深远的影响。碳市场是指政府为了减缓气候变化引入的碳交易机制市场，而股票市场是指股票的买卖市场。虽然两个市场之间表面上没有明显的联系，但是实际上它们之间存在着一定的联动关系。国内外学者已经探究了碳市场和股票市场之间的联动性，并分析这种联动性的成因和影响。例如：Ji等（2019）主要通过探究欧盟配额市场如何影响电力公司股票规模和回报，发现碳价格回报和电力存量回报之间存在很强的信息相互依赖性，这可以从连通性指数中得到证明。并且碳市场接收来自各个电力企业不同的信息溢出。同样的，Luo和Wu（2016）发现股票市场对碳市场影响存在国家异质性。另外，除股票市场，绿色债券也常被研究人员用于研究以防范碳价格影响下的金融风险。以上的研究都将股票市场作为单一整体，并且主要将欧盟碳排放权市场作为研究主体，然而，对于行业股票板块，研究人员主要引进行业分类研究碳市场关系。此外，许多研究都发现了中国碳市场与能源密集型产业的股票市场之间存在非线性相依性。股票市场与中国碳密集型行业和金融行业股票指数均存在相关性，并且这种关系存在行业异质性。此外，由于股票市场是经济状态的晴雨表，可以反映一定时期经济状态，因此研究人员也关注了股票市场与碳市场的时频动态关系。

第二章　中国碳市场价格驱动因素的关联网络最新进展

基于前期关于碳市场价格相依性风险要素的综合识别，我们可以将其归纳为四大类，其又可细分为数量繁多的具体因素。鉴于不同因素间的复杂关联，单独考虑每个因素与碳市场价格的相依风险，都不足以全面刻画碳市场价格的真实风险水平（宋雅贤和顾光同，2022），因而，有必要从关联网络的视角重新审视该科学问题。从关联网络视角研究碳市场价格风险的必要性主要表现在以下几个方面。

首先，更全面的视角。从关联网络的角度分析碳市场价格风险，能够更全面地了解碳市场中的价格波动，不仅仅是考虑碳市场内部的供求变化，还要考虑其他相关市场的影响。

其次，更细致的分析。利用社区发现等方法对碳市场价格风险进行分析，可以更细致地刻画碳市场中不同的价格波动模式及其影响因素，从而为制定更精准的风险管理策略提供支持。

再次，更有效的风险管理。利用关联网络分析的方法对碳市场价格风险进行研究，可以为风险管理提供更有效的方法。例如，根据社区划分，针对不同的社区制定不同的风险管理策略，或者利用社区划分来建立风险传染模型，预测价格风险的传递路径和影响程度。

最后，更好的预测能力。利用社区发现等方法对碳市场价格风险进行分析，可以对未来的价格波动进行预测。例如，通过对不同社区的结构和演化趋势进行分析，可以预测不同社区未来的价格波动趋势和波动幅度。

总体来说，由碳市场价格驱动因素构成的关联网络，不仅能够刻画单个风险因素与碳市场的风险溢出水平，也能够考虑不同因素组合对碳市场的风险影响。这为碳市场价格相依风险的度量范围提供了直观的依据和参考。

在本章中，我们对中国碳市场价格驱动因素的关联网络最新进展进行回顾和述评。包括驱动因素关联网络的研究方法综述，以及驱动因素关联网络社区发现综述。

第一节　驱动因素关联网络的构建方法综述

关联网络研究方法用于分析由碳市场风险驱动因素构成的关联网络，其意义在于可以揭示复杂因素之间的关联性、传播路径和影响程度。在本节中，我们对关联网络的构建方法研究进行深入分析。

一、关联网络辨析

关联网络是一种用于描述和分析元素之间关系的图结构，它在许多领域中得到广泛应用。如图 2-1 所示，常见的关联网络结构分为两种：无向关联网络和有向关联网络。

无向关联网络是一种没有指向性的网络结构，表示元素之间的对等关系。在无向关联网络中，边缘没有方向，表示两个元素之间存在某种关系，但不指明其是单向还是双向的。无向关联网络常用于社交网络、合作关系网络等领域，其中元素之间的关系是对称的。

图 2-1　常见的关联网络拓扑图

有向关联网络是一种具有指向性的网络结构，表示元素之间的单向关系。在有向关联网络中，边缘有方向，表示一个元素与另一个元素之间存在特定的指向关系。有向关联网络常用于传播网络、信息流网络等领域，其中元素之间的关系是有向的。

此外，关联网络的辨析可以从以下几个方面进行考虑：

首先是网络拓扑结构。关联网络的拓扑结构可以是随机的、小世界的、无标度的等。这些不同的拓扑结构反映了网络中元素之间的连接模式和分布特征。

其次是节点属性和边属性。关联网络中的节点可以具有不同的属性，例如标签、属性向量等，这些属性可以用于进一步分析节点的特征和相互作用。同样，边也可以具有不同的属性，例如权重、距离等，这些属性可以反映关联的强度或特定的关系类型。

再次是社区结构。关联网络中的社区结构指的是网络中紧密连接的节点群体。社区结构的发现有助于揭示网络中的模块化结构和功能分区，从而更好地理解元素之间的关系和网络的整体特征。

最后是网络动态性。关联网络可以是静态的，也可以是动态的。静态关联网络表示元素之间的关系在整个时间段内保持不变，而动态关联网络可以表示元素之间的关系随时间演化的情况。

总体而言，关联网络的辨析包括其类型（无向关联网络和有向关联网络）、网络拓扑结构、节点和边的属性、社区结构以及动态性等方面，这些因素对于研究关联网络中的关系和行为规律具有重要影响。

二、空间关联理论

空间关联理论是地理学和空间分析领域中的一个重要理论框架，用于解释和研究地理空间现象之间的关联关系。该理论认为地理空间中的现象和事件并非独立存在，而是相互关联和相互影响的。空间关联理论包括以下几个核心概念和原理：

空间接近性：空间接近性指的是地理空间中物体或现象之间的距离或接近程度。物体或现象之间的空间接近性会影响它们之间的关联程度和相互作用。接近的物体或现象更容易产生关联，而远离的物体或现象之间的关联程度较低。

空间自相关性：空间自相关性是指地理空间中的现象在空间上的自我相似性。即相似的现象在空间上更容易聚集在一起形成空间集聚现象，而不相似的现象则呈现空间离散分布。空间自相关性可以通过计算空间自相关系数来衡量。

空间异质性：空间异质性指的是地理空间中存在的差异和多样性。地理空间中的不同地区或位置具有不同的特征和属性，因此在空间关联中需要考虑这种空间异质性对关联关系的影响。

空间依赖性：空间依赖性描述了地理空间中的现象和事件在空间上的相互依赖关系，即某一地点的现象值受其周围地点的影响，空间上邻近的地点之间存在相关性。这种空间依赖性可以通过构建空间权重矩阵或空间邻近图来表示和分析。

通过空间关联理论，我们可以深入理解地理空间中现象之间的关系、空间分布模式和相互作用机制。它在城市规划、环境管理、交通规划、地理信息系统等领域具有广泛的应用，可以帮助我们更好地理解和解决地理空间上的问题。空间管理理论可以用来分析碳市场价格驱动因素之间的关联网络。空间管理理论关注空间结构和关系对经济和社会活动的影响，以及空间中的相互作用和依赖关系。

1. 地理空间关联：碳市场价格驱动因素可能与地理空间相关。例如，地理位置可以影响能源供应、碳排放源和碳市场参与者的分布。空间管理理论可以帮助分析不同地理区域之间的碳市场价格驱动因素的关联程度，以及地理位置如何影响碳市场价格的传播和波动。

2. 空间依赖关系：碳市场价格驱动因素之间可能存在空间上的依赖关系。这意味着某个地区的碳市场价格可能受到相邻地区价格的影响。空间管理理论可以用来分析碳市场价格的空间依赖性，以及不同地区之间的价格传递机制和空间相关性。

3. 空间交互作用：碳市场价格驱动因素之间可能存在空间上的交互作用。例如，一个因素的变化可能会对相邻地区的其他因素产生影响。空间管理理论可以帮助分析碳市场价格驱动因素之间的空间交互作用，以及这种交互作用如何影响碳市场价格的形成和波动。

4. 区域差异和空间分析：碳市场价格驱动因素在不同地理区域之间可能存在显著的差异。空间管理理论可以用来分析这些区域差异，并探讨这些差异背后的空间因素和机制。通过空间分析，可以揭示不同地区碳市场价格驱动因素之间的关联网络，以及这些因素如何在不同空间范围内相互作用。

总体而言，空间关联理论可以帮助我们理解风险的空间传播和聚集特征，指导风险管理和干预策略的制定，以及提供风险预测和评估的方法。它为碳市场参与者和决策者提供了更全面的视角和分析工具，帮助他们更好地应对碳市场风险。构建碳市场价格驱动因素的关联网络，离不开空间关联理论，接下来介绍该理论下的经典的引力模型、QAP（Quadratic Assignment Procedure）回归理论以及多维近邻性理论。

（一）引力模型

引力模型是空间管理理论中常用的一种模型，用于描述空间上的相互吸引关系和交互作用。该模型基于物理学中的引力概念，将空间中的各个位置或地区视为具有引力的点，各个点之间的相互作用程度取决于它们之间的距离和其他因素（见图2-2）。

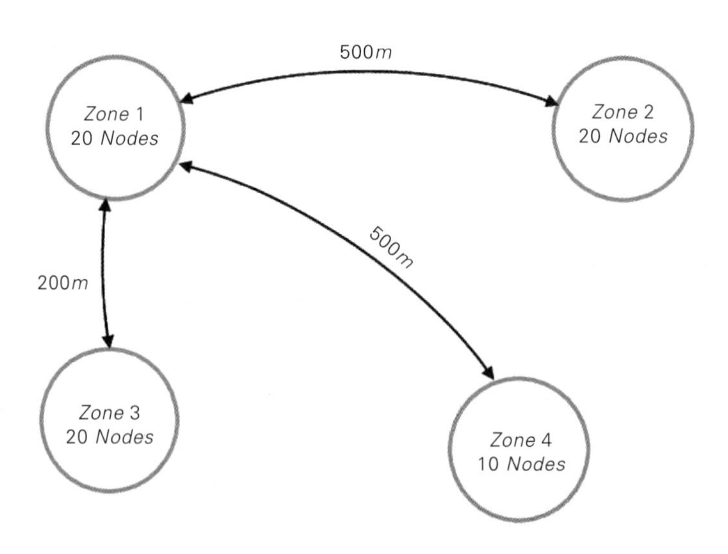

图2-2　引力模型的基本结构

引力模型的基本原理是基于物理学中的引力概念，将空间中的点或地区视为具有相互吸引力的物体，各个点之间的相互作用程度取决于它们之间的距离和其他因素。

在引力模型中，假设存在一个空间中的点集合，每个点代表一个地区或位置。这些点之间存在相互吸引力，表示地区之间的关联程度或交互作用强度。引力模型通过计算各个地区之间的引力值，来描述它们之间的相互作用。

引力模型的基本公式可以表示为：

$$F = G \times \frac{M_1 \times M_2}{d^{\alpha}} \tag{2-1}$$

其中，F表示两个地区之间的引力值，G是一个常数（引力常数），M_1和M_2分别表示两个地区的质量（或吸引力大小），d表示两个地区之间的距离，α是一个指数，用于控制距离对引力的影响程度。

引力模型的核心思想是，距离越近、质量越大的地区之间的引力越强，它们之间的相互作用程度也就越高。这种相互吸引关系可以用来解释地区之间的联系和交互，以及一些现象的空间分布规律。

空间关联理论下的引力模型通常包括以下要素：

1. 引力的源和目标：在引力模型中，地理空间中的元素或位置可以被视为引力的源和目标。源可以是地理位置、人口中心、交通枢纽等，而目标可以是人流、货物流动、信息流等。

2. 距离和接近性：引力模型中考虑了源和目标之间的距离或空间接近性。通常情况下，较近的源和目标之间具有更大的引力，因为物体之间的相互作用会随着距离的减小而增强。

3. 引力强度：引力模型中的引力强度表示源对目标的吸引程度。强引力表示源和目标之间的吸引力很大，而弱引力表示吸引力较小。引力强度可以通过不同的指标或函数来度量，如距离的倒数、源和目标之间的属性差异等。

4. 空间权重：引力模型中的空间权重用于调整不同距离下的引力影响。空间权重可以是固定的，也可以基于特定的空间邻近关系或网络结构进行定义。

通过引力模型，可以定量地描述和预测地理空间中的相互作用和流动。例如，在人口迁移研究中，引力模型可以用来预测不同地区之间的人口流动量；在货物流动研究中，引力模型可以用来预测不同物流中心之间的货物流动量。

需要注意的是，引力模型是一种简化和理想化的模型，它基于假设和参数设置，并不能完全反映现实的复杂性。因此，在具体应用时需要结合实际情况进行适当的调整和验证，以提高模型的准确性和可靠性。

在碳市场价格驱动因素的关联网络分析中，引力模型可以通过将地区视为具有碳市场价格影响力的点，根据地区之间的距离和其他因素计算它们之间的引力值。这有助于理解碳市场价格的空间传播、地区之间的交互作用和空间相关性。

1. 地区间碳市场价格交互作用：引力模型可以用于分析不同地区之间的碳市场价格的相互作用。该模型考虑地区之间的距离和其他因素（如经济规模、产业结构等），从而估计不同地区之间的碳市场价格交互程度。这有助于理解碳市场价格波动的传播机制和空间相关性。

2. 区域间碳市场参与者的引力关系：引力模型也可以用于分析不同地区之间碳市场参与者（如企业、投资者）的引力关系。模型考虑地区之间的距离、市场规模、碳排放量等因素，从而量化不同地区之间的参与者交互程度。这有助于评估碳市场参与者之间的合作潜力和竞争程度。

3. 地理因素对碳市场价格的影响：引力模型可以考虑地理因素对碳市场价格的影响。例如，模型可以将地理位置作为一个重要的因素，认为距离较近的地区之间存在更强的碳市场价格关联。这有助于理解地理位置对碳市场价格波动的空间效应和空间异质性。

引力模型的具体形式可以根据研究的问题和数据的可用性进行定制。

通过引力模型，可以量化碳市场价格驱动因素之间的空间关系，并为碳市场的管理、政策制定和风险评估提供定量分析的支持。

（二）QAP回归理论

在空间关联理论下，二次指派过程（Quadratic Assignment Procedure，QAP）回归是一种常用的统计方法。在社会网络分析中，QAP常被用来分析不同网络之间的关联关系和相互作用。

QAP回归理论基于网络邻接矩阵，即关联矩阵的比较，并使用随机排列过程来检验关联矩阵之间的相关性。如图2-3所示，在空间关联研究中，通常使用两个关联矩阵，一个表示地理空间中的某种关联指标（如距离、接近性、交互作用等），另一个表示与之相关的观测变量（如经济发展指标、人口特征等）。

	A	B	C	D
A	-	0	0	0
B	1	-	1	1
C	0	1	-	0
D	0	1	-	-

~

	A	B	C	D
A	-	0	0	0
B	0	-	0.5	0.5
C	0	0.5	-	0
D	0	0.5	0	-

+

	A	B	C	D
A	-	12	0	-2
B	-12	-	-5	7
C	0	5	-	1
D	2	-7	-1	-

图2-3　QAP回归理论的基本逻辑

QAP回归的基本思想是通过比较两个关联矩阵的相似程度，来确定观测变量与空间关联之间的关系。具体步骤如下：

构建关联矩阵：根据研究目的选择适当的关联指标，构建空间关联矩阵和观测变量矩阵。

计算原始关联矩阵的相关性系数：通过计算原始关联矩阵的Pearson相关系数或其他相关性指标，评估观测变量与空间关联之间的相关性。

随机排列过程：随机排列过程是QAP回归的核心步骤。它通过对观测变量进行随机排列，生成多个随机矩阵，然后计算每个随机矩阵与原始关联矩阵的相关性系数。

检验相关性：通过比较原始关联矩阵与随机矩阵之间的相关性，可以进行假设检验，判断观测变量与空间关联之间的相关性是否显著。

QAP回归的优势在于它能够考虑空间关联的复杂性和非线性特征，对于探索地理空间中观测变量与关联关系之间的因果关系具有一定的价值。然而，QAP回归也有一些限制，包括计算复杂度较高、需要较大样本量、对数据的正态分布假设等。总之，QAP回归理论在空间关联研究中提供了一种统计方法，可以帮助我们理解观测变量与空间关联之间的关系，并评估其统计显著性。它对于深入理解地理空间中的关联和相互作用具有一定的启发和指导作用。

QAP回归理论在中国碳市场价格驱动因素的关联网络中的应用可以帮助我们理解不同因素对碳市场价格的影响，并量化它们之间的关联关系。使用QAP来分析碳市场价格驱动因素的关联网络可以帮助我们理解这些因素之间的相互关系和空间布局，从而揭示碳市场的动态和潜在的影响因素。

1. 明确定义碳市场价格驱动因素和关联网络的数据。这包括要分析的价格驱动因素，如供需关系、政策变化等，以及关联网络的数据，如价格指数、市场参与者之间的交互数据等。

2. 基于关联网络的数据，构建一个关联矩阵来表示价格驱动因素之间的关联程度。关联矩阵的每个元素表示两个价格驱动因素之间的关联程度或相似性。这可以基于相关性指标、距离指标或其他适用的指标计算得出。

3. 基于关联矩阵，构建一个目标函数来衡量价格驱动因素之间的匹配程度。这可以是两个集合中元素排列的加权和，其中权重是由关联矩阵给出的价格驱动因素之间的关联程度。

4. 运行QAP算法来寻找最佳的价格驱动因素排列，使得目标函数最大化或最小化。QAP算法可以是基于启发式的方法，如模拟退火、遗传算法等，或者是基于精确解的方法，如分支定界、整数规划等。

5. 分析最终得到的价格驱动因素排列，解释它们之间的关系和空间布局。这可以通过观察价格驱动因素之间的关联权重、排列顺序以及它们在空间中的分布情况来进行。

通过使用QAP分析碳市场价格驱动因素的关联网络，可以获得关于碳市场的深入洞察。这有助于识别影响碳市场价格波动的主要因素、发现潜在的瓶颈和脆弱点，并提供指导碳市场管理和政策制定的见解。此外，通过建立QAP回归模型，可以利用已知的驱动因素数据来预测未来的碳市场价格。通过对驱动因素和碳市场价格之间的关系进行建模，可以进行模拟实验和预测分析，帮助决策者评估不同政策和市场干预措施对碳市场价格的影响。

总体而言，QAP回归理论在中国碳市场价格驱动因素的关联网络中的应用可以提供定量分析和预测的手段，帮助我们理解碳市场价格的形成机制，评估不同因素对碳市场价格的影响，并为政策制定和市场管理提供科学依据。

（三）多维邻近性理论

多维邻近性理论是空间关联分析中的一种理论，用于描述和解释地理空间中多个维度上的邻近性关系。它扩展了传统的二维邻近性概念，将邻近性概念应用到多个属性或维度上。

在传统的二维邻近性中，通常通过距离来衡量地理空间上的邻近性，即离得越近，邻近性越高。然而，在现实世界中，地理实体之间的邻近性不仅仅受到空间距离的影响，还可能受到其他属性或维度的影响。多维邻近性理论就是基于这种观点，通过考虑多个维度上的邻近性关系，更全面地描述和解释地理空间中的邻近性（Liu等，2021）。

多维邻近性理论可以应用于多个领域，如社会科学、城市规划、环境研究等。在社会科学中，多维邻近性理论可以用于研究不同社区之间的邻近性关系，通过考虑人口特征、社会联系等多个维度来揭示社区之间的联系和相互影响。在城市规划中，多维邻近性理论可以用于分析城市内部的邻近性格局，考虑不同功能区域、交通网络、设施设备等多个维度，为城市规划和空间布局提供指导。

多维邻近性理论的优点在于能够提供更全面和准确的邻近性描述，考虑到多个维度上的因素，有助于深入理解地理空间中的复杂关系。然而，多维邻近性理论也存在一些挑战，包括数据获取和处理的复杂性、多维度权衡和测量的困难性等。总之，多维邻近性理论在空间关联分析中提供了一种拓展和丰富的视角，可以更全面地描述和解释地理空间中的邻近性关系。它对于研究多个维度上的邻近性关系，揭示地理空间中的复杂关联具有重要的理论和实践价值。

多维邻近性理论在中国碳市场价格驱动因素的关联网络中的应用可以帮助揭示不同因素之间的邻近性关系，并帮助我们理解碳市场价格的形成和演变过程。该理论在中国碳市场价格驱动因素关联网络中的应用可能性包括以下几个维度：

第一，考虑多维度因素。多维邻近性理论可以帮助我们考虑多个维度上的因素对碳市场价格的影响。这些维度可以包括经济因素、政策因素、能源结构、碳排放水平等。通过分析这些多维度因素之间的邻近性关系，可以揭示它们之间的相互作用和影响程度。

第二，构建多维关联网络。基于多维邻近性理论，可以构建一个多维关联网络，将不同因素之间的关联关系表示为网络中的节点和边。节点可以表示各种碳市场价格驱动因素，而边可以表示它们之间的邻近性或相互作用程度。通过分析该网络的拓扑结构和特征，可以了解不同因素之间的关联模式和关键节点。

第三，邻近性度量和权重设置。在构建多维关联网络时，需要考虑邻近性度量和权重设置。邻近性度量可以基于距离、相似性或其他指标进行定义，以捕捉不同因素之间的邻近性关系。权重设置可以用于调整不同维度因素对碳市场价格的影响程度，以反映其重要性和权重分配。

第四，邻近性分析和模式识别。通过多维邻近性分析，可以识别出邻近性较高的因素组合或模式。这些模式可能揭示出不同因素之间的关联机制、共同驱动因素或相互作用模式。通过对这些模式的识别和分析，可以提供对碳市场价格的预测、调控和优化的启示。

综上所述，多维邻近性理论在中国碳市场价格驱动因素关联网络中的应用可以帮助我们理解不同因素之间的关联关系，揭示碳市场价格形成的复杂性，并为碳市场的管理和决策提供科学依据。它可以帮助我们发现潜在的关联模式和驱动机制，促进碳市场的健康和可持续发展。

三、TVP-VAR

TVP-VAR（Time-Varying Parameter Vector Autoregression）是一种时间变动参数向量自回归模型。它是VAR模型的扩展，允许模型中的参数随时间变化，从而捕捉数据中的动态变化。

在传统的VAR模型中，假设模型的参数是固定的，不随时间变化。然而，在许多经济和金融时间序列数据中，变量之间的关系可能是非恒定的，即随着时间的推移而变化的。TVP-VAR模型通过引入时间变动的参数，可以更好地捕捉这种动态变化。

TVP-VAR模型的核心思想是将VAR模型的参数表示为一个随时间变化的函数。常用的方式是将参数表示为线性或非线性的函数，如线性插值或平滑函数。通过引入时间变动的参数，TVP-VAR模型能够灵活地适应数据的动态特征，从而更准确地捕捉变量之间的关系变化。TVP-VAR模型的估计通常采用贝叶斯方法，结合先验信息和数据进行参数估计和推断。通过使用贝叶斯方法，可以灵活地处理参数的不确定性，并获得参数的后验分布。

TVP-VAR模型是一种时间序列模型，它主要用于对变量之间的动态关系进行建模和预测。与网络分析相关的构建网络的方法通常是基于TVP-VAR模型的参数估计结果，来揭示变量之间的关联关系。基于TVP-VAR构建关联网络的一般步骤如下：

首先是数据准备。收集需要分析的时间序列数据，并进行必要的数据预处理，如去除缺失值、平滑或标准化等操作。

其次是估计TVP-VAR模型。使用合适的方法，如贝叶斯分析方法或极大似然估计，对TVP-VAR模型进行参数估计。这将产生每个时间点的参数估计结果，即变量之间关系的动态演化。

然后是参数解释。根据TVP-VAR模型的参数估计结果，可以分析每个时间点的参数值和其变化情况。这可以帮助我们理解变量之间的动态关系，如变量之间的正向或负向关联，以及关联强度的变化。

进而是构建关联网络。基于TVP-VAR模型的参数估计结果，可以构建一个网络图，其中节点表示变量，边表示变量之间的关联关系。常见的构建网络的方法包括阈值法、相关系数法或Granger因果关系等。

最后是网络分析。对构建的网络进行分析，包括节点中心性分析、社区发现、网络连通性分析等。这些分析可以帮助我们识别关键变量、发现变量之间的子群体或模块，以及理解网络的整体结构和演化。

需要注意的是，构建网络的方法可以根据具体研究问题和数据特征进行选择和调整。同时，TVP-VAR模型的参数估计和网络构建过程中，对于模型的选择、参数设定和解释结果的合理性都需要仔细考虑，以保证分析的可靠性和准确性。

TVP-VAR模型在经济学、金融学和宏观经济学等领域有广泛的应用。它可以用于分析经济周期、金融市场波动、货币政策效果等问题。通过考虑时间变动的参数，TVP-VAR模型可以更好地捕捉数据的动态特征，提供更准确的预测和政策分析。在关于中国碳市场价格驱动因素的关联网络构建中，TVP-VAR模型依然具有广阔的应用前景。基于TVP-VAR，我们可以进行以下层面的分析：

1. 动态关联关系分析：TVP-VAR模型可以捕捉中国碳市场价格驱动因素之间的动态关系。通过建立TVP-VAR模型，可以揭示不同变量之间的时间变化模式和相互作用关系，帮助我们理解碳市场价格的演化过程和驱动因素之间的相互影响。

2. 预测和决策支持：基于TVP-VAR模型，可以进行未来碳市场价格的预测。通过对模型参数的更新和预测，可以提供对未来价格变动的预测，为碳市场参与者、政策制定者和投资者等提供决策支持。

3. 风险管理和政策评估：通过构建碳市场价格驱动因素的关联网络，可以识别系统中的关键变量和主要风险因素。基于TVP-VAR模型的结果，可以量化不同变量对碳市场价格的影响程度，帮助进行风险管理和政策评估，以应对不确定性和制定有效的市场政策。

4. 系统稳定性分析：通过TVP-VAR模型，可以研究碳市场价格驱动因素之间的稳定性和共同演化模式。可以检测系统中的异常波动、危机和冲击，并评估这些因素对整个碳市场的稳定性的影响，为市场监管和风险管理提供重要参考。

综上所述，TVP-VAR模型在中国碳市场价格驱动因素的关联网络构建中具有重要的应用前景。它可以揭示变量之间的动态关系、提供预测和决策支持、支持风险管理和政策评估，并帮助分析系统的稳定性和演化特征。这些应用前景为研究者、政策制定者和市场参与者提供了有益的工具和分析方法（Tiwari等，2022）。

四、DY溢出指数网络

DY溢出指数最早由Diebold和Yılmaz在2012年提出。它是基于动态相关性的概念，旨在衡量金融市场中资产之间的动态溢出效应。相比传统的静态相关性指标，DY溢出指数能够更好地捕捉资产之间的时变性和非线性关系，提供更准确的风险传递和联动性度量。

DY溢出指数基于时间变化的协方差矩阵来计算资产之间的溢出效应。它考虑了资产之间的联动性在不同时间段内的变化，并提供了一种动态的视角来分析资产之间的相互影响。该指数的计算步骤如下：

1. 数据准备：收集所关注资产的历史价格或收益率数据。

2. 计算协方差矩阵：基于收益率数据，计算不同资产之间的协方差矩阵。协方差矩阵反映了资产之间的相关性。

3. 计算加权协方差矩阵：对协方差矩阵进行加权处理，以考虑不同时间段内的相关性变化。常见的加权方法包括滚动窗口加权或指数加权。

4. 计算 DY 溢出指数：根据加权协方差矩阵，计算资产之间的溢出指数。溢出指数反映了资产之间的风险传递和联动性程度。

DY 溢出指数的结果可以以矩阵或图形的形式呈现，显示不同资产之间的溢出关系。通过分析 DY 溢出指数，我们可以识别系统中的主要溢出通道，了解资产之间的风险传递路径，从而对投资组合的风险管理和资产配置做出相应的调整。总之，DY 溢出指数是一种用于衡量金融市场中资产间动态溢出效应的指标，它提供了对资产之间相互影响和联动性变化的分析工具，对投资决策和风险管理具有重要意义。

当前，DY 溢出指数已经在金融市场和风险管理领域得到广泛应用。它在以下几个方面展示了其价值：

首先是风险管理。DY 溢出指数可以帮助金融机构和投资者识别系统中的主要溢出通道，理解不同资产之间的风险传递路径。通过对资产之间的动态溢出效应进行监测和分析，可以更好地管理投资组合的风险，制定有效的风险对冲策略。

其次是资产配置。DY 溢出指数可以提供关于不同资产类别之间的联动性程度和变化情况的信息。基于这些信息，投资者可以调整资产配置，构建更具分散性和抗风险能力的投资组合。

最后是金融稳定性监测。DY 溢出指数可以帮助监管机构和决策者评估金融市场中的系统性风险和金融稳定性。通过分析资产之间的溢出效应，可以发现潜在的风险传染通道和关键的市场冲击源，为制定相关政策和监管措施提供依据。

当然，DY 溢出指数在中国碳市场价格驱动因素的关联网络构建中也具有重要的应用价值。通过分析 DY 溢出指数，可以揭示不同碳市场价格驱动因素之间的动态溢出效应，深入理解碳市场价格的演化过程和驱动因素之间的相互影响（Wang和Guo，2018）。具体来说，DY溢出指数在中国碳市场的应用可以有以下几个方面：

1. DY溢出指数可以衡量不同碳市场价格驱动因素之间的风险传递程度。通过计算DY溢出指数，可以确定哪些因素对碳市场价格的波动具有显著的影响，并评估其传递效应的强度和方向。这有助于识别系统中的主要风险传递通道，提高对市场风险的敏感性和预警能力。

2. DY溢出指数可以度量不同碳市场价格驱动因素之间的联动性程度。通过计算DY溢出指数，可以了解不同因素之间的关联关系是否存在时变性、非线性或季节性等特征。这有助于揭示碳市场价格的复杂动态和市场之间的相互依赖关系，为投资者和决策者提供更准确的市场联动性信息。

3. DY溢出指数可以帮助监管机构和政策制定者评估碳市场中不同因素之间的相互作用和影响。通过分析DY溢出指数，可以发现潜在的市场脆弱性和系统性风险，为市场监管和政策制定提供科学依据。此外，DY溢出指数还可以用于评估政策干预措施对碳市场价格驱动因素的影响和调控效果。

综上所述，DY溢出指数在中国碳市场价格驱动因素的关联网络构建中有着广泛的应用前景。它可以提供有关风险传递、联动性和市场稳定性的重要信息，帮助投资者、监管机构和政策制定者更好地理解碳市场的运行机制和市场参与因素之间的相互作用。

五、模糊认知图模型

模糊认知图模型是一种用于描述和分析复杂系统中因果关系的图模型。它结合了模糊逻辑和认知心理学的概念，用于表示系统中的变量和它们之间的相互作用。

在模糊认知图模型中，系统中的变量表示为节点，它们之间的因果关系表示为带权重的有向边。每个节点可以表示一个概念、一个特征或一个行为，而边上的权重表示了变量之间的关联程度和影响强度。权重可以是模糊数值，代表了模糊的语义关系，反映了变量之间的模糊认知关系。

模糊认知图模型的构建过程包括以下几个步骤：

1. 确定系统变量：根据研究问题或分析目标，确定需要考虑的系统变量。这些变量可以是定量的或定性的，代表了系统中的关键要素。

2. 构建因果关系图：根据专家知识、领域经验或数据分析，建立变量之间的因果关系图。将变量表示为节点，并使用有向边连接它们，表示变量之间的因果关系。

3. 设置权重：为每条边分配权重，表示变量之间的关联程度和影响强度。权重可以根据专家的主观判断或基于数据分析来确定。在模糊认知图模型中，这些权重可以是模糊数值，反映了模糊的关联程度。

4. 模拟和分析：通过模拟模糊认知图模型，可以推断系统中变量的状态和相互影响。可以使用模糊逻辑运算和迭代算法来计算节点的输出值，并观察系统的动态行为和变化趋势。

模糊认知图模型在实践中具有广泛的应用，特别是在决策支持、政策分析和系统建模方面。它可以帮助理解复杂系统中的因果关系、变量之间的相互作用，并预测系统的行为和响应。模糊认知图模型还可以用于模拟和评估不同策略、政策或干预措施对系统的影响，以及辅助决策过程中的思考和分析。

然而，模糊认知图模型也存在一些限制。由于模型的主观性和依赖专家知识，权重的确定可能存在主观性和不确定性。此外，模糊认知图模型在处理大规模复杂系统时可能面临计算复杂性的挑战。随着系统中变量的增加，模型的规模和复杂性也会增加，导致计算和分析的困难。因此，在应用模糊认知图模型时需要注意模型的可行性和可扩展性。另外，模糊认知图模型的结果可能受到权重设置和模型结构的选择的影响。不同的权重设置和模型结构可能导致不同的结果和预测，因此在应用模型时需要进行敏感性分析和验证。

尽管存在一些挑战和限制，模糊认知图模型仍然是一个有用的工具，特别适用于处理复杂系统和不确定性问题。它可以帮助揭示系统中的关键因素和关系，为决策提供有关系统行为和变化的洞察，并为政策制定和管理提供支持。随着研究的深入和方法的改进，模糊认知图模型在实践中的应用前景将进一步扩展和发展。在中国碳市场价格驱动因素的关联网络构建中，模糊认知图模型具有一定的应用潜力和价值。

首先，模糊认知图模型可以帮助识别和建模碳市场中的关键因素和它们之间的相互作用。通过收集相关数据和专家知识，可以建立一个包含不同价格驱动因素的模糊认知图模型。这些因素可以包括政策因素、经济因素、环境因素等，而它们之间的相互作用可以通过设定边的权重来表示。模型可以帮助理解不同因素之间的关联程度和影响力，以及它们对碳市场价格的驱动效应。

其次，模糊认知图模型可以用于模拟和预测碳市场价格的变化趋势。通过模拟模型中的节点和边的演化过程，可以预测不同价格驱动因素的变化对碳市场价格的影响。这有助于了解不同因素的重要性和优先级，以及它们可能产生的市场波动和价格风险。

最后，模糊认知图模型可以用于评估政策干预措施对碳市场价格的影响。通过修改模型中的权重或添加新的节点和边，可以模拟不同政策措施对价格驱动因素的调控效果。这可以帮助政策制定者和监管机构预测和评估不同政策选项的影响，为制定和调整碳市场政策提供科学依据。

总的来说，模糊认知图模型在中国碳市场价格驱动因素的关联网络构建中可以帮助识别关键因素、分析因素之间的相互作用、预测市场价格的变化趋势，并评估政策措施的影响。这些应用有助于深入理解碳市场的运行机制、预测市场行为和风险，为决策者提供支持和指导。然而，实际应用中还需要充分考虑模型的精确性、数据可用性和模型参数的设定等因素，以确保应用结果的准确性和可靠性。

六、社会网络理论

（一）社会网络

社会网络理论是研究社会关系和社会结构的学科领域，它关注人与人之间的联系、交流和相互作用，以及这些联系如何影响个体和群体的行为、态度和决策。

社会网络理论的基本概念包括节点（即个体或组织）和边（即节点之间的联系）。节点可以是个人、组织、社区等，而边则表示节点之间的关系，比如亲属关系、友谊关系、合作关系等。社会网络可以以图形形式表示，其中节点表示为点，边表示为连线。社会网络理论主要关注以下几个方面的研究：

关系强度：社会网络研究中，关系的强度指的是节点之间联系的紧密程度。有些关系可能非常密切，比如家庭成员之间的关系，而有些关系可能比较疏远，比如远房亲戚之间的关系。研究关系强度可以帮助我们理解人际关系的特点和影响。

社会结构：社会网络研究还关注整个社会网络的结构和模式。社会网络中的节点和边的排列方式、连接方式以及网络的整体形态等都可以反映出社会结构的特征。常见的社会网络结构包括星形网络、小世界网络和无标度网络等。

信息传播：社会网络理论还研究信息在网络中的传播过程。通过研究节点之间的信息传播路径、传播速度和传播范围等，可以了解信息在网络中的扩散模式和影响力。

影响力和社会资本：社会网络理论也研究个体在社会网络中的影响力和社会资本的概念。影响力指个体对他人的影响程度，而社会资本则指通过社会网络获得的资源和支持。

社会网络理论在众多领域有广泛的应用，包括社会学、心理学、组织学、经济学等。它可以帮助我们理解社会关系的形成和演变、个体行为的决策过程、组织内部的协作与创新等。

（二）社会网络分析

社会网络是由一组个体或组织之间的关系所构成的结构，而社会网络分析是研究这些关系的模式、特征和影响的方法和技术。

社会网络分析的基本假设是人际关系对个体和群体的行为、态度和决策具有重要影响。通过分析社会网络中的节点和边，社会网络分析可以揭示社会系统的特征、结构和动态。在社会网络分析中，常用的概念和指标包括：

1. 节点（Node）：表示社会网络中的个体或组织，比如人、组织、国家等。

2. 边（Edge）：表示节点之间的联系或关系，如友谊关系、合作关系、信息传递关系等。

3. 度（Degree）表示节点与其他节点之间的连接数量，用于衡量节点在网络中的重要性和影响力。

4. 距离（Distance）：表示节点之间的关系紧密程度，可以通过计算节点间的最短路径或平均路径长度来衡量。

5. 群聚系数（Clustering Coefficient）：表示节点的邻居之间形成的紧密程度，用于研究网络中的聚集和社区结构。

6. 中心性（Centrality）：表示节点在网络中的重要程度，常用的中心性指标包括度中心性、接近中心性、介数中心性等。

通过社会网络分析，可以揭示社会系统中的隐含结构和模式，比如社区结构、权力结构、信息传播路径等。它可以帮助我们理解个体行为和决策的背后机制，发现关键节点和影响力人物，预测和干预社会系统的行为。社会网络分析是一个涉及多个领域和方法的综合性研究领域，其主要内容包括以下几个方面：

社会网络结构：研究社会网络中节点（个体、组织等）之间的连接方式和关系模式，包括网络的密度、中心性、度分布、聚集系数等指标。通过分析网络结构，可以揭示社会系统的整体特征和模式。

节点属性和关系：考虑到社会网络中节点的属性（如性别、年龄、职业等）和节点之间的关系（如合作关系、友谊关系等），研究节点属性和关系对个体行为和社会结构的影响。例如，通过分析节点属性和关系，可以研究人际影响、信息传播、社会资本等问题。

社区结构：研究社会网络中的社区结构，即节点之间形成的紧密子群体。社区结构可以帮助我们理解人际关系的形成和维持，以及社会系统的分层和组织。

信息传播和影响力：研究社会网络中信息的传播过程和影响力的传播。通过分析节点之间的信息传播路径、传播速度和影响范围，可以了解信息在网络中的扩散模式和影响力。

动态变化和演化：考虑到社会网络是动态的，社会网络分析也研究网络的演化和变化过程。通过观察网络的增长、断裂、重组等过程，可以了解社会网络的动态特征和变化机制。

模型和方法：社会网络分析使用各种模型和方法来描述、解释和预测社会网络的行为和性质。常用的方法包括图论、统计分析、机器学习、复杂网络模型等。

社会网络分析的应用领域广泛，包括社会学、心理学、管理学、经济学、政治学等。它可以帮助理解社会系统的结构和动态，揭示人际关系和社会影响的机制，支持组织管理和决策制定，促进社会发展和政策制定等。同时，随着互联网和社交媒体的发展，社会网络分析也逐渐应用于在线社交网络、虚拟社区和大数据分析等领域。

在中国碳市场价格驱动因素的关联网络构建中，社会网络分析可以发挥重要作用（Sun 等，2020）。以下是一些社会网络分析在该领域的应用示例：

碳市场参与者网络：通过分析中国碳市场中各参与者（如碳排放权持有者、碳交易机构、政府监管机构等）之间的联系和交互，可以构建碳市场参与者的关联网络。这些网络可以揭示参与者之间的合作关系、信息传递路径和影响力，帮助识别关键参与者和影响市场价格的因素。

价格传播网络：研究碳市场价格的传播过程和影响因素，可以构建价格传播网络。该网络可以包括碳市场中的买家、卖家、交易平台等节点，通过分析节点之间的交易关系和价格传递路径，可以了解价格信息在市场中的扩散和影响。

信息传播网络：研究碳市场相关信息（如政策法规、市场动态、市场预期等）的传播过程和影响因素，可以构建信息传播网络。通过分析节点之间的信息传递路径、传播速度和影响力，可以了解信息在碳市场中的扩散模式和影响力，帮助预测市场价格的变动和趋势。

利益相关者网络：研究碳市场中的利益相关者（如政府部门、行业协会、环保组织等）之间的关系和互动，可以构建利益相关者网络。该网络可以帮助了解不同利益相关者之间的合作关系、利益冲突和影响力，对碳市场价格的形成和波动具有重要意义。

通过社会网络分析，可以揭示碳市场中各参与者之间的互动关系、信息传递路径和影响力，帮助理解碳市场价格的驱动因素和市场行为的复杂性。这有助于政府、企业和投资者制定更有效的策略，管理风险，优化市场运作，促进碳市场的健康发展。

七、本节的思考与总结

（一）对关联网络研究梳理后的思考

关联网络分析提供了一种全新的视角和方法来研究复杂系统中的关系和相互作用。关联网络分析视角的价值和前景可以从以下方面进行归纳：

1. 揭示系统结构和功能。关联网络分析可以帮助揭示系统中节点之间的连接模式和关系结构，从而深入理解系统的组织和功能。通过分析节点之间的关联强度、关联方向和关联类型，可以识别关键节点、子系统和功能模块，为系统的理解和设计提供重要线索。

2. 发现隐含模式和动态演化。关联网络分析可以揭示系统中潜在的模式、趋势和演化规律。通过观察关联网络的拓扑结构、节点的聚类特征和关联的变化趋势，可以发现系统中的集群、社区、转折点和演化路径，帮助预测系统的未来状态和演化趋势。

3. 理解信息传播和影响力。关联网络分析有助于理解信息在系统中的传播过程和影响力的扩散。通过分析节点之间的信息传递路径、传播速度和影响范围，可以揭示信息的扩散模式、传播路径和关键传播者，为信息传播策略和影响力管理提供指导。

4. 检测异常和预测风险。关联网络分析可以用于检测系统中的异常行为和风险信号。通过监测关联网络的变化、节点的异常度和关联的强度波动，可以发现系统中的潜在风险和异常事件，并提前采取相应的措施进行干预和管理。

5. 支持决策和优化。关联网络分析可以为决策制定和系统优化提供科学依据。通过分析关联网络的结构特征、节点的重要性和关联的权重，可以帮助决策者识别优化方向、制定合适的政策和策略，并优化资源分配和系统运行。

关联网络分析在许多领域都有广泛的应用前景，包括社会科学、生物学、物理学、经济学、金融学等。随着数据采集和分析技术的不断发展，关联网络分析将能够处理更大规模的数据、更复杂的网络结构，并提供更准确和深入的洞察力。这将有助于解决现实世界中的复杂问题，推动学科交叉和创新，为决策和管理层提供更精细化和个性化的解决方案。

（二）关联网络研究在碳市场相依性风险驱动因素关联网络中的价值

在碳市场等领域，关联网络分析的应用前景也非常广阔。通过构建碳市场价格驱动因素的关联网络，可以识别关键风险因素、节点和路径，从而更好地管理碳市场的风险。通过监测关联网络的变化和节点的异常度，可以及时发现潜在的风险信号，并采取相应的措施进行干预和管理。

关联网络分析可以帮助预测碳市场价格的变动和趋势。通过分析价格传播网络和信息传播网络，可以了解价格信息在市场中的扩散和影响，从而预测价格的走势和变化。此外，关联网络分析可以为政府、企业和投资者提供决策支持。通过分析碳市场参与者网络和利益相关者网络，可以了解不同参与者之间的合作关系和影响力，帮助制定更有效的政策和策略，优化资源配置和市场运作。通过关联网络分析，可以识别碳市场中的潜在市场操纵行为和非法交易行为。通过分析节点之间的交易关系和价格传递路径，可以发现异常交易模式和操纵迹象，从而加强市场监管和维护市场公平。而且，通过分析碳市场参与者之间的合作关系，可以推动合作和合作网络的建设。通过构建合作网络，可以促进信息共享、资源互补和合作创新，提升碳市场的整体效益和可持续发展能力。

随着碳市场的不断发展和碳交易的日益重要，关联网络分析在该领域的应用前景将会更加广泛和深入。这将有助于更好地理解碳市场的复杂性和动态变化，促进碳市场的稳定运行和可持续发展。

第二节　驱动因素关联网络社区发现综述

在碳市场价格风险驱动因素关联网络的识别与构建基础上，有必要对其网络结构进行深入的分析。其中，社区发现分析是关联网络研究的重要内容。其可以帮助我们在错综复杂的驱动因素关联网络中，快速厘清不同因素间的关系、所属和位置，在为碳市场价格相依性风险的度量缩小范围的同时，也能够提供数据驱动的有力依据。

一、社区发现和聚类分析

社区是网络的普遍属性。社区发现是一种分析网络或图数据的方法，旨在识别网络中的紧密连接的子群体或社区。这些社区由相似的节点组成，节点之间的连接比节点与社区外的连接更加密集。一个特定的网络可能有多个社区，多个社区中的网络节点是可以重叠。通常来说，同一网络社区内的节点与节点之间关系紧密，而社区与社区之间的关系则相对稀疏。社区发现可以帮助我们理解网络结构，揭示节点之间的潜在模式和关系，以及识别具有相似功能、兴趣或行为的节点集合。社区发现算法的选择取决于网络的性质和问题的需求。以下是一些常规的社区发现算法：

1. Girvan-Newman算法：该算法基于网络中的边介数（Betweenness）来识别连接社区之间的关键边，然后通过逐步移除这些边来划分社区。

2. Louvain算法：这是一种基于模块度优化的贪婪算法。它通过迭代地将节点移动到邻近社区来优化网络的模块度，从而找到最佳社区划分。

3. Label Propagation算法：这是一种简单且高效的算法，它通过节点之间的标签传播来划分社区。节点通过与其邻居节点共享标签来更新自己的标签，并且倾向于与具有相似标签的节点归属于同一社区。

4. Walktrap算法：该算法利用随机游走的思想，将相似的节点归属于同一社区。它通过计算节点之间的相似度（通常使用随机游走的相似度）来判断它们是否属于同一社区。

社区发现可以应用于各个领域，包括社交网络分析、生物信息学、推荐系统、交通流分析等。它可以帮助我们发现社交网络中的朋友圈子、发现蛋白质相互作用网络中的功能模块、推荐相似兴趣的用户等。

和网络社区概念类似的，是机器学习领域的聚类分析。它是一种无监督机器学习方法，用于将数据集中的对象分组成相似的类别或簇。聚类分析旨在发现数据内部的模式、结构和关系，而无需预先定义任何类别。通常来说，聚类分析的过程涉及以下步骤：

1. 选择合适的聚类算法：根据数据的性质和特点，选择适合的聚类算法。常见的聚类算法包括K-means聚类、层次聚类、DBSCAN等。

2. 特征选择和数据预处理：根据问题的要求，选择用于聚类的特征，并对数据进行必要的预处理，如数据清洗、标准化或归一化等。

3. 确定聚类数目：对于基于划分的聚类算法，如K-means聚类，需要预先确定聚类的数目。这可以通过启发式方法、可视化技术或评估指标

（如肘部法则、轮廓系数等）来完成。

4. 执行聚类算法：使用选择的聚类算法对数据进行聚类。算法将根据对象之间的相似性将它们分配到不同的簇中。

5. 评估聚类结果：通过一些评估指标（如轮廓系数、Calinski-Harabasz指数等）来评估聚类结果的质量。这些指标可以帮助判断聚类的紧密度和分离度。

6. 结果解释和应用：根据聚类结果，可以进行进一步的分析和解释。聚类结果可以用于识别群组、发现异常点、进行个性化推荐等应用领域。

需要注意的是，聚类分析是一种探索性数据分析方法，因此结果的解释和应用往往需要结合领域知识和具体的问题背景。在执行聚类分析之前，确保已经对数据有一定的了解，并明确希望从中获得什么样的信息。总体来说，社区发现和聚类分析是两种不同的数据分析方法，它们在目标、数据类型和应用方面存在一些相同点和不同点。

社区发现和聚类分析的相同点：

1. 无监督学习：社区发现和聚类分析都是无监督学习方法，不需要预先定义类别或标签，而是根据数据的内在结构和相似性进行模式发现。

2. 数据聚集：社区发现和聚类分析都是将数据对象进行聚集或分组的方法，以便在同一组内具有相似性或相关性的对象能够彼此靠近。

3. 相似性度量：两种方法都依赖于相似性度量来确定对象之间的关联程度，从而将它们归为同一社区或类别。

社区发现和聚类分析的不同点：

1. 数据类型：聚类分析通常应用于传统的数据集，如数值型数据或特征向量。而社区发现主要应用于网络或图数据，其中节点代表对象，并代表它们之间的关系。

2. 目标：聚类分析旨在将数据对象分组成相似的簇，以便揭示数据的内在结构。而社区发现旨在识别网络中的紧密连接子群体，以便理解网络的组织结构和节点之间的关系。

3. 方法：聚类分析使用一系列聚类算法，如K-means、层次聚类、DBSCAN等。社区发现使用特定的算法，如Girvan-Newman、Louvain、Label Propagation等，这些算法基于图论和网络分析的原理。

4. 应用领域：聚类分析广泛应用于数据挖掘、图像处理、市场细分等领域。社区发现主要应用于社交网络分析、生物信息学、推荐系统等涉及网络数据的领域。

虽然社区发现和聚类分析在某些方面有一些相似之处，但它们是针对不同类型的数据和不同的问题域而设计的方法。因此，在选择合适的分析方法时，需要考虑数据的特点和问题的需求。在本书研究中，对于关联网络的分析，我们更多从社区发现的视角对由复杂因素（网络节点）构成的网络进行社区划分，进而针对性地进行小世界分析。

社区发现算法可以大致分为两类。第一类，凝聚法（Agglomerative Methods）。

Agglomerative方法是一种常用的社区发现算法，也被称为自底向上的层次聚类算法。它通过逐步合并相似的节点或社区来构建社区的层次结构。

该方法的主要思想是从每个节点或社区作为一个独立的社区开始，然后通过计算节点或社区之间的相似度，选择最相似的节点或社区进行合并，直到达到停止条件。合并过程可以基于不同的相似度度量和合并策略进行。Agglomerative方法的优点在于它能够生成具有层次结构的社区划分，并提供不同层次的社区信息。然而，它的计算复杂度随着节点数目的增加而增加，并且对合并策略的选择和停止条件的确定需要经验和调整。

第二类，分裂法（Divisive Methods）。Divisive方法是一种常用的社区发现算法，也被称为自顶向下的层次聚类算法。它通过逐步将一个大的社区划分为更小的子社区来构建社区的层次结构。

该方法的主要思想是从整个网络作为一个独立的社区开始，然后递归地将社区划分为更小的子社区。划分过程可以基于不同的分裂策略和分裂条件进行。Divisive方法的优点在于它能够生成具有层次结构的社区划分，并提供不同层次的社区信息。与Agglomerative方法相比，Divisive方法更适用于处理大型网络，因为它的计算复杂度随着社区数量的增加而减少。然而，它的分裂策略和分裂条件的选择也需要检验和调整。

二、凝聚类社区发现算法

（一）Girvan-Newman算法

Girvan-Newman算法是一种用于社区发现的算法，旨在识别网络中的社区结构。该算法基于图的边介数（Betweenness centrality），通过逐步删除具有高边介数的边来划分社区。以下是Girvan-Newman算法的基本步骤：

1. 计算边介数：对于给定的网络，首先计算每条边的边介数，它衡量了边在网络中作为桥梁的程度。边介数可以通过各种方法计算，常见的是使用Brandes算法或Freeman公式。

2. 删除高边介数边：找到具有最高边介数的边，将其从网络中删除。这个步骤将导致网络中的某些节点分离成独立的子图。

3. 重新计算边介数：在删除边后，重新计算剩余边的边介数。

4. 重复步骤2和3：重复步骤2和3，直到所有边都被删除或达到某个停止条件。每次删除一条边，都会形成一个新的社区划分。

5. 评估社区划分：使用某种评估指标（如模块度）来评估每个社区划分的质量。可以选择具有最高模块度的划分作为最终的社区结构。

Girvan-Newman算法的优点是它能够发现网络中的多个层次的社区结构，并且不需要预先指定社区的数量。具体地：

1. 多层次社区划分：Girvan-Newman算法可以发现网络中的多个层次的社区结构，因为它通过逐步删除边来划分社区，每次删除一条边都会形成一个新的社区划分。

2. 无需预先指定社区数量：该算法不需要预先指定要划分的社区数量，它通过计算边介数来确定边的重要性并进行社区划分。

然而，该算法的缺点是计算边介数的复杂度较高，尤其是在大规模网络上。此外，由于该算法是基于边介数的，对于存在大量并行边或环路的网络，可能会导致过度切割社区。具体的：

1. 计算复杂度高：计算边介数的复杂度较高，特别是在大规模网络上。对于具有大量节点和边的网络，算法的执行时间可能会很长。

2. 过度切割社区：由于Girvan-Newman算法是基于边介数的，它可能会过度切割社区，特别是在存在大量并行边或环路的网络中。这可能导致将本来属于同一社区的节点分成多个子社区。

3. 停止条件选择：确定算法何时停止划分社区是一个挑战。在实际应用中，需要根据具体问题和需求来选择停止条件。

总的来说，Girvan-Newman算法提供了一种多层次的社区发现方法，但它在计算复杂度和社区划分的准确性方面存在一些限制。在实际使用中，需要权衡算法的计算效率和结果的质量，并结合具体问题和数据特点进行合理选择。

（二）Walktrap算法

Walktrap算法是一种用于社区发现的图分析算法，它基于随机游走的思想来识别网络中的社区结构。该算法通过计算节点之间的相似性来判断它们是否属于同一社区。通常来说，Walktrap算法包含如下几个基本步骤：

1. 构建转移概率矩阵：对于给定的网络，首先构建一个转移概率矩阵，该矩阵描述了节点之间进行随机游走的概率。

2. 随机游走：在随机游走过程中，从网络中的某个节点开始，按照转移概率矩阵进行随机选择，并逐步移动到相邻节点。

3. 记录路径：重复进行多次随机游走，并记录每次游走经过的节点序列。这些节点序列构成了路径。

4. 计算相似性：根据路径的相似性来计算节点之间的相似性。通常使用路径相似性度量，如路径相对熵或路径距离。

5. 构建相似性矩阵：基于节点之间的相似性，构建一个相似性矩阵。

6. 应用聚类算法：将相似性矩阵作为输入，使用聚类算法（如层次聚类、K-means等）对节点进行聚类操作，从而识别社区结构。

Walktrap算法的优点包括：

1. 考虑了节点之间的相似性：Walktrap算法通过计算节点之间的相似性来判断它们是否属于同一社区，这有助于捕捉节点之间的潜在关联和相互作用。

2. 不需要预先指定社区数量：该算法不需要事先指定要划分的社区数量，它可以自动识别网络中的社区结构。

3. 适用于大规模网络：Walktrap算法对大规模网络的计算效率较高，尤其是在较短的随机游走路径上。

然而，Walktrap算法也存在一些限制：

1. 随机游走参数选择：Walktrap算法中的随机游走参数选择对结果影响较大，如游走步数、游走次数等。参数的选择需要根据具体网络和问题进行调整。

2. 对网络结构敏感：Walktrap算法在处理网络中存在并行边或环路的情况下可能会受到影响，这可能导致社区划分不准确。

3. 聚类结果的解释性：Walktrap算法得到的社区划分结果可能较为复杂不利于理解和解释社区结构。

Walktrap算法在社区发现方面具有广泛的应用场景，特别适用于以下情况：

1. 社交网络分析：在社交网络中，Walktrap算法可以用于识别具有相似兴趣、社交关系紧密的群体，帮助揭示社交网络中的社区结构，理解社交网络中的信息传播和影响力传播。

2. 生物信息学：在生物信息学中，Walktrap算法可以应用于基因调控网络、蛋白质相互作用网络等生物网络的分析，用于发现蛋白质功能模块、基因调控子网等生物功能单元。

3. 推荐系统：在推荐系统中，Walktrap算法可以帮助识别用户群体，发现具有相似兴趣和行为模式的用户社区，从而提供更精准的个性化推荐。

4. 网络安全：在网络安全领域，Walktrap算法可以用于分析网络流量、检测异常行为，发现网络攻击者之间的关联和攻击行为的模式，从而增强网络安全防御。

5. 网络营销：在市场营销中，Walktrap算法可以应用于分析网络中的用户群体和社交影响力，识别具有相似购买行为和兴趣的用户社区，用于精细化的目标营销和推广策略。

总的来说，Walktrap算法适用于各种具有网络结构的数据领域，如社交网络、生物网络、推荐系统等，可以帮助发现隐藏在网络中的社区结构，揭示群体关系和行为模式，从而提供洞察力和决策支持。

（三）Label Propagation算法

Label Propagation算法是一种基于图的半监督学习算法，用于节点分类和标签传播。该算法基于节点之间的连接关系，通过在图上传播已知节点的标签来推断未知节点的标签。通常来说，其包括如下几个基本步骤：

1. 初始化：将有标签的样本的标签值固定，未标记的样本的标签值初始化为0或者一个随机值。

2. 标签传播：在每次迭代中，将每个节点的标签值更新为其邻居节点的平均标签值。标签值传播的权重可以根据连接关系进行加权。

3. 迭代更新：重复进行标签传播，直到达到停止条件。停止条件可以是达到最大迭代次数或标签值的收敛。

4. 标签预测：在算法收敛后，可以使用标签传播得到的节点标签值来预测未知节点的标签。

Label Propagation算法的优点包括三个方面：

1. 无需显式训练：Label Propagation算法是一种无监督或半监督学习算法，不需要显式的训练过程。它通过利用图中节点的连接关系来推断节点的标签，从而减少了标注数据的需求。

2. 适用于大规模图数据：Label Propagation算法的计算复杂度较低，特别适用于处理大规模图数据。它可以快速进行标签传播和节点分类。

3. 考虑了节点的连接关系：该算法利用节点之间的连接关系进行标签传播，更倾向于将相邻节点赋予相似的标签，从而考虑了节点在网络中的局部结构。

然而，Label Propagation算法也存在一些限制，诸如：

1. 对初始标签的依赖性：算法的结果可能受到初始标签的影响，因为标签传播是基于初始标签的传播。初始标签的选择可能对算法的性能产生重要影响。

2. 对网络结构敏感：Label Propagation算法在处理存在并行边或环路的网络时可能会受到影响，这可能导致标签传播的不准确性。

3. 类别不平衡问题：当标签不平衡时，算法可能会偏向于具有更多样本的类别，导致较少样本的类别预测准确性降低。

总的来说，Label Propagation算法是一种简单而有效的半监督学习算法，可以用于节点分类和标签传播任务。在实际应用中，需要根据具体问题和数据特点选择合适的初始标签和停止条件。

（四）Speaker-listener Label Propagation算法

Speaker-listener Label Propagation算法是一种改进的Label Propagation算法，用于解决半监督学习中的标签传播问题。该算法引入了“演讲者”和“倾听者”的概念，以提高标签传播的效果和鲁棒性。

在Speaker-listener Label Propagation算法中，节点被分为两类：演讲者和倾听者。其中，演讲者（Speakers）是已知标签的节点，它们在标签传播过程中主动传播自己的标签信息；而倾听者（Listeners）是未知标签的节点，它们在标签传播过程中被动接受演讲者的标签信息。

通常来说，该算法的基本步骤如下：

1. 初始化：将已知标签的节点作为演讲者，将未知标签的节点作为倾听者，并初始化节点的标签。

2. 演讲者标签传播：演讲者节点将其标签信息传播给倾听者节点，传播的方式可以是将演讲者节点的标签值直接分配给倾听者节点，或者按照一定的权重进行传播。

3. 倾听者标签更新：倾听者节点接收演讲者节点的标签信息后，根据一定的规则（如加权平均）更新自己的标签值。

4. 迭代更新：重复进行演讲者标签传播和倾听者标签更新的过程，直到达到停止条件（如迭代次数达到预定值或标签值的收敛）。

5. 标签预测：在算法收敛后，可以使用标签传播得到的节点标签值来预测未知节点的标签。

Speaker-listener Label Propagation 算法通过引入演讲者和倾听者的角色，充分利用了已知标签节点的信息传播能力，以改进标签传播的准确性和稳定性。它在半监督学习任务中具有较好的性能，特别适用于标签数据较少的情况。然而，具体的 Speaker-listener Label Propagation 算法的实现方式可能因研究者和研究论文而异，因此在实际应用中需要参考具体的算法描述和实验结果。

Speaker-listener Label Propagation 算法相对于传统的 Label Propagation 算法具有一些优点和缺点。其优点可以归纳为：

1. 改善标签传播准确性：通过引入演讲者和倾听者的角色，演讲者节点主动传播标签信息给倾听者节点，增加了已知标签节点的影响力，提高了标签传播的准确性和稳定性。

2. 利用有限标签数据：该算法能够更有效地利用有限的已知标签数据，通过标签信息的传播和更新，对未知节点进行预测和分类。

3. 自适应性：该算法在标签传播过程中自适应地调整节点的标签，利用节点之间的连接关系和演讲者的标签信息，逐步调整倾听者节点的标签值，提高了算法的鲁棒性和适应性。

4. 简单高效：Speaker-listener Label Propagation 算法相对简单，易于实现，并且计算效率较高，适用于处理大规模图数据。

然后，该算法也有一些固有缺点，包括以下几个方面：

1. 初始标签的依赖性：与传统的 Label Propagation 算法一样，初始标签的选择对算法的结果产生影响。不同的初始标签选择可能导致不同的标签传播结果。

2. 对网络结构敏感：算法对网络结构的敏感性较高，当网络中存在并行边或环路时，标签传播的效果可能下降，影响算法的准确性。

3. 类别不平衡问题：当标签数据存在类别不平衡时，算法可能偏向于具有更多样本的类别，导致较少样本的类别预测准确性降低。

总体而言，Speaker-listener Label Propagation 算法在标签传播任务中具有较好的性能，能够改善标签传播的准确性和鲁棒性。然而，初始标签选择和网络结构对算法的影响需要谨慎考虑，适用性在不同应用场景下可能有所差异。

（五）Community Overlap Propagation 算法

Community Overlap Propagation 算法（简称 COPRA 算法）是一种用于社区发现的算法，旨在识别重叠的社区结构。与传统的社区发现算法不同，COPRA 算法允许节点同时属于多个社区，并通过标签传播的方式来识别节点的社区归属。通常来说，该算法的实现包括几个基本步骤：

1. 初始化：为每个节点分配一个唯一的标签，每个节点的标签代表其所属的社区。

2. 标签传播：在每次迭代中，遍历所有节点，并根据其邻居节点的标签来更新节点的标签。更新规则为将节点选择度最高的邻居节点的标签赋予当前节点。

3. 标签合并：对于每个节点，统计其邻居节点中出现次数最多的标签，并将其合并为当前节点的标签。

4. 迭代更新：重复进行标签传播和标签合并的过程，直到达到预设的迭代次数或标签的收敛。

5. 社区划分：根据节点的标签，将节点划分到对应的社区中。由于COPRA算法允许节点属于多个社区，因此可以识别出重叠的社区结构。

整体而言，COPRA算法的优点可以归纳为：

1. 重叠社区发现能力：COPRA算法能够识别节点的多重社区归属，允许节点同时属于多个社区，更准确地反映网络中节点的关系和社区结构。

2. 简单且易于实现：COPRA算法的原理相对简单，易于实现和理解。它不需要复杂的参数调节或复杂的计算，使得它适用于各种规模的网络数据。

3. 高效性：COPRA算法具有较低的计算复杂度，迭代的次数通常较少，因此能够处理大规模网络数据而不会过于耗时。

4. 自适应性：COPRA算法通过标签传播和标签合并的过程，根据节点的邻居节点的标签进行自适应地调整节点的标签，从而提高了算法的鲁棒性和适应性。

其固有缺陷又有如下几个方面的体现：

1. 初始标签的依赖性：COPRA算法的结果受初始标签的选择影响，不同的初始标签设置可能导致不同的社区划分结果。

2. 对网络结构的敏感性：COPRA算法对网络结构的敏感性较高。当网络中存在并行边、环路或高度连接的节点时，算法可能无法准确地识别重叠社区结构。

3. 参数设置：COPRA算法中的迭代次数需要事先设定，选择合适的迭代次数可能对算法的性能产生影响。此外，对于具有不同密度或结构的网络，参数的选择可能需要针对性调整。

4. 社区大小不平衡：COPRA算法在处理社区大小不平衡的情况时可能存在困难，较小的社区可能被较大的社区主导，导致部分社区的检测准确性下降。

综上所述，COPRA算法是一种能够识别重叠社区的简单而高效的算法。然而，它仍然面临一些挑战和局限性，需要根据具体应用场景和网络数据的特点进行合理的参数选择和结果解释。

三、分裂类社区发现算法

（一）Louvain算法

Louvain算法是一种用于社区检测的快速、高效的基于模块度优化的算法。它能够识别网络中的社区结构，并将节点分配到不同的社区中。

Louvain算法的基本思想是通过优化网络的模块度指标来划分社区，其中模块度衡量了网络中社区结构的紧密程度。该算法采用了一种迭代的贪心策略，通过不断优化节点的社区归属来寻找最优的社区划分结果。通常来说，Louvain算法的步骤如下：

1.初始化：将每个节点视为一个独立的社区。

2.迭代优化：

首先，对每个节点，计算将其放入相邻社区后的模块度增益。

然后，将节点移动到能够获得最大模块度增益的相邻社区中。

重复以上两个步骤，直到没有节点能够进一步改变社区归属。

3.合并社区：将属于同一社区的节点合并为一个超节点，并构建新的网络。

4.社区划分：将合并后的社区作为新的网络进行迭代优化，直到达到停止条件。

5.输出结果：根据最终的社区划分结果得到网络的社区结构。

Louvain算法的优点包括以下几个方面：

1. 高效性：Louvain算法具有很高的计算效率，适用于大规模网络的社区发现。

2. 自适应性：Louvain算法能够自动适应网络的特性，不需要事先指定社区数量。

3. 高质量的划分结果：Louvain算法在优化模块度的过程中能够找到较好的社区划分结果。

4. 可扩展性：Louvain算法的社区划分结果可以用作其他社区发现算法的初始输入，进一步提高划分质量。

然而，Louvain算法也有一些局限性，主要包括以下几个方面：

1. 分辨率限制：Louvain算法在某些情况下可能存在分辨率限制问题，导致无法准确地划分出较小的社区。

2. 初始社区的依赖性：Louvain算法的结果受初始社区的选择影响，不同的初始社区设置可能导致不同的社区划分结果。

3. 重叠社区的识别较弱：Louvain算法主要用于划分非重叠社区，对于重叠社区的识别能力相对较弱。

简言之，Louvain算法通过迭代优化节点的社区归属来寻找最优的社区划分结果。该算法的优点包括高效性、自适应性、高质量的划分结果和可扩展性。然而，它也存在分辨率限制、初始社区依赖性和对重叠社区的识别能力较弱等局限性。总体而言，Louvain算法在大规模网络中的社区发现任务中表现出较好的性能，并被广泛应用于实际问题中。

（二）Leiden算法

Leiden算法是一种用于社区发现的改进算法，它基于Louvain算法并针对其一些局限性进行了改进。Leiden算法旨在提高社区划分的质量和稳定性。

与Louvain算法类似，Leiden算法也是基于模块度优化的算法，通过迭代的方式进行社区划分。它包含两个阶段：局部优化和全局优化。

局部优化阶段包括如下四个步骤。

1. 初始化：将每个节点视为一个独立的社区。

2. 对每个节点进行遍历，计算将该节点移动到相邻社区后的模块度增益。

3. 将节点移动到能够获得最大模块度增益的相邻社区中。

4. 重复步骤2和3，直到所有节点都无法移动或者不能获得更大的模块度增益。

全局优化阶段则包含如下三个步骤。

1. 构建当前社区划分的重叠网络，其中节点表示原始网络中的社区，即表示两个社区之间有节点在同一社区的情况。

2. 对重叠网络进行划分，将重叠节点合并为新的超节点。

3. 重复局部优化和全局优化阶段，直到达到停止条件。

通过局部优化和全局优化的迭代过程，Leiden算法能够进一步优化社区划分的质量，并提供更稳定的结果。总体而言，Leiden算法是一种改进的社区发现算法，能够提供更好的社区划分质量和稳定性，适用于各种复杂的网络分析任务。

Leiden算法的优点包括：

1. 改进的划分质量：Leiden算法在Louvain算法的基础上进行改进，能够得到更好的社区划分质量。

2. 改进的稳定性：Leiden算法通过全局优化阶段，提高了社区划分的稳定性，减少了随机性的影响。

3. 高效性：尽管Leiden算法相对于Louvain算法而言稍微复杂一些，但它仍然具有较高的计算效率，适用于大规模网络。

Leiden算法相对于Louvain算法在社区发现中进行了改进，但仍然存在一些局限性和缺点：

1. 计算复杂度较高：Leiden算法相对于Louvain算法而言计算复杂度更高，尤其是在处理大规模网络时，算法的运行时间可能较长。

2. 内存占用较大：Leiden算法在全局优化阶段需要构建重叠网络，并且随着迭代的进行，网络的规模会逐渐增大，导致内存占用较大。

3. 对初始社区设置敏感：与Louvain算法类似，Leiden算法的结果也受初始社区设置的影响。不同的初始设置可能导致不同的社区划分结果。

4. 分辨率限制问题：Leiden算法在某些情况下可能存在分辨率限制问题，无法准确地划分出较小的社区。

尽管Leiden算法存在一些缺点，但它仍然是一种被广泛应用的社区发现算法，尤其适用于对划分质量和稳定性要求较高的场景。如果在特定任务中需要更好的社区划分结果，可以考虑使用Leiden算法。

四、本节的思考与总结

（一）对社区发现研究梳理后的思考

在关联网络分析中，社区发现具有广泛的应用前景和重要的价值体现，包括以下几个方面。

1. 社交网络分析：社区发现可以帮助我们理解社交网络中的群体结构和组织形式。通过识别社区，我们可以发现潜在的社交群体、社区中的关键人物和它们之间的相互作用，从而深入研究社交网络的演化、信息传播和社交影响等现象。

2. 生物学网络分析：在生物学中，社区发现可以用于基因调控网络、蛋白质相互作用网络等生物网络的分析。它可以帮助我们发现具有相似功能或相互作用的基因或蛋白质群体，揭示生物体内的生物过程、信号通路和分子机制。

3. 推荐系统：社区发现可以用于构建个性化的推荐系统。通过分析用户之间的关联网络，识别出用户所属的社区，可以基于社区内的共同兴趣和行为模式为用户提供更精准的推荐内容。

4. 社会网络分析：社区发现可以用于研究和分析社会网络中的群体和组织。它可以帮助我们理解组织结构、权力关系、意见领袖以及信息传播的路径和效应等，对政治、经济和社会领域的决策和管理具有重要价值。

5. 网络安全：社区发现在网络安全领域也具有重要应用。通过识别网络中的社区结构，可以帮助发现网络攻击者、异常行为以及网络威胁的传播路径，提高网络安全的监测和防护能力。

通过社区发现，我们可以揭示关联网络中的隐含结构和模式，帮助我们更好地理解和分析复杂系统的运作机制。它为我们提供了洞察力，可以从大规模的关联数据中提取有用的信息，发现隐藏的知识，并支持决策和解决实际问题。因此，社区发现在关联网络分析中具有重要的应用前景和价值体现。

（二）社区发现研究在碳市场相依性风险驱动因素关联网络中的价值

在碳市场价格风险驱动因素关联网络中，社区发现的价值主要体现在以下几个方面：

1. 风险识别和管理：通过社区发现，可以识别和划分碳市场价格风险驱动因素之间的相关性，并将它们组织成不同的社区。这有助于我们更好地理解不同因素之间的关联关系，识别出共同的驱动因素，从而提供风险识别和管理的基础。通过分析每个社区的特征和动态变化，可以更准确地评估碳市场价格的风险，并制定相应的风险管理策略。

2. 信息传播和市场预测：社区发现可以揭示碳市场价格风险驱动因素之间的信息传播路径和影响程度。通过识别关键节点和社区内部的信息传播模式，可以更好地理解价格波动的传播机制，预测市场的变化趋势。这对于投资者、交易员和决策者来说具有重要意义，可以帮助他们做出更准确的市场预测和决策。

3. 策略制定和政策调控：社区发现可以帮助政府、监管机构和市场参与者制定更有效的碳市场策略和政策调控。通过识别不同社区中的相关因素和交互关系，可以了解不同因素对碳市场价格的影响程度，并相应地制定激励措施、风险管理措施和政策干预措施。这有助于促进碳市场的健康发展和稳定运行。

4. 合作与合作伙伴选择：社区发现可以揭示碳市场价格风险驱动因素之间的紧密联系和相关性，从而帮助市场参与者选择合适的合作伙伴和建立合作关系。通过识别具有相似风险特征和价值共享的社区，可以找到潜在的合作伙伴，并促进信息共享、资源整合和风险共担，实现合作共赢的局面。

综上所述，社区发现在碳市场价格风险驱动因素关联网络中具有重要的价值。它可以帮助识别风险因素之间的关联性、预测市场变化、制定策略和政策、促进合作与合作伙伴选择等，为碳市场的参与者提供更深入的洞察和决策支持。通过社区发现，我们能够更好地理解碳市场价格的风险驱动因素之间的关系，并在风险管理、市场预测、策略制定和合作伙伴选择等方面做出更明智的决策。

具体来说，如果社区发现揭示了一个与碳市场价格波动密切相关的因素群体，可以采取相应的风险管理措施，如分散投资组合、制定套保策略或采取期权交易等。此外，通过分析社区内部的信息传播路径和影响程度，可以更准确地预测碳市场价格的走势，并调整投资策略以获取更好的回报。

另外，社区发现还可以为政府和监管机构提供重要的参考信息，帮助他们制定合适的政策调控措施。通过识别碳市场价格风险驱动因素之间的相关性和影响机制，政府可以更准确地评估政策的效果，优化政策设计，促进碳市场的健康发展和稳定运行。

此外，社区发现还可以帮助市场参与者选择合适的合作伙伴和建立合作关系。通过识别具有相似风险特征和共享价值的社区，可以找到潜在的合作伙伴，并建立合作关系来共同应对市场风险和挑战。这种合作有助于资源整合、风险共担和信息共享，提高市场参与者的竞争力和抗风险能力。

综上所述，社区发现在碳市场价格风险驱动因素关联网络中的应用具有重要的价值。它提供了深入洞察和决策支持，帮助识别风险、预测市场、制定策略、调控政策和促进合作，为碳市场的参与者提供有效的市场参与和管理手段。

第三节　基于关联网络的相依性风险度量综述

一、相依风险管理理论

碳市场是一个复杂的系统，其风险与同类市场以及异质（如能源、金融等）市场的波动息息相关。为此，有学者探究了碳市场内外的相依结构关系，主要研究了碳市场和金融市场（主要包括商品期货、股票和能源指数）、碳资产EUA和CER、碳价和能源价格，结果表明碳市场与异质市场间存在一定程度的波动溢出和特定的相依结构。

（一）相依性分类

相依风险管理理论因其对风险要素信息把握程度的不同而被分成不同的方法。按照对不确定程度的把握的程度由高到低，相依风险管理理论可以分为不精确相依、精确相依和函数形式相依。不精确相依具体内容有：Frechet界、区间概率界相关、符号相依性（Sign of Dependency）：正/负象限相依（Positive/Negative Quadrant Dependency）、线性相依（Linear Dependency）；精确相依具体包括：设定相依函数模型（Specified Dependency Model）、已知相依函数（Known Dependency Function）、经验相依函数（Empirical Dependency Functional）、完全正负相依（Perfect Opposite Dependency）、独立（Independency）；函数形式相依具体内容有：已知函数相依关系（Known Dependency Functional Relationship）、分层（Stratification）、条件（Conditioning）。目前，通过相依函数来研究风险要素相依关系的方法相对比较成熟，在金融领域的研究应用也较为广泛。

（二）相依性特征

随着金融市场之间相依程度不断增强，准确度量其相依性是控制金融市场风险的关键。传统的金融理论一般采用线性相关系数（Pearson相关系数）作为相关性度量指标。然而，线性相关系数并不适用于金融资产收益率联合分布并不服从正态分布的情况。若二元随机变量(X, Y)不是相互独立的，即$F(X, Y) \neq F_1(X)F_2(Y)$，则认为$(X, Y)$是具有相依关系的。根据相依性（以$\delta(X, Y)$表示）测度的定义，相依性具有如下主要特征：

①对称性：$\delta(X, Y)=\delta(Y, X)$；

②正交化：$-1 \leqslant \delta(X, Y) \leqslant 1$；

③$\delta(X, Y)=1$，(X, Y)完全正相关；

$\delta(X, Y)=-1$，(X, Y)完全负相关；

④对于一个关于X的严格单调变换，$T: R \rightarrow R$；

$\delta(T(X), Y)=\delta(Y, X)$，$T$递增；

$\delta(T(X), Y)=-\delta(Y, X)$，$T$递减。

（三）相依性测度

根据以上相依性测度主要性质，可采用多种方法对其进行估算，常用的相互关系测度指标包括线性相关系数、秩相关系数、尾部相依系数等。按照相依性测度指标度量范围可进一步分为整体相依性测度指标和局部相依性测度指标。其中线性相关系数和秩相关系数可用来度量变量间或者变量分布函数间的整体相依性，因而属于整体相依性测度指标。分位相依系数和尾部相依系数则划分为局部相依性测度指标。

在金融风险分析中，随机变量的尾部相依性具有非常重要的意义。尾部相依系数能够衡量随机变量间上尾部和下尾部的相依性，即可用来衡量当一种资产价格发生剧烈波动时导致另一种资产价格同时发生剧烈波动的概率。有研究表明，基于Copula函数的尾部相依系数可被用来分析不同的金融市场或金融资产间的尾部相依性，比如不同金融资产价格的暴涨或暴跌是否会引起其他金融资产价格的相应变化，这对金融市场的价格波动溢出分析以及资产组合风险度量非常有效。

二、风险溢出效应理论

金融市场作为一个整体、一个系统，其各部分或各子系统之间必然相互联系或相互影响，其波动会从一个市场传导到另一个市场，这种市场之间的波动传导机制被称为风险溢出效应（或波动溢出效应）（Risk Spillover Effect）。

溢出效应理论是在发展中不断进行完善改进的。目前溢出效应的概念已经与最初的溢出效应定义有所差别。1890年，在对“产业经济组织”进行阐述的过程中，经济学家马歇尔提出了外部经济这一概念，即溢出效应。他提出，与内部经济相对，企业还存在着外部经济。外部经济对于企业而言至关重要，外部经济能够使企业缩短产品打入市场的周期，降低生产运输成本，从而提高产品竞争力。外部经济存在与否取决于企业外部的“产业经济组织”。在马歇尔的论述中，由于企业外部发达的“产业经济组织”，导致企业内部的生产成本大大降低，这就是所谓的“外部经济”。而影响“产业经济组织”发达程度的因素包括：行业内供应链上下游公司的发展水平、物流运输的成本与效率、整体产品市场的规模等。

当今的风险溢出效应概念把金融市场看作为一个整体、一个系统，认为其各部分或各子系统之间必然相互联系或相互影响，这样就可以通过分析系统中的各子部分间的影响和关联性来研究市场间风险的传导、危机传染以及引发系统性风险的原因。风险溢出效应所产生的影响在金融危机时会显得异常明显，它使得原本存在于单个市场中的危机快速地传导至其他市场。在这个时候，金融市场就具有强烈的相关性，我们称其为金融危机传染。以上内容说明，如果金融市场出现了较大的波动，那么其中所具有的风险溢出效应对于风险管理与资产组合的研究便变得极为重要。在实际情况中，当前学术界对于金融市场中风险溢出效应的存在与否还没有一个准确的定论，这主要是由于所采用的研究方法和模型不同。

如果两个不同的资本市场在非金融危机时其相关程度与在金融危机时

其相关程度不一致，则说明金融危机的存在对于市场间的相关性产生了显著的影响，即表示该资本市场中具有风险溢出效应。由此可知，金融市场间的风险溢出效应一般是指条件方差的传导效应。金融市场间的溢出效应包括两层含义，即碳市场内外部均值溢出效应和碳市场内外部波动溢出效应。

（一）均值溢出效应

碳市场间均值溢出效应研究方法多是基于领先滞后关系（Lead-lag Relationship）思想，分为价格联动的长期效应与短期效应检验。建立向量自回归模型（Vector Auto-regression Model，VAR）并对碳市场间价格的主从关系进行Granger因果检验；通过协整方程估计判断两市场在长期意义上的均衡关系，构造向量误差修正模型（Vector Error Correction Model，VEC）以研究短期内价格偏离后系统的即时调整。在此基础上，借助脉冲响应函数进行短期动态效应冲击分析。在同质市场间均值溢出效应方面，EUA自身的现货与期货以及和CER的现货和期货之间都存在长期均衡关系，且EUA的价格通过向量误差修正模型引导CER价格的发现。但对EUA和CER的价差特征进行协整检验和趋同检验研究发现长期的时变相关性和趋同现象。异质市场间均值溢出效应方面，通过协整检验发现EUA碳价和化石能源价格之间存在长期均衡比例不断变化的协整关系。

（二）波动溢出效应

碳市场波动溢出效应刻画碳价波动风险在市场间的传导程度与方向。学者常运用多变量GARCH模型研究碳市场间的波动溢出效应。多元GARCH族模型利用残差向量的方差—协方差矩阵所蕴含的信息，同时考察多个市场的波动性。基于MGARCH-BEKK模型对EUA和CER市场的信息流动关系研究发现，两市场存在双向的波动溢出，但EUA期货市场对CER具有更大的波动溢出效应。但也有学者运用该方法得出了CER市场目前尚不成熟，仅存在CER到EUA单向的波动溢出的不同观点。

随着VaR的广泛运用，人们开始利用VaR来进行风险传导效应的研究。刘明磊等（2014）将有偏t分布引入石油市场风险模型，通过构造APARCH/TARCH模型计算石油市场VaR，并采用风险Granger检验方法考察了金融危机前后国内外代表性原油市场与燃料油市场的风险传导效应，结果显示，国内外石油市场之间的风险溢出关系在金融危机发生后出现了显著的变化。目前对于风险溢出的各项研究较为丰富，采用最多的方法则是利用GARCH模型来进行方差溢出效应的检验。例如，王正新和姚培毅（2019）基于1997年1月至2017年5月经济政策不确定性（Economic Policy Uncertainty，EPU）指数，运用DCC-GARCH模型分析了中国与美国、日本和英国的经济政策不确定性的动态溢出效应。研究表明，样本国家的EPU指数波动率呈现尖峰、厚尾、非对称的特征，因而更适用非对称多元t分布DCC-GARCH模型；中国经济政策不确定性对美国、日本和英国均有一定程度的正向溢出效应，但影响程度不一。

为了对风险溢出效应进行更加深入的研究，一些学者将关注点转移到了风险溢出强度上，这就需要有实际的指标来体现出该强度的大小。对此，学者开始采用CoVaR方法将风险溢出效应纳入VaR研究框架内，以此来具体表现出某一金融机构在另外的金融机构处于危机时其面临的风险的大小。上述模型中，风险溢出强度用CoVaR的相对变化率来表示。而为了使得风险溢出强度能够用具体的数值来进行表示，在2009年时，学者又针对CoVaR方法在风险溢出效应方面的应用进行详细分析，研究结果发现其可操作性较强，这对我们以后的研究和实际的风险管理具有一定的启示作用。

综上，可以看出，金融市场相关性为金融市场的风险提供渠道，风险将通过这个渠道从一个市场传播到另一个市场从而产生溢出效应，作为投资者和金融监管者都需要了解这种风险溢出效应的强度。因此，本书研究碳市场相依结构和风险溢出效应是递进关系，是在研究碳市场相依关系的基础上，进一步研究当碳现货市场发生风险事件，风险向碳期货市场传播而引起的风险水平。

三、相依性风险度量——Copula理论

在统计研究中，一个较为基本的问题就是随机变量的联合分布函数的建立。一般来说，我们可以假定随机变量服从包括正态分布和t分布（自由度相同）在内的边缘分布。这样的话，相应的联合分布函数便属于多元正态分布与多元t分布，就不符合实际中的金融数据表现出的“尖峰厚尾”特征。再加上这两种分布对于金融领域中的一些非对称性和尾部相依结构的描述和刻画能力较弱，导致我们所构建的模型无法准确地对实际情况进行反映。对此，就需要有新的理论和方法来为多个随机变量构造出正确的联合分布函数。于是，我们引入Copula理论。Copula理论包含了关于随机变量之间依赖性性质的所有信息，但没有给出关于边际分布的信息。通过它可以独立地对边缘分布或者联合分布进行研究，减少联合分布中对变量的限制，使得解决问题时更加趋于灵活。

Copula函数主要是用来对变量间的相关关系进行描述的，其最早由Sklar提出，他认为联合分布函数可以分解为n个边缘分布函数与一个Copula函数。按照这种理解，Copula函数就可以看成是能够连接联合分布函数及其边缘分布函数的一种函数，故而也将其称为连接函数。

令 $C:[0,1]^n \to [0,1]$ 为一个n元联合分布函数，其定义域为 $[0,1]^n$，现有函数 C，如果有n个边缘分布函数，并且都在 $[0,1]$ 上满足均匀分布，那么 C 就是一个n元Copula函数，n=2，3，…。

由此可得到Copula函数的基本性质如下：

1.$C(u_1, u_2, \cdots, u_n)$ 对每一个分量 u_i，$i=1, 2, \cdots, n$ 都是递增的，这说明联合分布函数与其边缘分布函数呈同向变化；

2.$u_i=0$ 时，$C(u_1, u_2, \cdots, u_n)=0$，其中 $i \in \{1, 2, \cdots, n\}$，这说明联合分布函数在其任意边缘分布函数发生概率为0的情况下，其发生概率也将为0；

3. 对 $\forall i \in \{1, 2, \cdots, n\}$，$u_i \in [0, 1]$，$C(1, \cdots, 1, u_i, 1, \cdots, 1) = u_i$，这说明当存在有发生概率为1的边缘分布函数时，它将不再对联合分布函数起作用，即联合分布函数的发生概率由其他边缘分布函数决定；

4. 对 $\forall (a_1, a_2, \cdots, a_n)$，$(b_1, b_2, \cdots, b_n) \in [0, 1]^n$，且 $a_i \leqslant b_i$ 有：

$$\sum_{i_1=1}^{2} \sum_{i_n=1}^{2} (-1)^{i_1 + \cdots i_n} C(u_{1i_1}, u_{2i_2}, \cdots, u_{ni_n}) \geqslant 0 \tag{2-2}$$

其中，对所有的 $k = 1, 2, \cdots, n$，$u_{k1} = a_k$，$u_{k2} = b_k$；

5. 若 u_1，u_2，…，u_n 相互独立，则 $C(u_1, u_2, \cdots, u_n) = \prod_{i=1}^{n} u_i$。

虽然Nelson的研究对于Copula函数所具有的一些性质进行了阐述。但是最终决定该函数重要地位的还是Sklar定理，它的出现使得Copula函数开始得到了广泛的应用。

所谓Sklar定理指的是：设 F 为一个n元联合分布函数，它的n个边缘分布函数分别为 $F_1(\cdot)$，$F_2(\cdot)$，…，$F_n(\cdot)$，那么就必存在Copula函数 C，使得对 $\forall x \in \tilde{R}^n$，$\tilde{R} \cup \{\pm \infty\}$，有

$$F(x_1, x_2, \cdots, x_n) = C(F_1(x_1), F_2(x_2), \cdots, F_n(x_n)) \tag{2-3}$$

如果 $F_1(\cdot)$，$F_2(\cdot)$，…，$F_n(\cdot)$ 都为连续分布函数，那么 F 有唯一Copula函数与之对应，该函数即为 C；如果 $F_1(\cdot)$，$F_2(\cdot)$，…，$F_n(\cdot)$ 不全为连续型分布函数，那么 C 就满足在 $RanF_1 \times RanF_2 \times \cdots \times RanF_n$ 上的唯一性，其中，Ran 为函数的秩。另一方面，如果 C 是n维的Copula函数，而 $F_1(\cdot)$，$F_2(\cdot)$，…，$F_n(\cdot)$ 为一元的分布函数，那么根据上式所得的联合分布函数 F 的n个边缘分布函数即为 $F_1(\cdot)$，$F_2(\cdot)$，…，$F_n(\cdot)$。

Sklar定理中阐述了如何通过联合分布函数来求Copula函数。通过Sklar定理，可以将n维的随机变量联合分布函数分为两部分，一部分包含了 $F_1(\cdot)$，$F_2(\cdot)$，…，$F_n(\cdot)$，它表示上述变量的边缘分布函数；另一部分包含了能够对上述随机变量相关性进行描述的Copula函数，同时，它也能够对多变量间所存在的非对称和非线性的相关性进行有效的度量。当联合

分布不是椭圆时，现有的相关系数就不能够准确刻画出其相依结构。站在Sklar定理的逆角度，可以利用$F_1(\cdot)$，$F_2(\cdot)$，…，$F_n(\cdot)$与恰当的Copula函数来构造出一个n维的联合分布函数，用它来进行随机变量所具有的分布性质的描述。当前我们可以在国内外的一些统计与经济相关文献资料中获取到合适的边缘分布函数，然而却难找到有用的多元联合分布函数。在这种条件下，Copula函数就不失为求联合分布函数的一种方法。另外，Sklar定理还具有一些其他方面的重要性，如可以不考虑边缘分布而直接对多元分布相依结构进行分析等。以上这些都促进了Copula函数在多个领域的应用。以下是几种Copula模型的具体介绍：

（一）椭圆形Copula

椭圆型Copula函数是一类具有椭圆型轮廓线分布的函数，应用最普遍的椭圆型Copula函数是高斯（Gaussian）Copula函数和t-Copula函数。椭圆形Copula围绕平均值对称，这意味着，假设正相关，联合积极或消极运动的概率相同。椭圆型Copula函数的优点是可以构造不同相依程度的边缘分布的Copula函数，而缺点是其分布函数没有封闭的表达形式且都是径向对称的。

1.二元Gaussian Copula

$$C(u,\mu,\rho)=\int_{-\infty}^{\phi_v^{-1}(u)}\int_{-\infty}^{\phi_v^{-1}(\mu)}\frac{1}{2\pi\sqrt{1-\rho^2}}\exp\left(-\frac{s^2-2\rho st+t^2}{2(1-\rho^2)}\right)dsdt \tag{2-4}$$

其中$-1\leqslant\rho\leqslant 1$为相依参数，$\phi$和$\phi^{-1}$分别为标准正态分布及其反函数。

2.二元t-Copula

$$C(u,\mu,\rho)=\int_{-\infty}^{T_v^{-1}(u)}\int_{-\infty}^{T_v^{-1}(\mu)}\frac{1}{2\pi\sqrt{1-\rho^2}}\exp\left(1+\frac{s^2-2\rho st+t^2}{v(1-\rho^2)}\right)^{-(v+2)/2}dsdt \tag{2-5}$$

其中$-1\leqslant\rho\leqslant 1$为相依参数，$v$为自由度参数，$T_V$和$T_V^{-1}$分别为自由度为$v$的t分布及其反函数。

（二）阿基米德Copula

二元阿基米德Copula函数的定义为：

设φ：$I \to [0, \infty]$是凸的、连续的、严格减函数，且$\varphi(1)=0$，$\varphi^{[-1]}$是φ的逆反函数。那么，函数$C(u, v)=\varphi^{[-1]}(\varphi(u)+\varphi(v))$称为阿基米德簇Copula，函数$\varphi$为Copula生成元。

由二元阿基米德Copula函数的构造方法可以得到n维二元阿基米德Copula函数，表达式为：

$$C(u_1, \cdots, u_n)=\varphi^{[-1]}(\varphi(u_1)+\cdots+\varphi(u_n)) \tag{2-6}$$

阿基米德Copula函数是由生成元函数φ唯一确定的，因此，不同的阿基米德Copula函数对应不同的生成元，已有许多阿基米德Copula函数被提出。

阿基米德Copula函数具有以下特点：

对称性，即$C(u, \nu)=C(\nu, u)$；

可结合性，即$C\left(u_1, C\left(u_2, u_3\right)\right)=C\left(C\left(u_1, u_2\right), u_3\right)$。

（三）Vine Copula

针对金融市场间相互关系的传统研究方法（如：GARCH模型、协整检验、格兰杰因果检验和向量误差修正模型、二元Copula和传统的多元Copula函数等）在研究金融市场相依关系时，大多忽略了条件变量的影响，假设样本数据服从独立同分布，而实际上，对多个投资市场进行风险评估，任意两个市场的相互关系可能会受其他某个或多个市场的影响，因此当考察多个不同金融市场之间及高维金融投资组合的相依关系时面临着诸多限制，需要选用其他更适合的方法。为了解决传统方法关于同分布假设问题，近期一种基于二元Copula函数的Vine Copula模型得到快速发展，并被成功地应用于解决金融市场复杂相依结构度量与在险价值预测的问题。Vine Copula模型将多元变量间关系分解成多个不同的二元变量，采用Copula函数连接树结构中二元变量同步分析所有变量间相依性。

由于对多元收益序列相依性结构的建模难度较大，导致以往关于VaR估计方法的研究多数还停留在单变量和二元变量，对多元变量的关注很有限。而Vine Copula方法的出现使得更加灵活多样的多元分布得以构建，它能够把单元变量从相依性结构中的多变量分布中分离出来。Vine Copula模型目前包括了Canonical Vine（C-Vine）、Drawable Vine（D-Vine）和Regular Vine（R-Vine）三类不同形式的结构，其中C-Vine和D-Vine Copula较为常用，具有更一般形式的R-Vine Copula的相关研究较为有限。

总的来说，Copula必然会越来越多地用于金融风险管理，因为它们可以用来建立风险因素的联合分布。下面简要介绍金融中的Copula：

抵押债务（Collateralized Debt Obligations，CDO）是对债务的集合投资提供现成多样化的工具。根据预先确定的优先权规则，总现金流被定向到不同类别的索赔或分期付款。违约造成的损失首先是最低评级的部分，然后是中等评级的部分（称为夹层），然后是高级部分。为了确定每一部分的预期损失，我们需要构建投资组合价值的整个分布。CDO部分的回报在很大程度上取决于基础信贷组合中违约之间的相关性。低相关性使高级部分更安全。另一方面，如果所有基础债券同时违约，优先部分可能面临严重损失。利用Copula函数的概念开发了CDO定价的第一个商业模型，这一点广受赞誉。

四、相依性风险度量——VaR理论和CoVaR理论

（一）VaR理论

VaR理论是指一定时期内，在一定的置信度下，投资组合可能出现的最大损失，是根据现代金融理论，应用最新的统计分析方法和计算技术发展起来的风险分析与度量技术。假设X代表某一金融资产的损失，其密度函数为$f(x)$，则VaR可以表示为

$$VaR_p = inf\left\{x|f(X \leq x) > p\right\} \tag{2-7}$$

当密度函数$f(x)$为连续函数时也可以表示为$VaR_p = F^{-1}(p)$，其中F^{-1}为损失分布函数$F(x)$的反函数。

VaR理论是由G30的全球衍生品研究小组于1993年开始使用、推广的风险管理方法。随后J.P.摩根提出了Risk Metrics方法并从1994年起向公众提供计算全球400多种资产和指数的日和月VaR所需的数据集。国际掉期与衍生工具协会（International Swaps and Derivatives Association，ISDA）、国际结算银行（Bank for International Settlements，BIS）和巴塞尔银行监管委员会（Basel Committee on Banking Supervision，BCBS）都推荐使用VaR系统来估价市场头寸和评价金融风险。

VaR是一种使用其他技术领域常规使用的标准统计技术评估风险的方法。粗略地说，VaR总结了在给定置信水平下不会超过的目标范围内的最严重损失。VaR以坚实的科学基础为基础，为用户提供了市场风险的汇总度量。例如，一家银行可能会说，在99%的置信水平下，其交易组合的每日VaR为5 000万美元。换句话说，在正常的市场条件下，100分之一的损失只有1次机会超过5 000万美元。这个数字总结了银行面临的市场风险，以及出现不利变化的可能性。同样重要的是，它使用与银行底线美元相同的单位来衡量风险。然后，股东和管理人员可以决定他们是否对这种风险水平感到满意。如果答案是否定的，则可以使用VaR计算的过程来决定在哪里削减风险。从本质上说VaR是一个统计估计值，可在各种统计假设之下应用多种统计方法来得到VaR的估计。VaR方法由3个基本要素组成：相关风险因素的当前头寸，头寸随风险因素变化的敏感性和对风险因素向不利方向的预测。

与传统的风险度量相比，VaR提供了投资组合风险的总体视图，其中考虑了杠杆率、相关性和当前头寸。因此，它确实是一种前瞻性的风险衡量标准。然而，VaR不仅适用于衍生品，也适用于所有金融工具。到目前为止，VaR方法现在正在帮助我们量化信贷风险和操作风险，已经成为金融机构进行风险管理的主要方法之一，并被认为是对银行和其他金融机构的市场风险进行度量的最佳方法。

基本上，任何面临金融风险的机构都应该使用VaR。VaR方法的应用可以分为：信息报告、控制风险、管理风险。因此，VaR正被世界各地的机构大量采用，其中包括：金融机构、调节部门、非金融公司、资产管理公司。

VaR也对最近的亚洲危机有直接影响。一种普遍的解释是，金融机构的“不透明”和糟糕的风险管理做法使危机变得更糟。如果这个理论是正确的，VaR系统会有所帮助。VaR分析将促使各国考虑通过对冲外汇负债、延长债务期限以及采取其他措施来降低风险水平。一些人甚至建议通过要求中央银行报告其VaR。

如果报告系统更加透明，许多衍生品和银行业灾难就可以避免。头寸是按账面价值或成本报告的，因此允许损失累积。当市场价值可用时，这是不可原谅的。简单地按市值计价会引起人们对潜在问题的关注。VaR更进一步，询问在市场价值变化的情况下会发生什么。VaR的最大好处可能在于采用结构化的方法来批判性地思考风险。经过VaR计算过程的机构被迫面对金融风险，并设立独立的风险管理职能部门来监督前台和后台。因此，使用VaR的过程可能与数字本身一样重要。事实上，明智地使用VaR或许可以避免过去几年经历的许多金融灾难。

VaR只有在合理预测风险的情况下才有用。这就是为什么这些模型的应用总是应该伴随着验证。模型验证是检查模型有效性的一般过程。这可以通过一套工具来完成，包括回溯测试、压力测试以及独立审查和监督。

回测测试是一个正式的统计框架，包括验证实际损失与预计损失是否一致。这包括系统地比较VaR预测的历史及其相关的投资组合回报。这些程序，有时被称为现实检查，对于VaR用户和风险经理来说至关重要，他们需要检查他们的VAR预测结果是否经过了良好的校准。否则，应重新检查模型是否存在错误的假设、错误的参数或不准确的建模。这个过程也提供了改进的想法，因此应该成为所有VAR系统不可或缺的一部分。回溯测试也是巴塞尔委员会开创性决定的核心，该决定允许资本要求的内部VAR模型。如果没有严格的回溯测试机制，巴塞尔委员不太可能会做到这一点。否则，银行可能会有低估风险的动机。应适当考虑VAR定量参数的选择，以便进行回溯测试。首先，时间跨度应尽可能短，以增加观测次数并减轻投资组合构成变化的影响。其次，置信水平不应该太高，因为这会降低统计测试的有效性或威力。

（二）CoVaR理论

自从VaR在20世纪的90年代被J.P.摩根提出后，其在风险测度领域产生了极为巨大的影响，被普遍用于风险的管理以及各金融机构与监管部门中。但是，在对风险管理进行了较为深入的实践后，人们发现VaR不能够准确地估计出极端市场条件下的金融资产与市场的潜在风险。而关于极端市场条件最典型的例子就是金融危机，它能够使得风险和损失在各个金融市场和机构间进行快速的传导与扩散，从而形成系统性的风险，严重影响到金融体系的稳定。对此，原有的VaR技术便不能够有效地反映出上述所存在的风险溢出效应，于是，就有了CoVaR的产生。研究表明，CoVaR方法可以很好估计碳市场风险溢出效应强度。而如果采用传统的VaR评估市场风险，将会严重低估碳期货市场风险水平。对碳市场监管部门来说，在清楚单个碳市场的风险溢出效应的强度前提下，将使得市场监管不再拘泥于单个碳市场的风险监管，而是可以着眼于整个碳市场体系的潜在风险，以防范、控制和化解系统性风险，维持稳定的市场环境，促进碳市场健康、安全、高效地运行。

CoVaR理论的相关定义为：设i和j的为不同的金融市场或机构，则i关于j的条件风险价值就可以用$CoVaR_q^{ij}$来表示，它所体现的是当j出现极端情况时，i中的风险大小。相应的表达式如下所示：

$$\Delta CoVaR_q^{ij} = CoVaR_q^{ij} - VaR_q^{ij} \tag{2-8}$$

由于金融机构i的不同导致其VaR也大不一样，这样就使得$CoVaR_q^{ij}$无法准确地表现出j对i风险溢出程度，于是，就需要进行如下所示的$CoVaR_q^{ij}$标准化：

$$\%CoVaR_q^{ij}=(\Delta CoVaR_q^{ij}|VaR_q^{ij})*100\% \tag{2-9}$$

式中，通过标准化后的$\%CoVaR_q^{ij}$已经消去了量纲的影响。

假设将金融系统整体设为i，那么便可以利用$\Delta CoVaR_q^{ij}$来捕获j对整体系统的风险影响。为了提高风险水平描述的准确度，CoVaR中对VaR和风险溢出效应进行了综合，这对于当前的金融监管部门具有重要的意义。通过$\Delta CoVaR_q^{ij}$来表现出的金融机构对于系统风险的作用，有关部门就可以有针对性地制定出相应的监管措施，从而为金融系统提供稳定性的保障。

五、相依性风险度量——极值理论

从大量的金融风险研究中可以得出：在市场整体情况较好时，金融资产间的尾部相关性较弱，而在市场整体情况较差时，金融资产间的尾部相关性较强，这也就是金融资产间尾部相关性的不对称表现。对此，我们用尾部相关性测度来对金融市场或金融资产间的相依结构与尾部相依特征进行准确地刻画。当出现极端事件时，也可以用它来进行不同金融资产间相关性的刻画与描述，由此产生了著名的极值定理（Extreme Value Theory，EVT)。

EVT规定了超过截止点u的值x的累积分布函数（Cumulative Distribution Function，CDF）的形状。在一般条件下，CDF属于以下族：

$$F(y)=\begin{cases}1-(1+\xi y)^{-1/\xi}, & \xi\neq 0\\ 1-\exp(-y), & \xi=0\end{cases} \tag{2-10}$$

其中$y=(x-u)/\beta$，其中$\beta>0$为标度参数。为了简单起见，我们假设$y>0$，这意味着我们取的损失绝对值超过了临界点。这里，ξ是决定尾部消失速度的至关重要的形状参数。我们可以验证，当ξ趋于零时，第一个函数将趋于第二个，这是指数函数。同样重要的是要注意，这个函数只对超过u的x有效。

这种分布被定义为广义帕累托分布（Generalized Pareto Distribution，GPD），因为它包含了其他已知的分布，包括作为特殊情况的帕累托和正态分布。正态分布对应于$\xi = 0$，在这种情况下，尾部以指数速度消失。对于典型的财务数据，$\xi > 0$意味着沉重的尾部或比正常情况下消失得更慢的尾部。对于股票市场数据，ξ的估计值通常在0.2到0.4之间。该系数可能与学生t相关，自由度近似为$n = 1/\xi$。注意，这意味着n的范围为3到6。

与正态分布不同，重尾分布不一定具有一组完整的矩。事实上，对于$k \geqslant 1/\xi$，$E(X^k)$是无限的。特别是对于$\xi = 0.5$，分布具有无限方差。

在实践中，EVT估计量可以推导如下。假设我们需要在99%的置信水平下测量VaR。然后，我们选择一个截止点u，使得左尾包含2%到5%的数据。EVT分布提供了高于该水平的尾部的参数分布。我们首先需要使用实际数据来计算尾部观测值超过u或N_u/N的比率，这是确保尾部概率总和为1所必需的。在给定参数的情况下尾部分布函数和密度函数分别为：

$$F(x) = 1 - \left(\frac{N_u}{N}\right)\left[1 + \frac{\xi}{\beta}(x - u)\right]^{-1/\xi} \tag{2-11}$$

$$f(x) = \left(\frac{N_u}{N}\right)\left(\frac{1}{\beta}\right)\left[1 + \frac{\xi}{\beta}(x - u)\right]^{-(1/\xi) - 1} \tag{2-12}$$

可以使用各种方法来估计参数β和ξ。

如果存在高低收益率或波动的情况，那么所估计出的条件相关性就会出现条件偏差，而能否计算出该偏差，将直接影响到非对称相关性估计的准确性。由此，通过极值理论来对超出量相关性的渐进值进行了估计。

EVT已广泛应用于可靠性、再保险、水文和环境科学等领域的灾难性事件评估。事实上，这一统计领域的推动力来自1953年2月荷兰海堤的坍塌，该海堤淹没了该国大部分地区，造成1 800多人死亡。这场灾难发生后，荷兰政府成立了一个委员会，利用EVT的工具来确定必要的堤防高度。与VaR一样，目标是选择堤防系统的高度，以平衡施工成本与灾难性洪水的预期成本。

极值理论扩展了中心极限定理，该定理处理从未知分布中提取的i.i.d.变量的平均值到其尾部的分布。其优点是估计渐进值时可以不依赖于收益率的分布。分位数相关性具有极限值，且该值就是尾部相关性，而超出量相关性则指的是某一分位数超出量的相关性。通过将尾部相关性对超出量相关性进行替代的方式，可以使得实证结果再现。一般来说，在某个市场发生极端事件的条件下，另一个市场也发生极端事件的概率被称为尾部相关性系数。相较于超出量相关性，尾部相关性中对于估计阈值的选取有所不同，并且其与边缘分布变化无关而只由相依结构唯一确定。值得注意的是，EVT仅适用于尾部。这对于分布的中心是不准确的。这就是为什么它有时被称为半参数方法。

EVT还具有时间聚合的问题。EVT分布在加法下是稳定的；也就是说，对于较长的周期回报，它们保留相同的尾部参数。然而，缩放参数以T^{ξ}的近似速率增加，这比时间调整的平方根慢。例如，当$\xi = 0.22$时，我们有$10^{\xi} = 1.66$大于$10^{0.05} = 1.12$。直观地说，由于极值更为罕见，随着地平线的增加，它们的聚集速度比正态分布慢。因此，厚尾效应被时间聚集所抵消。对于更长的范围，结论是通常的巴塞尔平方根时间比例因子可以提供足够的保护。

EVT还有其他限制。它本质上是单变量的。因此，对风险因素的共同分布进行表征并没有帮助。这是一个问题，因为EVT对机构总收入的应用并不能解释潜在损失的驱动因素。

总的来说，极值理论不仅具有较强的估计能力，还能够对分布尾部的分位数进行精确的描述，因此被广泛用于市场极端风险损失的测度中。极值理论主要包含有两种模型，分别是极大值（BMM）模型与阈值（POT）模型。其中，前者的建模对象为组最大值，但是有可能在建模的时候会自动过滤掉某些包含信息较为丰富的数据，而后者的建模对象则是超过阈值的观测数据。相较于BMM模型，POT模型的操作和计算简单，且针对有限的极端观察值的使用效果较好，已经在极值理论中占据了主流地位。

六、碳市场价格相依性风险度量研究综述

在金融全球化的背景下，金融市场的各个组成部分存在密切的关联性，往往单个市场中的价格变动会导致另一个市场中的价格产生变化，多个市场间的相依性分析由此成为金融学中的一个中心问题。本章系统研究了碳市场价格相依性风险度量的理论体系。详细论述了相依风险管理理论、溢出效应理论、Copula理论、VaR理论、CoVaR理论和极值理论。以下是对碳市场价格相依性风险度量相关概念的研究综述。

自从恩格尔的开创性论文发表以来，传统的时间序列工具，如用于均值的自回归移动平均（ARMA）模型，已经扩展到用于方差的本质上类似的模型。自回归条件异方差（ARCH）模型目前被广泛用于描述和预测金融时间序列波动率的变化。多元GARCH模型最明显的应用是研究几个市场的波动率和共同波动率之间的关系。一个市场的波动是否会引领其他市场的波动？一项资产的波动性是直接（通过其条件方差）还是间接（通过其条件协方差）传递给另一项资产？一个市场的冲击是否会增加另一个市场的波动性，增加多少？相同振幅的正负冲击的影响是否相同？这些问题可以通过使用多变量模型直接研究，并提出协方差或相关性动态规范的问题。多元GARCH模型的另一个应用是计算时变套期保值率。传统上，固定套期保值率由OLS估计为现货收益对期货收益的回归斜率，因为这相当

于估计现货和期货之间的协方差除以期货方差的比率。由于现货和期货收益的二元GARCH模型直接指定了它们的条件方差-协方差矩阵，套期保值比率可以作为估计的副产品计算，并通过使用新的观测值来更新。

溢出效应和“外部性”可能导致在准备阶段过度冒险和杠杆化。外部性之所以产生，是因为每个机构都将潜在的甩卖价格视为给定，而作为一个群体，它们造成了甩卖价格。在不完全市场环境下，这种货币外部性导致的结果甚至不受帕累托效率的约束。价格也会影响借贷限制。方意（2019）采用事件分析法量化分析中美贸易摩擦对中国股票市场、债券市场和汇率市场风险及跨市场之间风险传染的溢出效应。对金融机构的挤兑是动态的合作竞争游戏，会导致外部性，就像银行囤积流动性一样。虽然从单个银行的角度来看，囤积可能是微观审慎的，但它不一定是宏观审慎的。

由于Copula函数作为求联合分布函数的一种方法，可以不考虑边缘分布而直接对多元分布相依结构进行分析而被引入金融领域，作为风险管理中相关性度量的工具；后来对金融变量的边缘分布用GARCH模型建模后，在考虑变量特征的基础上，用Copula函数对变量间的相依性和集成风险加以研究。

尽管Copula作为连接随机变量边缘分布的函数，可以反映随机变量间的相关程度，且可以较好地描述随机变量间的相关模式，但结合碳交易市场存在多元异构风险要素的实际情况，若选用多元Copula分析，需要服从资产间相同相依结构的假设。这一限定可能并不符合真实的碳市场波动情况，且多元Copula函数模型估计会面临维度诅咒问题。由于碳排放市场风险受多个风险要素的共同叠加作用，多源风险要素信息具有传导性，除了考虑线性相关的相关程度，考虑风险要素之间的相关结构对于投资决策的影响不可或缺，若忽略则可能会放大或者缩小碳交易市场的实际风险，无法获得碳市场真实风险的全面测度。

在度量金融市场或能源市场价格风险方面，VaR是一种有效的工具。

该方法用于估计一定时间段内一定置信水平下投资组合可能面临的最大损失值，常用的计算VaR方法有历史模拟法、方差协方差法和蒙特卡罗模拟法。在金融资产收益最大的约束下，风险损失值不超过VaR值的规划方法，常被用于管理组合风险。具体地，利用动态规划方法求解Hamilton-Jacobi-Bellman方程来计算在给定VaR值约束下的最优资产分配方。

由于VaR不能够准确地估计出极端市场条件下的金融资产与市场的潜在风险，于是有了CoVaR。CoVaR度量与波动性模型和尾部风险的文献有关。White等（2015）研究了CAViaR的多变量扩展，该扩展可用于生成CoVaR系统风险度量的动态版本。CoVaR测量也可以与早期关于传染和波动溢出的文献相关。检验波动溢出最常用的方法是估计多变量GARCH过程。另一种方法是使用多元极值理论。任志宇（2018）基于我国14家上市商业银行周收益率数据计算出其条件风险价值（CoVaR），对其风险溢出效应进行估计。研究得出：国有银行VaR值普遍高于股份制商业银行VaR值，高于城市商业银行VaR值，国有银行运营风险相对较高。

极值理论中的POT模型仅考虑分布尾部，而不是对整个分布进行建模，这就避开了分布假设难题，并且极值理论可以准确地描述分布尾部的分位数，这有助于处理风险度量中的厚尾问题。极值理论研究多应用在科技、工程等领域。随着理论的日益完善，Jenkinson（2016）把该理论应用于极值风险研究，建立了广义极值分布（Generalized Extreme Value Distribution）模型，Pickands等（1975）证明了经典的极限定理，该定理指出对超额数分布函数可以用广义Pareto分布拟合，为20世纪80年代、90年代完善建模做出了巨大贡献。Longin开辟了将极值理论用于风险管理的先河，其考察了美国股票市场的极端变动，用极值理论超过一个世纪之久（1885—1990年）的每日观察值为样本，给市场回报的极端变动建模。从此以后，一些学者将这一方法用于其他股票市场，得到了很好的结果。

在样本数据相依情况下，对金融时间序列进行了研究，为进一步进行金融风险研究提供了建设性意见。该理论系统而详细地介绍了用极值理论计算VaR的方法。

在金融全球化的背景下，金融市场的各个组成部分存在密切的关联性，一个市场的价格变化会引起另一个市场的联动性反应，多个市场间的相依性分析由此成为金融学中的一个中心问题。研究金融市场之间的相依结构是研究金融市场风险管理、投资组合以及资产定价等问题的基础，多元市场间的相依性建模对构建市场投资组合以规避风险而言具有重要的现实意义，而金融交易场所的多层次、交易品种的多元化及交易机制的多样化特征，使不同金融市场间的相互关系日益复杂，对投资者而言，对不同金融市场间的相依风险关系进行评估是分散化投资有效规避风险的重要前提，能为风险管理者根据市场环境变化采取应对措施提供指导和建议。

第三章　中国碳市场价格相依性风险的前沿统计测度实证研究

本章为中国碳市场价格相依性风险的前沿统计测度实证研究。从不同层面和角度深度研究了该领域内的几个前沿问题：关联网络构建方法的改进与优化、碳市场价格相依性风险测度模型构建，以及从碳价相依性的机理–到相依性风险的测度–再到相依性风险管理及应用的逻辑闭环。本章共包含6个小节，主要内容包括：其一是拓展了碳市场价格风险的相依性内涵机理。本章肯定了欧洲等发达经济体对于碳市场风险管理的指导性地位，同时也指出西方理论对中国国情的不适用性。在中国“全国统一碳市场”成立的背景下，本章对碳市场相依性风险体系做出合理展望。其二是关联网络构建方法跟踪前沿。在以中国为首的新兴经济体背景下，本章基于DY指数探究了“碳–股票–债券”系统内的关联网络与风险溢出。同时，采用渐进视角来探讨碳市场与股票市场之间关联网络的结构特征与风险溢出；其三是碳市场价格相依性风险的测度思路创新。本章提出基于Copula-CoVaR的碳市场价格相依性风险测度混合策略，并使用TVP-VAR测度了全球冲突背景下碳市场的相依性风险。其四是关于发展碳金融方面的应用探索。本章探究了金融市场对碳市场的对冲策略和投资组合策略，并根据对冲有效性及收益表现，评估了碳市场作为传统金融市场风险对冲工具的作用和效果。

第一节 基于FCM模型的碳市场价格相依性风险的测度与应用研究

一、引言

近年来，随着全球经济的快速发展，温室气体排放问题日益突出，二氧化碳是最主要的温室气体，目前排放的二氧化碳90%以上来自化石能源的燃烧。为了解决温室气体排放问题，各国采取了一系列政策措施。1997年，各缔约国签署的《京都议定书》确立了三种灵活的减排机制：联合履约，排放权贸易（ETS）以及清洁发展机制（CDM），这些减排机制为全球碳交易市场的发展奠定了制度基础。其中，碳排放权市场交易是指以控制温室气体排放为目的，以温室气体排放配额或温室气体减排信用为标的物所进行的市场交易，为碳减排企业提供了更灵活有效的碳减排策略。碳金融衍生品交易的引入也吸引了越来越多的投资者，增加了其对冲或投机需求。但同时碳市场也有其缺点，即价格波动增大可能会增加碳市场的风险，影响投资者的决策。

欧盟碳排放权交易体系（EU ETS）作为全球市场规模最大，交易机制最完善的碳市场，最早引入了碳金融衍生品交易如碳期货、碳期权等，其碳期货的交易规模占80%以上。目前EU ETS已经经过了三个阶段的制度变迁，第一阶段是从2005年1月1日至2007年12月31日，第二阶段是从2008年1月1日至2012年12月31日，第三阶段是从2013年1月1日至2020年12月31日。交易覆盖的国家、行业和企业范围逐渐扩大，交易体系逐渐成熟。目前EU ETS已经进入第四个阶段，伴随着越来越多的政府考虑将碳排放权市场作为节能减排的政策工具，EU ETS已经成为全球应对气候变化必不可少的一员帮手，为全球多个国家和地区的碳交易体系建设提供了重要参考。

碳排放配额的供给和需求受到政策制度、经济波动和极端天气等诸多因素的影响，从而引发碳市场价格的剧烈波动，剧烈的价格波动为碳金融产品交易带来了较大风险。碳市场风险的驱动因素很复杂，来自多个方面，不仅受到来自自身的内部波动影响，由于碳市场内不同行业的陆续参与，碳价格波动也受到这些市场价格的影响。准确描绘碳市场与其他市场之间的相依结构，分析碳市场与其他风险相关市场之间的风险溢出效应，有助于我们更好地理解碳市场的风险波动机制，对碳交易市场的风险监管和健康发展，以及实现二氧化碳净零排放的目标具有重要的现实意义。

借鉴以往的研究，本章研究将13个市场的每日数据作为研究样本。其相关的市场都是被学者研究认为与碳市场可能有动态关联的市场。样本期为2008年11月25日至2022年11月30日。首先，本书借助模糊认知图谱（Fuzzy Cognitive Maps，FCM）模型，挖掘碳市场潜在的风险溢出链条，找到与碳市场风险相关的市场，然后构建DCC-GARCH-CoVaR模型，衡量碳市场与其相关市场的非线性结构特征。在此基础上，测算出碳市场的风险溢出链条，弥补了以往研究主观选择风险因素的不足，使用更加客观科学的模型方法增加了CoVaR计算结果的准确性和可信度。然后，在动态条件相关系数的基础上测算碳市场及其关联市场的对冲比率，评估对冲效果，选择碳市场风险的最佳对冲工具。

本章的主要贡献:（1）在研究方法上，本章基于FCM模型构建了碳市场的关键关联网络，挖掘了碳市场的潜在风险溢出链，找到了与碳市场相关联的市场。然后构建DCC-GARCH-CoVaR模型来衡量碳市场与其他市场之间的风险溢出效应，提高碳市场风险度量的准确性。进一步，利用动态对冲模型评价碳风险对冲工具的有效性。（2）在研究内容上，本章基于FCM模型准确刻画了碳市场与其他市场的相依结构，测算了碳市场与其风险相关市场的风险溢出效应，并增加了对碳风险对冲和组合风险管理的探讨，为碳市场的风险监管和健康发展提供政策依据。碳排放权交易作为一种金融创新工具，对于促使发达国家和发展中国家通过市场机制共同实现以较低成本减少温室气体排放的最终目标具有重要的现实意义。

本章的其余部分组织如下：首先进行了文献回顾；然后介绍了FCM模型和DCC-GARCH-CoVaR的构建方法；进而介绍了样本数据，对碳市场及其相关市场的关联网络进行分析，并进一步测量风险溢出效应；接着讨论了碳市场的投资组合策略；最后得出结论，并给出相应的政策建议。

二、文献综述

碳市场风险计量及其溢出效应已成为学术界关注的焦点。随着碳市场交易量的增加，碳市场吸引了越来越多的投资者和研究人员的关注，他们的研究重点是分析碳市场与其他金融市场的关联性。大量的研究探讨了碳市场的波动与能源、股票、利率以及汇率市场价格波动之间的相关关系。Zhang和Sun（2016）探讨了碳市场和传统能源市场之间的相关关系，Balcılar等（2016）发现碳排放市场与电力、天然气和煤炭期货市场的变化有关。Luo和Wu（2016）评估了欧洲碳排放市场、原油市场和美国、欧洲和中国的股票市场在议定书第一承诺期内的时变相关性。结果显示，美国和欧洲的EUA碳现货价格与股票市场之间的相关性比中国高，且波动性更大。作为碳市场的最大参与者，电力行业在碳市场中也发挥着重要作用。在不同的频率下，碳市场和电力市场之间的风险溢出效应的影响是不同的。Dutta（2018）使用原油波动指数（OVX）研究了石油市场的不确定性对碳排放价格波动的影响。Zhang和Li（2018）通过因子相关分析探讨了碳融资的四个因素，包括汇率、利率、CER价格和布伦特原油价格，并得出结论：汇率和油价是碳融资的关键因素。Zhang等（2020）发现碳市场风险是根据碳价格、利率和汇率等多个风险因素来衡量的。Jin等（2020）分析了碳期货的收益率与四大市场指数（VIX指数、商品指数、能源指数和绿色债券指数）收益率之间的关系。其中，碳期货与绿色债券指数的相关性最高，而且在市场波动期间，这种相关性尤为明显。Yuan和Yang（2020）发现，较高程度的金融市场不确定性，尤其是原油市场的不确定性，会比较低程度的金融市场不确定性对碳市场造成更大的风险溢出。当系统事件发生时，股票市场的不确定性比原油市场的不确定性更有能力向碳市场传递风险。

作为风险管理的主流工具，风险价值早期被广泛用于衡量碳市场的风险。王倩和高翠云（2016）基于六元非对称t分布的VAR-GARCH-BEKK模型测算了中国试点碳市场的溢出效应。高辉等（2018）构建了一个修正的GARCH-EVT-VAR模型来衡量不同类型结构突变点下的欧盟碳期货市场的风险。Zhu等（2019）提出了一种基于经验模式分解（EMD）的方法，采用多尺度VaR方法来衡量欧盟碳市场的风险。Sheng等（2021）发现TGARCH-VaR和EGARCH-VaR模型提高了测量碳市场风险的准确性。

在金融市场上，金融机构的风险还会因为受到其他金融机构的风险波动传导而增加。由于传统的VaR方法只能衡量机构自身的风险，条件风险价值方法（Conditional Value-at-Risk，CoVaR）因此被提出，为风险管理实践提供了新的思路。CoVaR是衡量风险溢出效应的有效方法，它不仅可以克服传统VaR容易低估损失的缺点，还可以衡量其他市场风险带来的溢出效应，因此被广泛用于金融风险溢出效应的研究中。计算CoVaR的方法很多，但需要合理选择才能有效评估系统性风险。现有研究中计算CoVaR的方法主要有三种，即量化回归法、GARCH-CoVaR和Copula-CoVaR。Adrian和Brunnermeier（2011）基于量化回归法计算CoVaR，发现危机事件的风险会在金融机构之间泛滥，而不完善的监管机制会进一步加剧这种危机的蔓延。而量化回归法只能衡量金融机构的线性风险溢出效应，不能充分反映风险溢出效应的特殊性。因此，一些学者利用GARCH模型来模拟碳价收益率的边际分布，衡量不同市场之间的溢出效应。Girardi和Ergün（2013）采用基于单变量GARCH模型和双变量DCC模型的三步程序来估计CoVaR，并且在他们的CoVaR估计中加入了时变相关性。GARCH被广泛用于捕捉边际分布，如Akkoc和Civcir（2019）发现黄金和石油对土耳其股票市场存在时变波动性溢出。姜永宏等（2019）利用DCC-GARCH模型，从行业角度表征了国际油价与中国股票市场的动态相关性，并计算了国际油价对股票市场的CoVaR。Copula函数可以反映不同市场之间复杂非线性溢出效应。此外，Ji等（2019）基于六个时变的Copula-CoVaR模型测量了WTI原油市场与中美两国汇率市场之间的溢出效应。

通过梳理国内外关于风险溢出效应的文献，我们发现，与其他计量方法相比，DCC-GARCH-CoVaR模型避免了直接使用量化回归来计量线性溢出关系。同时，GARCH模型提高了拟合效果，也提高了测量的准确性和有效性。市场间的风险溢出具有时变特征，而DCC-GARCH-CoVaR模型可以描述市场间的动态条件相关性。近年来，使用DCC-GARCH-CoVaR模型来研究金融市场或金融机构的风险溢出效应的趋势越来越明显。

尽管这些模型已经被越来越多的人采用，但在模型构建中风险相关因素的选择仍然大多是主观的。风险因素的主观选择会影响实证结果的准确性，而且忽略了对碳市场风险溢出链条的度量，无法解释所研究市场之间的风险关联性，使得难以确定任何因果关系。为解决这些问题，可以引入FCM模型。FCM模型是由因果关系连接的概念组成的。概念之间的因果关系由指定实值权重的有向边表示，描述了概念之间的积极或消极影响的强度。FCM模型来源于认知地图，它是由Axelrod（1976）首先提出的，作为政治决策的建模工具。然后，Kosko通过引入模糊概念的激活水平，将其扩展到模糊概念。FCM模型是模糊逻辑和递归神经网络的结合，其主要思想包括：构造图的结构；选择向模型提供数据的方式；选择如何从图中获得输出；选择成本函数和优化算法，从数据中学习模型参数。基于FCM模型，我们可以构建碳市场的关键关联网络，挖掘出碳市场潜在的风险溢出链条，找到与碳市场风险相关的市场，为碳市场与其风险相关市场的风险溢出测量奠定基础。

此外，现有的关于碳市场风险对冲的研究主要集中在碳现货和碳期货方面。碳排放市场的现货和期货在对冲效果上表现出时变的关联性和波动性，在欧洲碳市场的不同阶段，对冲效果也有明显变化（Balcılar等，2016）。然而，关于碳市场的关联市场是否可以作为对冲工具的研究还不够。Jin等（2020）基于对冲策略的动态对冲比率模型和恒定对冲比率模型（OLS模型）测算了碳期货的最佳对冲工具。借鉴已有研究，在利用DCC-GARCH-CoVaR模型对碳市场风险测算的研究基础上，我们可以进一步利用碳市场与其相关市场的动态条件相关性测算出有效的碳市场风险对冲工具，比较不同工具的对冲效果，选择碳市场的最佳对冲工具。

现有文献对碳市场风险测量的研究存在以下不足。首先，大多数现有的衡量碳市场风险的研究依赖于研究人员对风险相关因素的主观选择，影响了实证结果的准确性，而且忽略了对碳市场风险溢出链条的度量。我们可以通过利用FCM模型挖掘风险溢出链条来解决这个问题。其次，在实践应用层面上，关于碳市场的关联市场是否可以作为对冲工具的研究还不充分，进一步利用动态对冲模型评价碳风险对冲工具的有效性，能够吸引更多投资者的关注，通过帮助投资者制定对冲策略，进一步增加国际碳市场的影响力。

三、基于FCM模型的关联网络构建

（一）FCM模型

认知图谱的表现通过引入模糊特征而得到加强，模糊特征为概念和它们的因果关系定义了模糊值。模糊认知图有两个具体特征：（1）不同概念之间的因果关系值设置范围从-1到1；（2）基于模糊逻辑建立的系统可以根据变量之间的反馈联系动态地分析决策过程。

具体来说，FCM模型中考虑的每个节点的所有状态值A_i都可以被模糊化为一个介于[0，1]之间的模糊值范围。$n \times n$ 权重矩阵 W 可以用来表示概念之间的因果关系，矩阵中的元素 w_{ij} 表示源节点 i 指向目标节点 j 的模糊关系，而数值范围在[-1，1]。一般来说，概念之间的因果关系有三种类型（Papageorgiou和Salmeron，2013）：

1. $w_{ij} > 0$，概念 C_i 和 C_j 之间存在正的因果关系。

2. $w_{ij} = 0$，概念 C_i 和 C_j 之间没有直接的因果关系。

3. $w_{ij} < 0$，概念 C_i 和 C_j 之间存在负的因果关系。

假设FCM模型有一些初始概念 $C_i(i = 1, 2, \cdots, n)$，其中每个概念的当前状态值受权重矩阵和所有相互连接的节点在前次迭代时的状态值的影响，可以表示为：

$$A_i^{(k+1)} = f\left(A_i^{(k)} + \sum_{j \neq i, j=1}^{n} w_{ij} A_j^{(k)}\right) \tag{3-1}$$

其中，$A_i^{(k+1)}$ 表示 C_i 在时间 $k+1$ 时的激活度，同时 $f(\cdot)$ 是一个激活函数，为了将激活度限制在区间[0，1]内，已有研究采用了几种过渡函数（Hafezi等，2020），表明sigmoid在FCM构建中映射能力表现良好。因此本书中采用sigmoid进行激活：

$$f(x) = \frac{1}{1 + \exp(-\lambda x)} \tag{3-2}$$

其中，λ 是一个斜率参数。近年来，一些基于梯度的学习算法被用于学习FCM模型的权重，这种方法在过去被证明适合于捕捉多个概念的特征。在这项工作中，我们采用基于梯度的学习算法来学习FCM模型的权重。

一旦得到权重矩阵，我们就可以使用一种叫作多级模块化优化算法的社区检测方法来寻找优化的社区结构。该算法分为两步。最初，每个节点 C_i 被分配一个不同的社区，社区和节点的数量是相同的。然后，每个节点 C_i 试图将自己移动到邻近的社区 C_j，以实现模块化的增加。当模块化不能增加时，节点仍然停留在其原来的社区中。这个过程一直持续到没有任何一个节点的移动可以提高模块化程度时，第一步就停止了。基于第一步发现的社区，第二步将这些社区作为节点来建立一个新的网络。新网络中节点之间的权重是两个社区内的节点之间的权重之和。然后，对得到的加权网络重复迭代，直到得到最大的模块化。在碳排放市场风险溢出的背景下，基于探索的假设规则，该模型可以告诉我们哪个因素对碳排放市场有异质性的依赖。

（二）DCC-GARCH模型

为了描述碳市场和其风险相关市场之间的动态相关性，本书使用了DCC-GARCH模型。该模型捕捉到了碳期货价格和其相关市场之间随时间变化的条件相关性。这种方法可以分两步进行估计。第一是估计单变量GARCH模型，第二是估计变量之间的动态条件相关系数。

考虑一个随机变量$r_{i,t}$，代表金融机构i在时间t（$i = 1, \ldots, N$；$t = 1, \ldots, T$）的收益率。假设收益率$r_{i,t}$遵循以下分布：

$$r_{i,t}|\Omega_{i,t} \sim N(0, H_t) \tag{3-3}$$

$$\begin{cases} H_t = D_t R_t D_t \\ R_t = ^{(diag(Q_t))-1/2} Q_t ^{(diag(Q_t))-1/2} \\ D_t = diag(\sqrt{h_{11,i,t}}, \sqrt{h_{22,i,t}}, \cdots, \sqrt{h_{NN,i,t}}) \end{cases} \tag{3-4}$$

$$Q_t = (1 - a - b)\bar{Q} + bQ_{t-m} + a\varepsilon_{i,t-n}\varepsilon_{j,t-n} \tag{3-5}$$

其中，$\Omega_{i,t}$是金融机构i在时间t的信息集，R_t是动态相关系数矩阵，D_t是条件标准差$\sqrt{h_{11,i,t}}$的对角矩阵，条件方差$h_{11,i,t}$由单变量GARCH模型拟合。

H_t是条件协方差矩阵，Q_t是协方差矩阵，$\bar{Q}$是标准化残差ε_t的无条件协方差，a是滞后n阶的标准化残差系数，b是滞后m阶的条件方差系数，它们都是非负数，并且满足$a + b < 1$。

因此，DCC-GARCH（1，1）模型下两个金融变量之间的动态条件相关系数定义如下：

$$\rho_{ij,t}=\frac{(1-a-b)\bar{q}_{ij}+bq_{ij,t-1}+a\varepsilon_{i,t-1}\varepsilon_{j,t-1}}{\left[(1-a-b)\bar{q}_{ii}+bq_{ii,t-1}+a\varepsilon_{i,t-1}^{2}\right]^{1/2}\left[(1-a-b)\bar{q}_{jj}+bq_{jj,t-1}+a\varepsilon_{j,t-1}^{2}\right]^{1/2}}$$

(3-6)

（三）CoVaR 模型

碳市场的收益 $r_{s,t}$ 考虑到其他风险因素的不确定性的收益 $r_{i,t}$，$CoVaR_{\alpha,t}^{s|i}$ 可以定义如下：

$$Pr(r_{s,t}\leqslant CoVaR_{\alpha,t}^{s|i}|r_{i,t}\leqslant VaR_{\beta,t}^{i})=\alpha \tag{3-7}$$

其中 α，$\beta\in(0,1)$，在大多数研究中，它们被设定为1%或5%。$CoVaR_{\alpha,t}^{s|i}$ 被用来量化碳市场和其他风险相关市场的双向风险溢出效应。

我们还采用了 $\Delta CoVaR_{\alpha,t}^{s|i}$ 来度量碳市场收益率 $r_{s,t}$ 得到以 $r_{i,t}\leqslant VaR_{\beta,t}^{i}$ 为条件的 $CoVaR_{\alpha,t}^{s|i}$ 和以 $r_{i,t}\leqslant VaR_{0.5,t}^{i}$ 条件的 $CoVaR_{0.5,t}^{s|i}$ 的差值，而后一条件意味着该因素处于正常或中等的波动水平，作为衡量碳市场收益率的差异。通常，$\Delta CoVaR_{\alpha,t}^{s|i}$ 代表风险相关因素对碳市场的边际溢出效应，定义如下：

$$\Delta CoVaR_{\alpha,t}^{s|i}=CoVaR_{\alpha,t}^{s|i}-CoVaR_{0.5,t}^{s|i} \tag{3-8}$$

此外，我们假设碳市场和其他风险相关因素的风险溢出效应遵循正态双变量分布，形式如下：

$$\left(r_{i,t},\ r_{s,t}\right)\sim N\left[\begin{pmatrix}0\\0\end{pmatrix},\ \begin{pmatrix}\left(\sigma_{t}^{i}\right)^{2} & \rho_{t}^{is}\sigma_{t}^{i}\sigma_{t}^{s}\\ \rho_{t}^{is}\sigma_{t}^{i}\sigma_{t}^{s} & \left(\sigma_{t}^{s}\right)^{2}\end{pmatrix}\right] \tag{3-9}$$

其中，σ_{t}^{s} 和 σ_{t}^{i} 分别是碳市场收益率和其中一个风险相关因素的条件方差，由上述DCC-GARCH模型计算得出。此外，ρ_{t}^{is} 表示它们之间的动态条件相关系数。根据上面公式，当风险相关因素 i 发生风险溢出时，碳市场 s 的条件风险值的公式为：

$$CoVaR_{\alpha,t}^{s|i}=\Phi^{-1}(\alpha)\sigma_{t}^{s}\sqrt{1-\left(\rho_{t}^{is}\right)^{2}}+\Phi^{-1}(\alpha)\rho_{t}^{is}\sigma_{t}^{s} \tag{3-10}$$

同样，当风险溢出发生在碳市场 s 时，风险相关因素 i 的条件风险值的公式为：

$$CoVaR_{\alpha,t}^{i|s} = \Phi^{-1}(\alpha)\sigma_t^i\sqrt{1-\left(\rho_t^{is}\right)^2} + \Phi^{-1}(\alpha)\rho_t^{is}\sigma_t^i \tag{3-11}$$

此外，风险相关因素对碳市场的边际溢出效应为：

$$\Delta CoVaR_{\alpha,t}^{s|i} = \Phi^{-1}(\alpha)\rho_t^{is}\sigma_t^s \tag{3-12}$$

同样，碳市场对风险相关因素的边际溢出效应为：

$$\Delta CoVaR_{\alpha,t}^{i|s} = \Phi^{-1}(\alpha)\rho_t^{is}\sigma_t^i \tag{3-13}$$

（四）混合模型

在上述方法的基础上，我们提出了一种新的混合策略，以直接和客观地评估碳市场的风险溢出。该混合策略包括两个阶段，如图3-1所示。

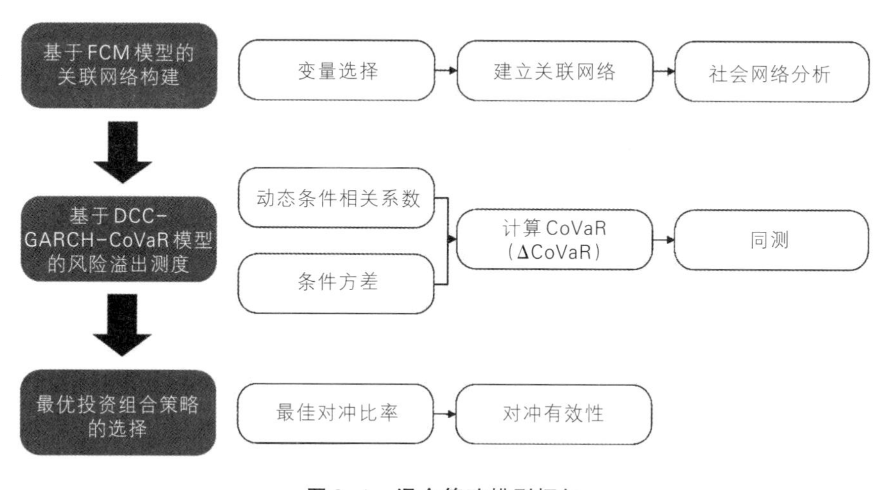

图3-1 混合策略模型框架

第一阶段是基于原始数据和FCM模型的初步分析。

第一步：变量选择。在这一步，我们收集尽可能多的已经研究或验证过的与碳排放市场有动态关联的因素的原始数据。它们都被视为FCM模型中的节点，并以$C=\{c_1, \ldots, c_n\}$的形式呈现。

第二步：建立关联网络。在这一步，我们尝试建立关联网络，该网络由不同节点之间的因果关系的权重组成。此后，通过采用社会网络研究中的社区检测方法，我们可以发现与碳市场同属一个社区的风险相关因素，碳市场的风险溢出链就可以直接读取。

第二阶段是实证研究的过程。

第三步：DCC-GARCH模型。在这一步，DCC-GARCH模型被用来计算碳市场和第二步的检测到的风险相关因素之间的动态条件相关系数和条件方差。

第四步：计算风险溢出效应。根据上一步DCC-GARCH模型计算出的条件方差和动态条件相关系数，分别计算出CoVaR（ΔCoVaR）指标。此外，根据套期保值率和套期保值效果的比较，选择碳市场上的最佳套期保值策略。

四、关联网络的社会网络分析

（一）基于FCM模型的社区网络

1.初步分析

由于碳期货交易是EU ETS市场的代表性交易，我们选择交易量最大的期货，也就是在欧洲气候交易所（ECX）交易的EUA期货的每日结算价作为研究对象。如上所述，有很多文献探讨了影响碳排放市场风险的各种因素，一般来说，它们可以分为四种类型，即能源市场、利率市场、汇率市场和股票市场。碳市场与能源市场密切相关。碳排放主要来自一次能源的使用，即煤炭、石油、天然气及其产品。因此，能源市场的价格变化影响着碳排放配额的供需。随着世界各地区碳市场的关联性逐渐加强，外汇波动和利率波动对碳市场的影响也逐渐加深。不同货币之间的外汇汇率对碳价格有不同程度的影响。外汇的升值和贬值会通过影响能源的相对价格和进出口渠道来影响企业的行为，进而对碳市场产生影响。为了应对外汇波动，政府会采取不同的货币政策，通过宏观调控改变企业行为。EURIBOR可以敏感地反映市场的资金供求状况，EURIBOR的上升说明市场对资金的需求旺盛，经济发展良好。而股票市场作为经济的“晴雨表”，也与EUA的价格波动有关，尤其是与碳排放相关的市场对碳市场的风险有重要影响。股票市场的繁荣可能会增加其与碳市场的联动，刺激投资者基于投机需求进行股票市场和碳市场的跨市场对冲。总体而言，我们选择了13个有代表性的市场指数作为研究对象。

对于能源市场，原油波动指数（OVX），布伦特原油期货价格，鹿特丹煤炭期货价格，以及亨利枢纽天然气期货价格是具有代表性的指数。其中，OVX指数是在芝加哥期权交易所（CBOE）交易的，它反映了国际能源市场的不确定性。布伦特原油期货价格是油价的市场基准，它在伦敦洲际交易所和纽约商品交易所进行期货交易，我们也将其考虑在内。鹿特丹煤炭期货价格为煤炭交易商提供了欧洲市场的煤炭价格参考。美国的亨利中心是最具影响力的天然气交易中心，其期货价格为北美的天然气价格设定了基准。

对于利率市场和汇率市场，文献中广泛使用了著名的EURIBOR（Zhang等，2020）。此外，我们用EURUSD作为汇率市场的代表，考虑到欧洲和美国是目前碳排放市场中参与度最高的主体，它们也承担着最大的碳减排压力。

对于股票市场，我们使用标普500指数（SP500），欧洲斯托克50指数（STOXX50），标普500能源指数（SP500ENERGY），标普全球清洁能源指数（SPCLEANENERGY），标普高盛商品指数（SPGSCI），以及标普500动态波动率指数（SP500VIX）。SP500指数是一个包含500家在美国主要证券交易所上市的公司的股票指数，它具有高度的代表性，反映了市场的变化。STOXX50指数是一个指示性指数，反映了12个欧盟成员国资本市场中50家大型上市公司的整体股票价格。选择SP500ENERGY指数是因为它已经成为衡量与煤炭、石油、天然气及其产品密切相关的大型上市公司的一个行业基准。SPCLEANENERGY指数是一个可再生能源指数，衡量与清洁能源业务相关的公司的表现。它被认为是覆盖面广、与碳价格和不可再生能源价格密切相关的指数（Tiwari等，2022）。SPGSCI是国际市场上跟踪资金最多的商品指数，为商品市场投资提供了一个可靠和公开可行的业绩基准。它也是一个关键的经济因素，其波动对全球经济有重要影响，可以用来预测未来经济的繁荣或衰退。SP500VIX指数代表了市场30天的前瞻性波动，本质上是对SP500指数的预期波动的衡量，SP500VIX指数与SP500指数表现出强烈的负相关，这就是为什么它也被称为恐慌指数。

表3-1　碳市场及其风险因素的缩写列表

风险因素	描述	数据来源	观测值
EUA	欧洲碳排放配额期货	Wind	3217
EURIBOR	欧洲银行同业拆借利率	Wind	3217
EURUSD	欧元兑美元汇率	Wind	3217
OVX	原油波动指数	Wind	3217
OIL	布伦特原油期货价格	Wind	3217
COAL	鹿特丹煤炭期货价格	Wind	3217
GAS	亨利枢纽天然气期货价格	Wind	3217
SP500	标准普尔500指数	Wind	3217
STOXX50	欧洲斯托克50指数	Wind	3217
SP500ENERGY	标普500能源指数	Wind	3217
SPCLEANENERGY	标普全球清洁能源指数	Wind	3217
SPGSCI	标普高盛商品指数	Wind	3217
SP500VIX	标普500动态波动率指数	Wind	3217

所选变量的缩写及其说明见表3-1。我们使用从Wind数据库中获得的每日价格构建样本数据集。无效数据被排除。由于监管和交易机制的变化，EU ETS第一阶段与第二、第三和第四阶段有很大不同，因此，我们

按照之前的研究，避开了EU ETS的启动阶段，而煤炭期货开始于2008年11月25日。因此，样本期从2008年11月25日到2022年11月30日，涵盖了EU ETS第二、三阶段和第四阶段的一部分。

2.关联网络分析

从FCM得到的关联网络的特征如表3-2所示，其中列出了入度（指向该节点的边的总和）、出度（源自该节点的边的总和）、特征向量中心度（基于其相邻节点的总和）、加权入度（进入该节点的边的权重之和）、加权出度（离开该节点的边的权重之和），以及每个节点的强度（连接到节点的边的权重之和）。其中，COAL的入度和特征向量中心度以及OIL的出度较小，因为源自OIL指向COAL的边为0。SPCLEANENERGY节点的加权入度最高，为6.5828，EUA的加权出度最高，为5.9699，SP500VIX的强度最高，为11.6930。

表3-2　　关联网络的特征

	入度	出度	特征向量中心度	加权入度	加权出度	强度
EUA	13	13	1	5.0517	5.9699	11.0216
EURIBOR	13	13	1	5.1251	5.7568	10.8819
EURUSD	13	13	1	4.8098	5.5057	10.3155
OVX	13	13	1	5.8946	4.8362	10.7308
OIL	13	12	1	4.8997	5.7461	10.6458
COAL	12	13	0.9226	4.1245	4.8223	8.9468
GAS	13	13	1	5.7127	4.4835	10.1962
SP500	13	13	1	5.5469	5.4913	11.0382
SP500VIX	13	13	1	6.1881	5.5049	11.6930
STOXX50	13	13	1	6.1503	5.4130	11.5633

续表

	入度	出度	特征向量中心度	加权入度	加权出度	强度
SPGSCI	13	13	1	4.9602	5.8603	10.8205
SP500ENERGY	13	13	1	4.9287	5.4911	10.4198
SPCLEANENERGY	13	13	1	6.5828	5.0941	11.6769

社区结构是分析网络特征的一个主要工具。有四种类型的社区结构：扁平的、分层的、多层次的和重叠的。不同的社区检测方法，即使在同一个图上，其结果也不尽相同，因为它是一个启发式的过程。从本质上讲，外部或内部质量函数被用来检测社区结构。与外部质量度量相比，内部质量度量是通过将检测到的社区集合与事先给定的另一个集合进行比较来实现的，而内部质量度量则适用于真相未知的情况。后者适用于大多数研究，并在我们对碳市场关联网络的研究中适用。

基于内部质量度量，本书提出实施多级模块化优化算法来寻找优化的社区结构。一般来说，模块化大于0.3被认为是良好社区分类的指标。使用多级模块化优化算法得到的模块度为0.72，意味着社区的划分是有效的。为了验证多级模块化优化算法的稳健性，我们还使用了其他基于内部质量测量的聚类算法，即模块化最大化和领先特征向量。然而，这两种算法的模块化程度都没有超过0.72，表明使用多级模块化优化算法是最优的。

图3-2描述了由多级模块化优化算法发现的总社区结构和EUA所在的社区结构。边的宽度与它们的权重相对应。有五个因素与EUA处于同一社区，包括EURUSD、OIL、COAL、SP500和SPCLEANENERGY。这一模式表明，我们可以缩小调查范围，在下面的章节中只关注与EUA处于同一社区的风险因素。

具体来说，传统化石能源的燃烧会产生更多的碳排放，影响对EUA的需求。特别是，OIL和COAL的价格下降导致需求增加，同时产生更多的碳排放，从而推动EUA的需求和价格上升。从长远来看，碳市场可以通过抑制化石燃料的消费和影响能源价格来大幅减少碳排放（Wang和Guo，2018）。此外，我们的分析证实，EURUSD通过影响能源价格和对外贸易来影响EUA的价格。SP500是宏观经济的“晴雨表”，而SPCLEANENERGY与碳市场紧密相连，进而增加碳市场的价格波动，特别是在极端天气或经济危机时期，并进一步增加碳市场和股票市场之间的风险溢出效应。

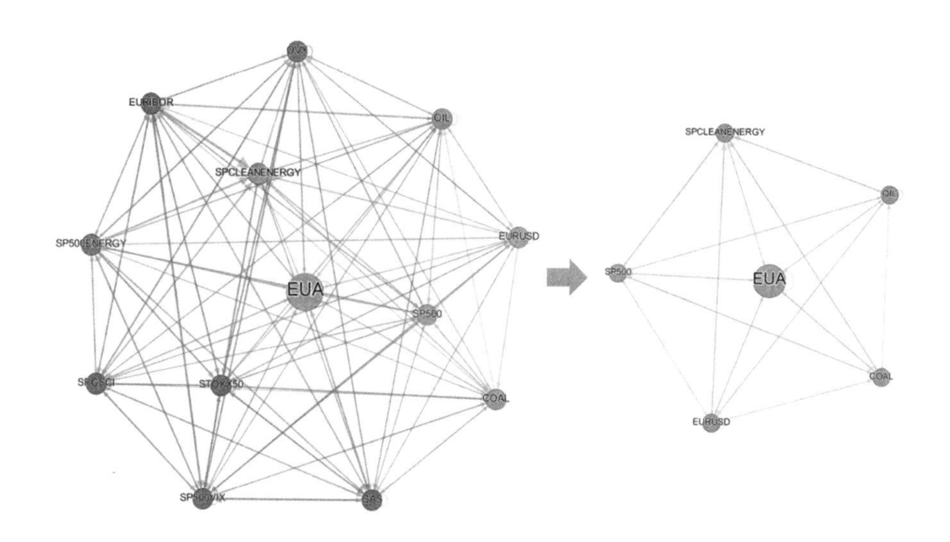

图3-2　EUA的关联网络和社区结构

（二）基于DCC-GARCH-CoVaR模型的风险溢出测度

1.描述性统计

本书通过取对数差分来计算不同市场因素的收益率序列 $R_t = lnP_t - lnP_{t-1}$，$t = 1, 2, 3, \cdots, N(N = 3\,021)$，其中 P_t 表示时间 t 时的价格。如图3-3所示，所有的收益率序列都表现出时变和波动的聚类特征。

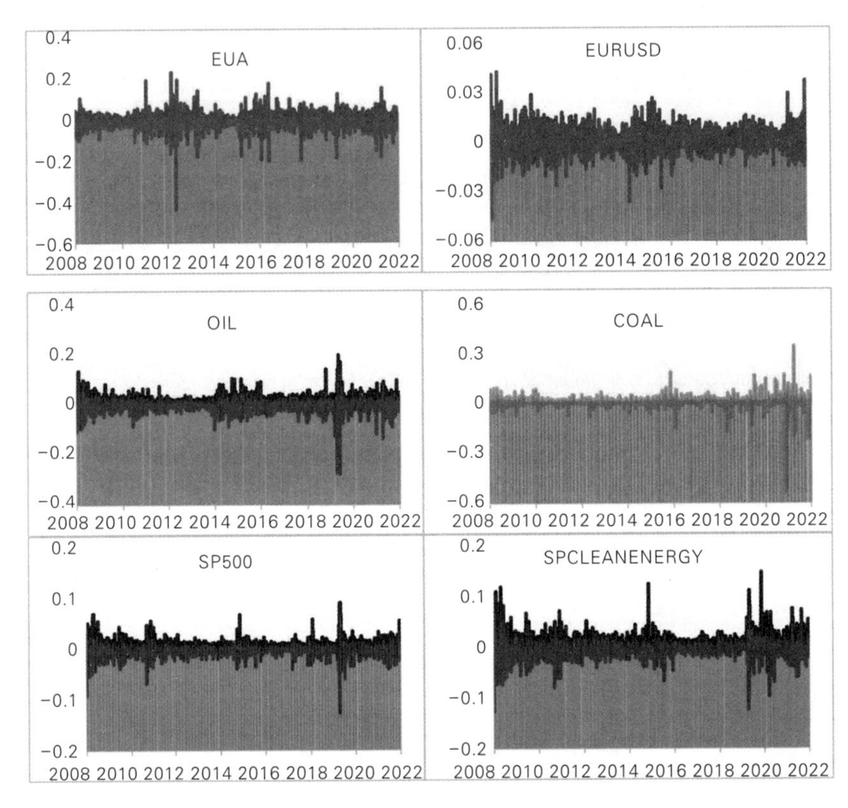

图3-3　EUA和五个风险相关因素的收益率变化（2008年11月25日至2022年11月30日）

表3-3显示了EUA的收益率和五个选定的风险相关因素的描述性统计。各个收益率的偏度值不等于零，而峰度值大于零，说明每个收益率都表现出尖峰厚尾的特征。此外，Jarque-Bera检验的结果拒绝了正态分布的无效假设，表明所有收益率序列都呈现出厚尾的非正态分布。此外，我们对EUA和五个选定的风险相关因素的收益率序列进行了ADF检验，结果表明，所有的收益率序列都不存在单位根，在1%的水平上显著，表明收益率序列是平稳的。为了进一步确认DCC-GARCH模型的适用性，我们使用LM检验来检验残差的ARCH效应，并全部显示出显著的条件异方差。因此，应用DCC-GARCH模型来分析条件相关性是合适的。

表3-3　　EUA和五个风险相关因素收益率的描述性统计

	EUA	EURUSD	OIL	COAL	SP500	SPCLEANENERGY
平均值	0.0005	0.0000	0.0002	0.0004	0.0005	0.0001
中位数	0.0007	0.0000	0.0010	0.0000	0.0008	0.0005
最大值	0.2405	0.0404	0.1908	0.3262	0.0897	0.1463
最小值	−0.4347	−0.0474	−0.2798	−0.5369	−0.1277	−0.1280
标准差	0.0335	0.0060	0.0252	0.0235	0.0124	0.0181
偏度	−0.8074	−0.0513	−0.7324	−2.8698	−0.5600	−0.0129
峰度	16.8130	7.5105	17.0452	125.3456	14.1962	11.0185
Jarque-Bera	25739.1600***	2708.9010***	26538.5300***	1996436.0000***	16849.5400***	8556.8860***
相关系数	1.0000	0.0858	0.1732	0.0862	0.1714	0.1609
ADF	−58.1447***	−57.3124***	−56.4653***	−36.3584***	−40.8303***	−51.9906***
ARCH-LM	66.6182***	148.1911***	149.1690***	56.0768***	335.9970***	77.1101***
观测值	3194	3194	3194	3194	3194	3194

注：*表示在0.1水平上显著，**表示在0.05水平上显著，***表示在0.01水平上显著。

2.风险溢出结果

图3-4描述了动态相关图，说明了EUA与FCM选择的五个风险相关因素之间的动态关联变化过程。很明显，EUA与五个风险相关因素的条件相关性，特别是OIL，呈现出较大的波动。

表3-4列出了EUA和五个风险相关因素之间的动态条件相关系数的平均值和标准差。动态条件相关系数越大，两个市场之间的关联性和动态溢出效应就越强。如表3-4所示，动态条件相关系数最大的是EUA-OIL，其次是EUA-SP500、EUA-SPCLEANENERGY和EUA-COAL，而最小的是EUA-EURUSD。

表3-5列出了在90%、95%和99%的置信水平下，EUA和它的风险相关因素之间计算出的VaR、CoVaR和ΔCoVaR的数值。"VaR"这一行指的是每个市场对的风险接收者的风险波动。例如，对于EURUSD-EUA对，第一行第一列的VaR是指EUA的风险值，在90%的置信水平下是-0.0389。对于EUA-EURUSD对，第一行第六列中的风险值是指EURUSD的风险值，在90%的置信水平下为-0.0075。此外，置信度与EUA及其风险相关因素之间的风险绝对值相对应，置信度越高，风险绝对值越大。

表3-5还列出了不同市场对之间的CoVaR和ΔCoVaR的平均数值。与VaR类似，置信度的提高与CoVaR和ΔCoVaR的绝对值的增加相吻合。具体来说，其他风险相关因素对EUA的CoVaR值在相近的范围内，在90%、95%和99%的置信水平下，分别在-0.04、-0.06和-0.08附近。相对而言，EURUSD和COAL对EUA市场的风险溢出似乎较弱。关于ΔCoVaR，可以看出，对EUA市场具有较大风险溢出效应的因素是OIL、SP500和SPCLEANENERGY。其中，在99%的置信水平下，OIL、SP500和SPCLEANENERGY对EUA的ΔCoVaR值分别为-0.0140、-0.0118和-0.0106。相比之下，COAL和EURUSD对EUA的风险溢出贡献较小，因为它们各自的ΔCoVaR为-0.0093和-0.0070。

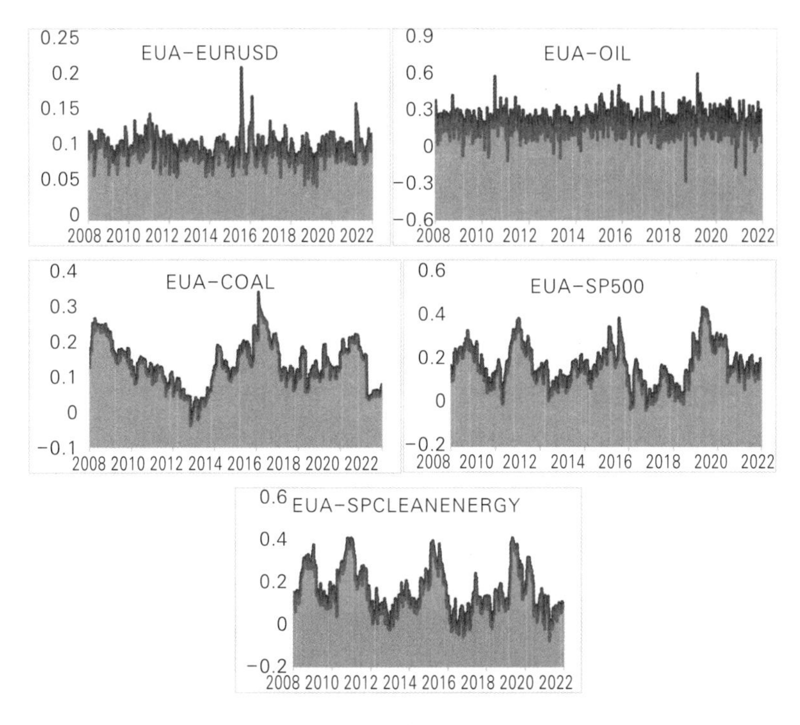

图3-4　EUA和五个风险相关因素之间的动态条件相关性变化

（2008年11月25日至2022年11月30日）

表3-4　　EUA和五个风险相关因素之间的平均动态条件相关性

碳市场及其相关因素	平均值（标准差）
EUA-EURUSD	0.0963（0.0151）
EUA-OIL	0.1927（0.0698）
EUA-COAL	0.1303（0.0644）
EUA-SP500	0.1626（0.0917）
EUA-SPCLEANENERGY	0.1495（0.1051）

我们还探讨了从EUA市场到风险相关因素市场的反向溢出效应。如表3-5的第六至第八列所示，OIL是EUA风险溢出的最大风险接收者，在99%的置信水平下，CoVaR和ΔCoVaR分别为-0.0628和-0.0105。从EUA

到 SPCLEANENERGY、SP500 和 COAL 的风险溢出效应相对温和，而 EURUSD 从 EUA 市场接收到的风险溢出最少。

此外，我们在图 3-5 中描述了 EUA 作为风险接收者的溢出效应变化，在图 3-6 中描述了作为风险贡献者的溢出效应变化，使用 CoVaR 和 ΔCoVaR 的时间变化图来进一步揭示溢出效应的变化趋势和特征。双向溢出效应图表明，OIL、SP500 和 SPCLEANENERGY 对 EUA 的风险溢出效应比 COAL 和 EURUSD 对 EUA 的风险溢出效应明显。在 EUA 对其他市场的风险溢出效应中，EUA 对 OIL 的风险溢出贡献最大，对 EURUSD 的影响最弱。

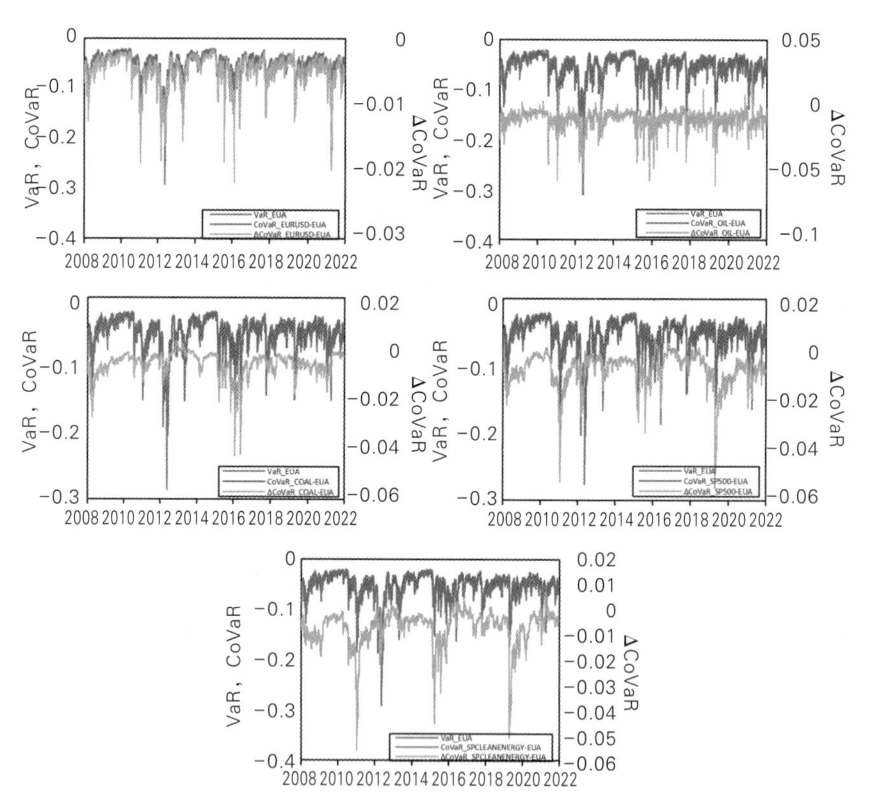

图 3-5　从风险相关因素到碳市场的 VaR、CoVaR 和 ΔCoVaR 变化
（2008 年 11 月 25 日至 2022 年 11 月 30 日）

表3-5 在90%、95%和99%的置信水平下，碳市场和其风险相关因素之间的VaR、CoVaR和ΔCoVaR

	风险溢出效应	EURUSD-EUA	OIL-EUA	COAL-EUA	SP500-EUA	SPCLEANENERGY-EUA	EUA-EURUSD	EUA-OIL	EUA-COAL	EUA-SP500	EUA-SPCLEANENERGY
90%	VaR	-0.0389	-0.0389	-0.0389	-0.0389	-0.0389	-0.0075	-0.0288	-0.0267	-0.0129	-0.0207
	CoVaR	-0.0439	-0.0470	-0.0449	-0.0460	-0.0453	-0.0081	-0.0346	-0.0293	-0.0161	-0.0243
	ΔCoVaR	-0.0039	-0.0077	-0.0051	-0.0065	-0.0058	-0.0007	-0.0058	-0.0035	-0.0025	-0.0036
95%	VaR	-0.0503	-0.0503	-0.0503	-0.0503	-0.0503	-0.0096	-0.0371	-0.0341	-0.0168	-0.0267
	CoVaR	-0.0563	-0.0604	-0.0576	-0.0590	-0.0582	-0.0104	-0.0444	-0.0376	-0.0206	-0.0312
	ΔCoVaR	-0.0050	-0.0099	-0.0066	-0.0083	-0.0075	-0.0009	-0.0074	-0.0044	-0.0032	-0.0047
99%	VaR	-0.0717	-0.0717	-0.0717	-0.0717	-0.0717	-0.0135	-0.0528	-0.0480	-0.0242	-0.0379
	CoVaR	-0.0796	-0.0854	-0.0815	-0.0834	-0.0823	-0.0147	-0.0628	-0.0531	-0.0292	-0.0441
	ΔCoVaR	-0.0070	-0.0140	-0.0093	-0.0118	-0.0106	-0.0013	-0.0105	-0.0063	-0.0046	-0.0066

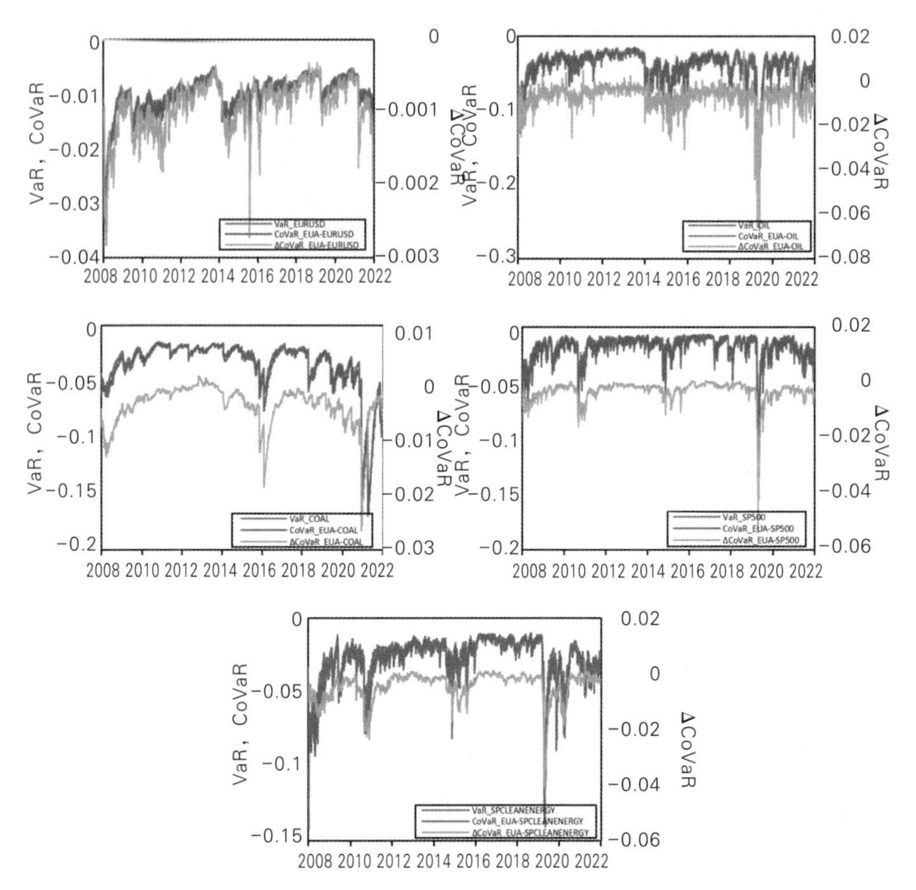

图3-6 从碳市场到风险相关因素的VaR、CoVaR和ΔCoVaR变化

（2008年11月25日至2022年11月30日）

3.回测

为了评估获得的VaR和CoVaR结果的有效性，进行回测过程是有必要的，回测是在似然比（LR）测试下进行的，包括频率检验法和Christoffersen（1998）检验法。LR测试是为了观察命中次数，也就是实际损失超过预测VaR（CoVaR）的次数。

首先，定义第一个命中序列来回测VaR。观察整个时间序列，如果碳市场的实际损失大于其预测的VaR，则第一个命中序列为1，否则为0。然后，我们可以在此基础上构建一个CoVaR回测，并定义第二个命中序列。同时，考虑到碳市场的风险相关因素，如果碳市场的实际损失大于其预测的CoVaR，第二个命中序列为1，否则为0。

Kupiec频率检验法和Christoffersen检验法的LR检验由R软件包GAS进行。以极端风险的度量为例，表3-6显示了VaR和CoVaR的命中数，LR检验统计量和99%置信水平下的p值。表中第一行的LRuc和LRcc分别指的是Kupiec频率检验法和Christoffersen检验法。满足LR检验的条件是P值大于0.05。如表3-6所示，预测VaR的Kupiec频率检验法和Christoffersen检验法的结果都在5%的水平上被拒绝，这意味着VaR的估计是不准确的。然而，在99%的置信水平下，统计量和P值结果显示，五个预测的CoVaR的Kupiec频率检验和Christoffersen检验结果都满足要求。总的来说，可以得出结论，预测的CoVaR比VaR更准确。

表3-6 VaR和CoVaR的命中数，LR检验统计量和99%置信水平下的P值

	命中数	LRuc		LRcc	
		统计量	P值	统计量	P值
99%置信度VaR（CoVaR）的结果					
预期命中数：31.9					
EUA	57	16.2507	0.0001	17.0181	0.0002
EURUSD-EUA	41	2.4344	0.1187	2.7790	0.2492
OIL-EUA	37	0.7996	0.3712	1.3656	0.5052
COAL-EUA	36	0.5241	0.4691	1.1559	0.5610
SP500-EUA	33	0.0415	0.8387	0.8981	0.6382
SPCLEANENERGY-EUA	34	0.1434	0.7049	0.9203	0.6312

五、碳市场价格相依性风险的统计测度

基于对碳市场的风险衡量和对风险相关因素的探讨，我们可以进一步分析其在投资组合管理中的应用，包括基于碳排放市场的对冲策略设计和评估。本书采用最小方差对冲比率来最小化投资组合的收益风险，构建了EUA及其风险相关市场指数的动态最佳对冲比率。假设我们用资产s作为资产i的对冲，并衡量动态最佳对冲比率。首先，对冲组合的收益率定义如下：

$$r_{H,t} = r_{i,t} - \gamma_{s,t} r_{s,t} \tag{3-14}$$

其中，$r_{i,t}$和$r_{s,t}$是资产i和s的收益率，$\gamma_{s,t}$是对冲比率。$r_{H,t}$包括1欧元的资产i和$\gamma_{s,t}$欧元的资产s的收益率。最佳对冲比率是通过部分转移被对冲组合的方差并将表达式设置为零得到的。因此，$\gamma_{s,t}$定义如下：

$$\gamma_{s,t} = \frac{cov(r_{i,t},\ r_{s,t})}{var(r_{s,t})} \tag{3-15}$$

方差和协方差可以从上述研究中的GARCH模型中得到，由此可以计算出动态的最佳对冲比率。进一步，可以计算出对冲组合的收益率。

跨市场对冲有效性是指进行跨市场对冲交易时，相对于不进行对冲时，投资组合的收益风险降低的程度。本书采用Ederington（1979）的方法来衡量对冲组合的对冲有效性，其计算方法如下：

$$HE = 1 - \frac{var_{hedged}}{var_{unhedged}} \tag{3-16}$$

其中，HE是对冲效果。根据对冲有效性的比较，投资者可以选择最优的对冲策略。在这里，非对冲组合包括1欧元的EUA，而对冲组合包括1欧元的EUA的多头头寸和$\gamma_{s,t}$欧元的其他市场指数的空头头寸。HE越大，对冲组合的对冲效果越好，相反，对冲组合的对冲效果越差。

最佳套期保值比率可以是正的，也可以是负的。正的最佳对冲比率表明，1欧元的多头头寸可以通过$\gamma_{s,t}$欧元的其他市场指数的空头头寸来对

冲，负的最佳对冲比率表明，1欧元的多头头寸可以通过$\gamma_{s,t}$欧元的其他市场指数的多头头寸来分散。当该比率为负数时，可以认为对冲效果的评价就是对分散化性能的评价（Jin等，2020）。

表3-7列出了动态对冲模型的最佳对冲比率和HE值。SP500、OIL和SPCLEANENERGY是降低EUA市场风险的有效对冲工具，它们的HE值比其他与风险相关的市场指数都大。具体来说，由EUA和SP500组成的动态对冲模型的HE值为2.8782%，最佳对冲比率为0.5280。根据我们的研究结果，做空0.5美元的SP500指数来对冲EUA的1欧元多头头寸可以为EUA降低约3%的风险。此外，OIL、SPCLEANENERGY和COAL也可以作为EUA的对冲工具，其HE值分别为2.3667%、2.2929%和1.4954%，而EURUSD的效果较差。

这些发现是基于实证分析的结果，为讨论的风险溢出效应模式提供了额外的支持。总的来说，碳市场和风险相关因素之间的相关程度和风险溢出效应的差异，使SP500、OIL和SPCLEANENERGY对EUA的对冲效果比COAL和EURUSD更好。特别是，SP500对EUA显示出最好的对冲效果，可以认为是管理碳市场风险的最有效的对冲工具。

表3-7　　最佳对冲比率和HE值的描述性统计

	最佳对冲保值比率				HE（%）
	平均值	中位数	最大值	最小值	
EURUSD	0.5588	0.5242	2.1620	0.1451	0.3663
OIL	0.2903	0.2579	1.4733	0.0299	2.3667
COAL	0.2423	0.2070	1.1707	−0.1300	1.4954
SP500	0.5280	0.4208	2.3853	−0.0589	2.8782
SPCLEANENERGY	0.2847	0.2392	1.7919	−0.2975	2.2929

六、小结

国际碳市场作为一个有效的碳减排机制代表了世界对环境保护的持续承诺。目前，欧盟碳排放权交易市场已经成为世界上最大和最复杂的碳市场，与其他市场的联系越来越紧密。因此，对碳市场风险的准确估计与这些不同的影响因素是分不开的。由于其复杂性的增加和与其他市场的相互联系，对碳市场风险的有效估计和测量给从业者和政策制定者带来了更大的挑战。在此背景下，学者们利用不同的模型来解释碳市场风险，并越来越强调捕捉溢出效应。然而，现有的研究大多是基于个人经验或主观判断来选择各自的因素范围。这种主观的选择过程破坏了估计的准确性，同时给得出与风险溢出有关的因果推论带来困难。

为了加强这一问题的客观性，补充已有研究存在的不足，本书创新性地采用了数据驱动的因子分析策略，利用FCM模型建立碳市场关键关联网络，进而挖掘出与碳市场相关的风险因素，加强了对风险相关因素的检测。随后，利用典型的计量经济学分析方法DCC-GARCH-CoVaR模型，对碳市场及其风险相关因素之间的风险水平和溢出效应进行了估计。此外，还探讨了这些估计在投资组合管理中的应用前景。

利用包括EUA市场在内的13个市场的每日数据，我们构建了一个从2008年11月25日到2022年11月30日的样本，涵盖了EU ETS第二阶段、第三阶段和第四阶段的一部分。我们的发现如下。基于FCM模型建立的网络，社区检测过程中出现了五个影响碳市场风险的因素，包括EURUSD、OIL、COAL、SP500和SPCLEANENERGY。基于DCC-GARCH-CoVaR模型的估计，OIL、SP500和SPCLEANENERGY对EUA的风险溢出大幅增加，EUA对OIL的风险溢出贡献最强。

我们的发现在以下方面为政策制定者和投资者提供了重要的实际意义。对于政策制定者来说，与风险相关的市场的波动性溢出应该被纳入政策考虑范围。研究结果强调了认识碳市场与其风险相关市场（包括OIL、

SP500和SPCLEANENERGY）之间时变相关性的重要性。对特定风险溢出模式的深入理解和全面考虑有助于更有效地治理已建立的碳市场并对其进行风险管理。我们的研究也为政策制定者提供了治理碳市场的指导方针和明确的碳市场风险结构，以便根据经济状况有效地遏制碳排放。对于投资者来说，我们的研究结果为他们制定与碳市场的对冲策略提供了启示。具体来说，SP500可以作为碳期货的有效对冲工具，因为如果投资者将SP500纳入他们的投资组合，EUA的风险可以被分散。研究表明，做空0.5美元的SP500来对冲1欧元的EUA多头头寸，可以使EUA的风险降低约3%。此外，OIL、SPCLEANENERGY和COAL也是EUA的对冲工具。这一发现为投资者提供了一个管理投资组合的参考点，减轻风险暴露或降低风险防范成本，并在提高对冲效果的前提下优化资本配置。

尽管有这些贡献，我们承认仍存在以下限制，可以在未来的学术研究中进一步研究。具体来说，我们提出了一种数据驱动的方法来识别与碳市场相关的风险因素。虽然这种方法通过解决主观性问题有助于推动这项研究，但由于数据限制，我们只能从13个市场中取样。未来的研究可以在增加数据可用性后扩大调查范围，以进一步增加对与碳市场有关的因素和风险溢出效应模式的理解。

第二节　基于TVP-VAR的碳市场价格相依性风险的溢出效应研究

一、研究背景及意义

几十年来，使用化石燃料作为主要能源并燃烧一直是温室气体排放的最大来源，导致全球变暖，从而加剧了气候变化。温室气体排放产生的灾难性影响已经引起了越来越多国家对气候问题的关注。如果温度水平按照目前的趋势上升，到2050年，气候变化将使全球经济价值减少约10%。对于投资者，特别是管理着巨额资金的机构投资者来说，气候变化尽管带来了投资机会，但也带来了很高的投资风险。因此，全球各国相继承诺减少碳排放，降低气温上升速度，以应对气候变化。2016年4月22日，包括中国在内的175个国家签署了《巴黎协定》，承诺将积极做好温室气体减排工作，展示了应对气候变化的决心。

中国作为世界上的碳排放大国，当前大力发展绿色经济，习近平总书记明确指出，"十四五"时期，我国生态文明建设进入了以降碳为重点战略方向、推动减污降碳协同增效、促进经济社会发展全面绿色转型、实现生态环境质量改善由量变到质变的关键时期。要推进碳排放权市场化交易，建立健全风险管控机制，如期实现2030年前碳达峰、2060年前碳中和的目标。自2013年首个碳交易试点市场——深圳碳市场建立已经十多年了，目前深圳、北京、天津、广东、上海、湖北、重庆和福建8个省市的8个碳排放交易试点市场运行状况良好，累计完成线上配额交易总量约3 472.72万吨，达成交易额约20.20亿元。为了尽快完善我国碳排放权交易体系，2021年7月16日，全国碳市场正式上线启动，目前已成为全球最大的碳排放权交易市场，电力行业成为首批被纳入的高排放行业。从目前全国碳市场和各个碳交易试点市场的运行情况来看，碳减排效果显著。但由于受气候、政策等多种因素的影响，碳价格波动剧烈，呈现出比传统股票市场更大的不稳定性，而且随着碳市场与能源市场、金融市场的联系日益密切，碳价格容易受到这些关联市场的价格波动冲击。

因此，对碳市场与其关联市场的关联机制和风险溢出效应的研究和测度，对于进一步加深对碳市场潜在风险的了解，从而作出明智的预防干预决策是至关重要的。围绕碳市场与其关联市场之间的溢出效应问题，包括与能源市场和金融市场，已经有大量研究进行了热烈的讨论。这些研究的一个普遍结论是，碳市场越来越受到能源和金融市场的溢出冲击影响。然而，大多数研究仅限于考察欧洲国家，因为欧盟排放交易体系（EU ETS）的碳金融化程度最高。对中国背景下的"碳-商品-金融"体系的风险溢出机制的研究都严重不足。碳排放交易是调整能源和产业结构、提高能源使用效率和促进绿色能源转型的关键路径。然而，中国碳市场起步较晚，交易机制仍在发展，容易受到外部冲击而导致碳减排效果不佳。同时，中国碳市场发展的金融市场条件、碳交易产品和相关政策都与欧盟碳市场有很大不同。关于中国碳、能源与金融市场的风险溢出机制的研究，对于投资者和政策制定者都有至关重要的意义。

通过研究包括中国碳市场、能源市场和金融市场的中国“碳-能源-金融”系统风险溢出机制，我们的目的是提供市场间的溢出水平信息。目前，对中国碳市场与能源市场的研究相对丰富，但与金融市场之间的研究还不足。同时，绿色金融在管理碳市场风险方面有着不可忽视的重要作用。因此，有必要研究它们在中国碳系统中的确切作用（Jin等，2020）。

本书的贡献如下：通过研究我国碳市场和能源、金融市场之间的溢出效应，探究碳市场与其关联市场间的风险溢出网络，识别“碳-能源-金融”系统的风险溢出中心，深层次揭示其中的内在机制与规律，能够丰富中国背景下的“碳-商品-金融”体系的风险溢出机制研究。从应用角度分析，中国的碳排放权配额是一种新兴的金融资产，随着中国碳市场与能源市场和金融市场的联系日益密切，市场间的风险冲击逐渐加强，对“碳-能源-金融”系统风险溢出网络的有效分析，有助于投资者制定对碳市场的风险管理和资产配置决策，减少潜在的风险；有助于政府部门规避关联市场的价格波动对碳排放权价格的影响，有效防范碳金融风险、促进碳市场健康平稳运行，对加快实现碳达峰与碳中和愿景有着重要的现实意义。

本节的其余部分如下：第二部分进行了文献回顾，第三部分介绍了本书所采用的模型方法，第四部分描述了样本选择及处理，并对实证结果进行了分析，第五部分是结论、政策建议与展望。

二、国内外研究现状

（一）碳市场之间的风险溢出效应研究

对于碳排放市场之间溢出效应的研究，学者们最开始关注的是欧盟碳市场。Nazifi（2013）通过格兰杰因果关系检验发现CER对EUA没有影响，但EUA能够影响CER。田园等（2015）基于欧盟碳现货和期货数据发现碳排放权交易市场下跌风险更大。张晨和刘宇佳（2017）基于DGC-MSV-t模型探究了EUA现货、期货、期权三市场间的风险溢出效应，认为现货与期货市场、现货与期权市场时变关系波动剧烈但波动持续性较低。随着国内碳市场逐渐发展，关于国内碳交易试点市场的研究在近年开始兴起。对于欧盟碳市场与中国碳市场之间的关系，有学者发现欧盟碳市场通过对中国碳市场的长期引导而对其产生了风险溢出。对于国内碳市场，姜永宏等（2022）从时域和频域两个视角出发，并得出结论：从时域角度来看，中国碳市场间的波动溢出效应具有显著的时变特征；从频域角度来看，短期波动溢出相对中期和长期波动溢出更为剧烈。

（二）碳市场与其他市场的风险溢出效应研究

随着中国碳金融化的发展及其所涵盖的行业数量的增加，碳市场、能源市场和金融市场之间的风险溢出机制也越来越复杂，这与欧盟碳市场并不完全一致，但在现有文献中很少被研究。因此，我们度量了“碳-能源-金融”体系中的市场间的溢出效应，目的是为市场参与者提供关于中国碳市场及其关联市场中时变的关联性的理解。

欧盟碳市场作为目前全球建设最完善的碳市场，已有许多研究对其风险溢出效应进行考察，并证明欧盟碳市场与能源市场之间存在明显的双向风险溢出。Zhang和Sun（2016）以及Balcılar等（2016）发现了能源市场对碳市场的波动溢出效应。作为碳市场的最大参与者，电力行业在碳市场的波动中发挥着重要作用。Dutta（2018）发现碳市场价格受到原油波动的影响，且这种影响是不对称的。随着中国碳市场的不断完善和发展，中国碳市场与能源市场的关联性研究也开始出现。Zeng等（2017）认为北京碳排放权价格会受到原油价格和天然气价格的影响。赵选民和魏雪（2019）发现各传统能源价格与碳排放权交易价格之间均存在显著的负相关关系。刘建和等（2020）研究得出碳市场对焦煤市场的溢出效应强于焦煤市场对碳市场的溢出效应。王喜平和王婉晨（2022）发现中国碳市场与电力市场之间的风险溢出效应短期比中期和长期更大，且受到了宏观经济状况的影响。

而对于碳市场与金融市场之间溢出效应的研究则相对较少，且主要集中于欧盟碳市场。Luo和Wu（2016）得出EUA碳现货价格和美国、欧洲股票市场之间的相关性和波动性比中国股票市场高的结论。Dutta等（2018）发现EUA价格与欧洲清洁能源价格指数之间存在明显的波动联系。Yuan和Yang（2020）通过构建GAS-DCS-Copula模型发现股票市场对碳市场的风险溢出效应比原油市场更大。针对中国碳市场与金融市场之间溢出效应的研究，有学者通过构建RSDGC-MSV-t模型发现中国碳市场或股票市场处于剧烈波动时两个市场间存在信息传导效应，当两个市场平稳波动时市场间不存在显著的信息传导效应。黄元生和刘晖（2019）发现我国区域碳市场与股票市场之间的波动溢出效应强度有所不同。

（三）碳市场的风险度量方法研究

早期关于碳市场的风险度量研究使用了格兰杰因果关系检验、非线性自回归模型、风险价值VaR方法（王倩和高翠云，2016），以及条件风险价值CoVaR方法等来研究其他市场如何影响碳市场以揭示市场间的溢出冲击水平。其中CoVaR方法最受欢迎，被广泛用于碳市场风险溢出效应的研究中。然而，在跨市场风险溢出效应的测度研究中，对于时变相关性和相互作用的方向性的理解尤为重要，这也是上述方法无能为力的地方，如量化回归和格兰杰因果检验，无法全面描述时变性和溢出趋势；相对广泛采用的方法，GARCH无法同时考虑溢出效应的时变性和方向性。为了同时考虑到风险溢出的方向性和时变性，Diebold和Yılmaz（2012；2014）提出了DY溢出指数，即采用滚动窗VaR方法，实现了总溢出指数和方向性溢出指数的动态估计，以考察碳市场与其关联市场之间的时变风险溢出效应。然而，滚动窗VaR方法严重依赖于窗宽的选择，因此可以通过引入TVP-VAR模型并结合DY溢出指数方法，来解决滚动窗口大小的设置问题，弥补了原来DY溢出指数方法的不足，也为分析“碳-能源-金融”

系统风险溢出网络提供了有益的参考借鉴。

（四）文献述评

梳理文献发现，欧盟碳市场的风险溢出效应的相关研究较为全面，而中国碳市场由于起步较晚，相关研究较少，且已有研究主要围绕在中国碳市场之间，或分别研究中国碳市场与能源市场或股票市场的溢出效应，没有从多维度出发，系统性考察碳市场与其关联市场的风险溢出网络。碳、能源和金融市场之间存在着紧密的联系，仅仅考虑两个市场之间的联系可能无法捕捉到它们的实际的关联性。本书识别出碳市场与能源及金融市场之间的风险溢出机制和规律，这是对中国市场风险测度相关研究的一个补充。在研究方法上，现有关于碳市场溢出效应的研究方法不能反映溢出的方向，无法明确风险的溢出方和接收方，没有进一步深入分析碳市场与其关联市场之间的风险溢出方向和强度。克服以往研究基于GARCH模型等不能反映风险溢出方向的缺陷，本书将TVP-VAR模型与基于广义方差分解的DY溢出指数方法相结合，从静态、动态两个角度分析碳市场与其相关市场之间的溢出方向和溢出强度，从系统性角度探寻碳市场的波动溢出水平及信息传导路径。

三、基于TVP-VAR的DY溢出指数模型构建

为了探讨碳、能源与金融市场之间的时变联系和风险溢出效应，我们使用了Antonakakis等（2020）提出的基于TVP-VAR的DY溢出指数模型。该模型在Diebold和Yılmaz（2012；2014）提出的DY溢出指数方法基础上进行了扩展，并依赖于广义预测误差方差分解（GFEVD），需要通过Wold定理将TVP-VAR转换为其TVP-VMA表示。

广义脉冲响应函数（GIRF）计算了市场收益率变动与未变动两种情况下提前J步预测的差值，该差值即归因于市场i的溢出冲击。J步前景预测GFEVD模拟了市场i的冲击对市场j的影响，可以被解释为单个市场对其他市场收益变化的贡献程度，并通过规范化这些方差份额来计算所有市

场共同解释单个市场的预测误差方差百分比，也就是说所有市场共同解释单个市场100%的预测误差方差，可表示为：

$$\tilde{\varphi}_{ij,t}^{g}(J)=\frac{\sum_{t=1}^{J-1}\psi_{ij,t}^{2,g}}{\sum_{j=1}^{N}\sum_{t=1}^{J-1}\psi_{ij,t}^{2,g}} \tag{3-17}$$

其中，$\sum_{j=1}^{N}\tilde{\varphi}_{ij,t}^{g}(J)=1$ 并且 $\sum_{i,j=1}^{N}\tilde{\varphi}_{ij,t}^{g}(J)=N$。通过GFEVD，总溢出指数（TCI）可以表示为：

$$\begin{aligned}\tilde{C}_{t}^{g}(J)&=\frac{\sum_{i,j=1,i\neq j}^{N}\tilde{\varphi}_{ij,t}^{g}(J)}{\sum_{i,j=1}^{N}\tilde{\varphi}_{ij,t}^{g}(J)}\times 100\\&=\frac{\sum_{i,j=1,i\neq j}^{N}\tilde{\varphi}_{ij,t}^{g}(J)}{N}\times 100\end{aligned} \tag{3-18}$$

给定市场i对其他市场的定向溢出（TO）和反之（FROM），以及变量i的净溢出（NET），即TO和FROM的定向溢出之差，分别在下式中计算：

$$\begin{aligned}&TO_{i,t}=\sum_{j=1,j\neq i}^{N}C_{i\to j,t}^{g}(J)\\&FROM_{i,t}=\sum_{j=1,j\neq i}^{N}C_{i\leftarrow j,t}^{g}(J)\\&NET_{i,t}=TO_{i,t}-FROM_{i,t}\end{aligned} \tag{3-19}$$

这一方法还可以计算两两市场间的双向溢出水平，可以分别计算从市场i到市场j的溢出冲击和从市场j到市场i的溢出冲击，它们的差值是从市场i到市场j的净成对方向性溢出指数。如果差值大于0（小于0），则市场i支配（被支配）市场j，说明市场i对市场j的影响大于（小于）受市场j的影响，可以表示为：

$$\begin{aligned}&C_{i\to j,t}^{g}(J)=\frac{\tilde{\varphi}_{ij,t}^{g}(J)}{\sum_{j=1}^{N}\tilde{\varphi}_{ij,t}^{g}(J)}\times 100\\&C_{i\leftarrow j,t}^{g}(J)=\frac{\tilde{\varphi}_{ij,t}^{g}(J)}{\sum_{i=1}^{N}\tilde{\varphi}_{ij,t}^{g}(J)}\times 100\\&C_{i,t}^{g}(J)=C_{i\to j,t}^{g}(J)-C_{i\leftarrow j,t}^{g}(J)\end{aligned} \tag{3-20}$$

四、中国碳市场与能源、金融市场的风险溢出效应研究

（一）样本选择及数据处理

1.中国碳市场

中国是世界上最大的碳排放国，为阻止二氧化碳的大量排放从而引发的气候灾害，借鉴欧盟排放交易体系（EU ETS）的建立与发展，中国采用市场调控的经济手段，即建立碳排放权交易市场，通过在企业之间购买或销售碳排放配额来实现减少二氧化碳排放。目前中国已经建立了8个地方性碳试点市场（北京、天津、上海、重庆、湖北、广东、福建以及深圳）和一个于2021年7月16日正式启动交易的全国性的碳交易市场。中国各碳排放市场的有效交易天数如表3-8所示。由于各个碳市场仍处于发展阶段，政策制度不够完善，每个碳市场的发展情况不尽相同。其中，深圳的碳市场的有效交易天数最多；广东和湖北的碳市场交易活跃度较高，在全国碳市场总交易量中占比最高；福建的碳市场成立时间较晚，数据量较少；重庆的碳市场的交易量和交易额最低；北京的碳市场碳排放权交易量不高，但由于交易价格较高而成交额较高。基于以上情况，在保证数据量充足的前提下，本书选取深圳、北京、广东、湖北、上海5个碳排放试点市场，将每日碳排放配额的收盘价作为样本数据。5个地区碳交易数据时间范围保持一致，从所选的5个交易市场中最晚开市的湖北交易所的首日开始，从2014年4月28日到2022年11月3日。碳交易数据来源于Wind数据库（http：//www.wind.com.cn/）。

表3-8　　中国碳排放试点市场有效交易天数

碳市场	全国	深圳	北京	广东	湖北	上海	天津	重庆	福建
有效交易天数	314	2 022	1 328	1 865	2 013	1 355	814	795	795

2.能源市场

选择煤炭、原油、天然气三个指标作为能源市场的代表。其中，焦煤期货在大连商品交易所进行交易，可以用来预测中国煤炭市场的现货价格变化趋势，因此可以用来代表我国煤炭市场。布伦特原油期货价格是世界油价的市场基准，其交易量占据全球原油期货的2/3以上。纽交所上市的天然气期货在国际市场上交易活跃，交易量较大。因此，本书选择焦煤期货、布伦特原油期货、纽交所天然气期货价格作为样本数据。数据时间与碳市场保持一致，数据来源于Wind数据库。

3.金融市场

考虑到碳排放权配额与绿色经济发展息息相关，本章选择与绿色金融相关的两个指数，即国证新能源指数（399412）和中证绿色债券指数（931145）作为金融市场的代表。两个变量的日收盘价数据时间与碳市场保持一致，数据来源于Wind数据库。

表3-9　　碳、能源与金融市场的变量描述

市场类型		变量名称	变量缩写	数据来源
碳市场	深圳碳市场	深圳碳排放配额价格	SZA	Wind
	北京碳市场	北京碳排放配额价格	BEA	Wind
	广东碳市场	广东碳排放配额价格	GDEA	Wind
	湖北碳市场	湖北碳排放配额价格	HBEA	Wind
	上海碳市场	上海碳排放配额价格	SHEA	Wind
能源市场	煤炭市场	焦煤期货价格	COAL	Wind
	原油市场	布伦特原油期货价格	OIL	Wind
	天然气市场	天然气期货价格	GAS	Wind
金融市场	绿色能源市场	国证新能源指数	CNEI	Wind
	绿色债券市场	中证绿色债券指数	CGBI	Wind

其中，深圳、北京、广东、湖北、上海五个碳排放试点市场的碳排放配额价格可分别用SZA、BEA、GDEA、HBEA、SHEA来表示；能源市场的焦煤期货、布伦特原油期货以及纽交所天然气期货的价格分别用COAL、OIL和GAS表示；国证新能源指数和中证绿色债券指数分别用CNEI和CGBI表示。变量的描述如表3-9所示。

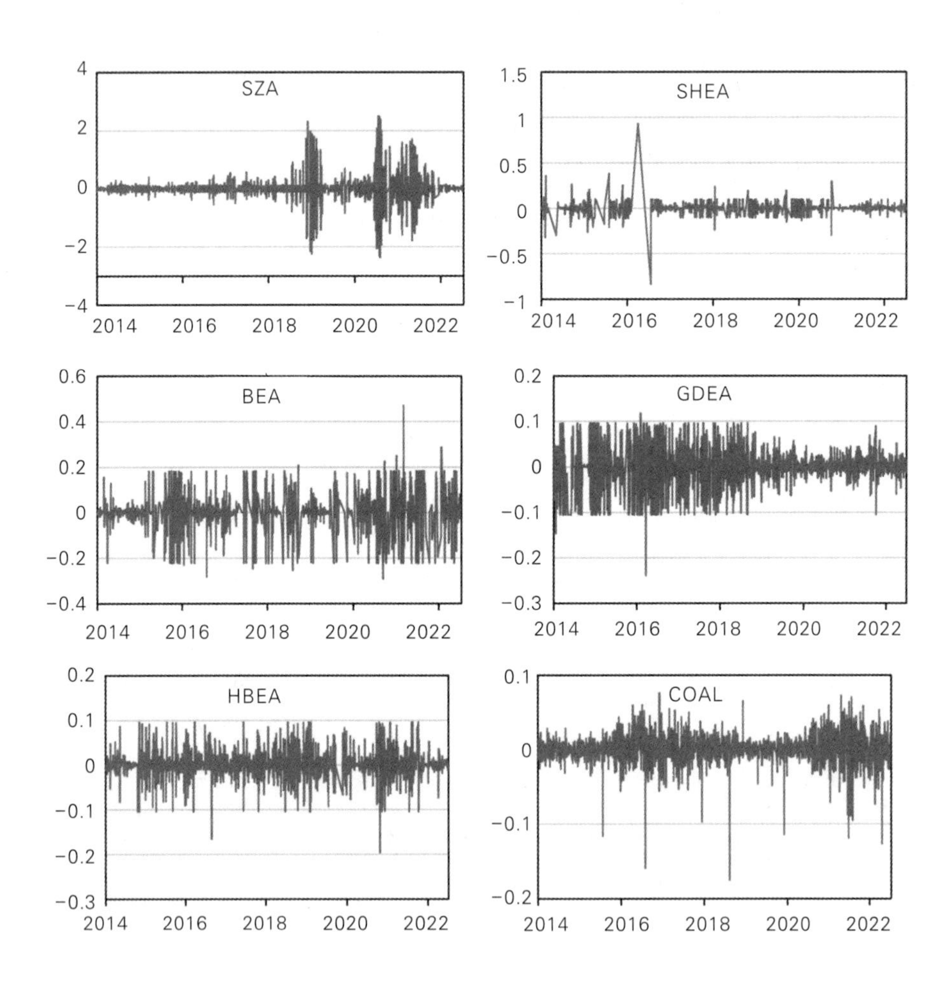

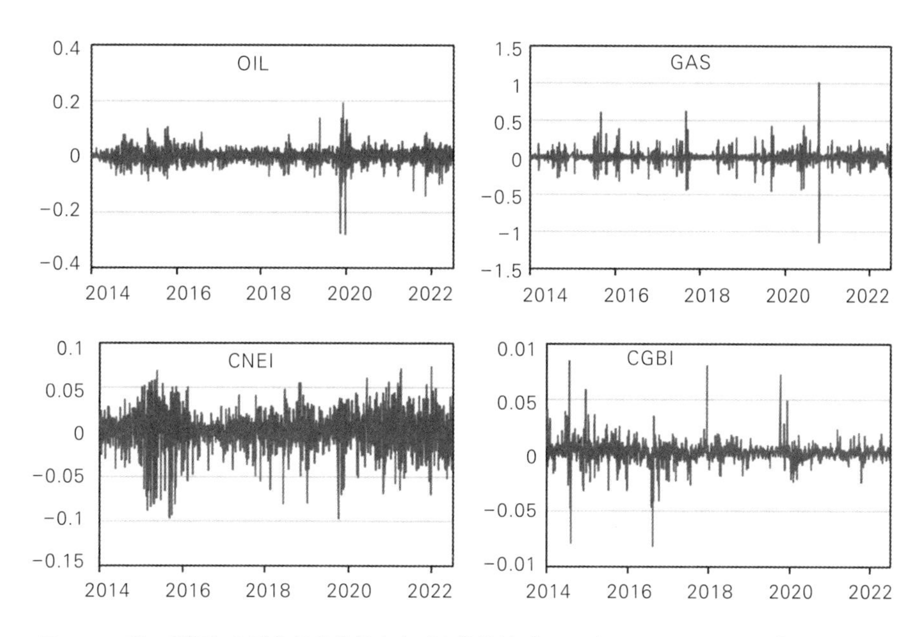

图3-7 碳、能源与金融市场的收益率序列变化趋势（2014年4月28日至2022年11月3日）

碳、能源与金融市场的每日收益率序列是通过两个连续价格的对数相减来确定的，即对选取的变量价格进行对数差分处理，即 $R_t = \ln P_t - \ln P_{t-1}$。其中 P_t 代表时间点 t 的收盘价格。图3-7绘制了所选取变量的收益率序列，可以明显看出，所有序列都呈现波动聚集的特征。

表3-10展示了碳、能源与金融市场的收益率序列的描述性统计数据。深圳碳市场（SZA）的标准差最大，说明深圳碳市场具有较高的波动性，而中证绿色债券指数的标准差最小，表明其价格波动最小。每个收益率的偏度值都不等于零，而峰度值远远大于3，说明每个收益率都具有尖峰厚尾特征。此外，Jarque-Bera检验结果表明所有收益率序列均呈现厚尾非正态分布。此外，我们对碳、能源与金融市场的10个收益率序列进行ADF检验。结果显示，在所有收益率序列中不存在单位根，并且在1%水平上显著，这意味着这些收益率序列是平稳的。

表3-10　碳、能源与金融市场收益率的描述性统计

	SZA	SHEA	BEA	GDEA	HBEA	COAL	OIL	GAS	CNEI	CGBI
平均值	-0.0005	0.0006	0.0013	0.0003	0.0012	0.0014	-0.0002	-0.0001	0.0017	0.0007
中位数	0.0000	0.0000	0.0019	0.0011	-0.0001	0.0004	0.0014	0.0000	0.0018	0.0003
最大值	2.2913	0.3953	0.6299	0.3672	0.3120	0.7753	0.4726	0.3906	0.2359	0.0565
最小值	-2.2818	-0.4895	-0.6452	-0.7743	-0.2106	-0.2155	-0.9640	-0.6518	-0.2594	-0.0138
标准差	0.4466	0.0645	0.1069	0.0648	0.0403	0.0478	0.0588	0.0874	0.0350	0.0035
偏度	0.0040	-0.1683	-0.2520	-2.6136	1.3212	6.4243	-6.9888	-0.3969	-0.4698	7.6202
峰度	12.7609	13.1991	9.1096	39.5901	16.9940	114.0633	129.8188	12.2205	16.7160	109.8298
Jarque-Bera	2 469.2010***	2 698.8480***	973.9941***	35 406.2300***	5 256.2490***	323 962.0000***	421 881.5000***	2 219.7220***	4 898.5700***	301 796.6000***
ADF	-23.4249***	-24.7301***	-26.2482***	-25.2563***	-25.0132***	-23.9253***	-29.9722***	-33.3688***	-25.4503***	-13.7132***

注：*表示在0.1水平上显著，**表示在0.05水平上显著，***表示在0.01水平上显著。

（二）实证结果及分析

1.静态溢出指数

我们首先列出了采用DY溢出指数方法的静态溢出效应的估计结果，如表3-11所示。根据赤池信息准则（AIC）和最终预测误差准则（FPE）选择最佳滞后阶数，本书选择滞后二阶的VAR（2）模型并进行10步预测来建立碳、能源与金融市场的DY溢出指数。由表中可以看出，10×10的方差分解矩阵列出了两两市场之间净配对溢出指数。其中，表3-11的第一行第二列的值表示从SHEA到SZA的溢出指数为0.48%，第二行第一列的值则表示从SZA到SHEA的溢出指数为6.44%。对角线则表示每个市场受自身内部冲击的影响占比，例如，第二行第一列的值表示SZA受自身内部影响占比93.70%。而最后一列的“FROM”和倒数第二行的“TO”表示来自其他市场和传递至其他市场的定向溢出指数。最后一行的“NET”表示净总定向溢出指数，即“TO”和“FROM”二者之间的差值。

其次，如表3-11所示，关注“FROM”列和“TO”行，整体来看，HBEA的风险溢出冲击最弱，为10.19%，而OIL和SZA的风险溢出冲击最强，分别为38.36%和33.35%；SZA接收到的风险溢出冲击最弱，为6.30%，而CGBI和OIL接收到的风险溢出冲击最强，分别为36.68%和35.92%。聚焦于五个碳市场，可以发现SZA和GDEA分别是主要的风险溢出者和风险溢入者。而能源市场中，OIL既是主要的风险溢出者也是主要的风险溢入者。金融市场中，CNEI和CGBI的风险溢出值和风险溢入值很接近，差别不大。

观察两两因素之间的风险溢出冲击，我们发现从OIL到CGBI的风险溢出冲击最大，为13.68%，其次是从CGBI到OIL的风险溢出冲击，为13.32%，以及从OIL到CNEI的风险溢出冲击，为9.17%。此外，从CGBI到SZA的风险溢出冲击是最小的，为0.34%，其次是从GDEA到SZA，其值为0.42%。聚焦于5个碳市场，可以发现5个碳市场之间的风险溢出冲击相对于其他市场之间的风险溢出冲击较小，尤其HBEA对其余四个碳市场的风险溢出冲击都较小。

表3-11的最后一行是净总方向性溢出指数。如果结果为正，则该市场为整个系统的净溢出者，如果结果为负，则为净接收者。结果表明，SZA、BEA、HBEA、OIL以及CNEI的符号为正，是系统中的净溢出者，其值分别为27.04%、11.23%、6.39%、2.45%和5.24%，其中SZA和BEA的值最大，是系统的主导者。而SHEA、GDEA、COAL、GAS以及CGBI的符号为负，是系统中的净接收者，其值分别为-3.43%、-8.40%、-1.74%、-6.68%和-8.85%。

最后，总溢出指数（TCI）表明，单一市场对其他市场的平均溢出冲击为22.29%。

表3-11　**碳、能源与金融市场的静态溢出指数（单位：%）**

	SZA	SHEA	BEA	GDEA	HBEA	COAL	OIL	GAS	CNEI	CGBI	FROM
SZA	93.70	0.48	0.59	0.42	0.65	1.43	0.81	0.76	0.83	0.34	6.30
SHEA	6.44	81.35	1.24	1.00	0.66	2.54	2.17	2.36	1.02	1.21	18.65
BEA	1.92	0.79	86.33	3.10	0.94	1.16	1.04	1.63	2.30	0.78	13.67
GDEA	4.15	1.50	8.27	75.33	1.94	0.46	1.92	1.15	3.29	1.99	24.67
HBEA	2.96	1.13	1.94	2.38	83.42	1.06	1.79	2.00	2.16	1.16	16.58
COAL	2.72	2.89	2.16	1.04	0.98	85.00	1.48	0.75	1.36	1.62	15.00
OIL	2.98	2.07	1.59	2.34	1.33	1.15	64.08	3.19	7.96	13.32	35.92
GAS	3.48	2.41	2.05	0.83	1.24	1.44	6.31	77.60	2.81	1.83	22.40
CNEI	3.59	1.68	4.62	2.95	1.33	1.85	9.17	2.27	66.96	5.57	33.04
CGBI	5.10	2.27	2.43	2.21	1.11	2.18	13.68	1.62	6.08	63.32	36.68
TO	33.35	15.22	24.90	16.27	10.19	13.27	38.36	15.72	27.80	27.82	TCI
NET	27.04	-3.43	11.23	-8.40	6.39	-1.74	2.45	-6.68	5.24	-8.85	22.29

2.动态总溢出指数

为了可视化总溢出水平的演变过程，图3-8描绘了碳、能源及金融市场作为一个系统的动态总溢出指数的整体动态趋势，可以帮助捕捉系统内市场间的溢出效应的时变特征，并为市场参与者提供有关政治和金融领域各种事件影响的重要信息。整体来看，动态总溢出指数随时间波动较大，从约50%波动到约15%。首先，2014—2015年系统动态总溢出指数波动剧烈且处于较高水平。这可能是由于各地方碳市场处于建设初期，存在碳排放配额价格波动剧烈且不规则、各地方碳市场行情跌宕起伏等特征。此外，2015年全球大宗商品市场价格暴跌，尤其是原油市场。由于三大产油国，即沙特阿拉伯，俄罗斯和美国之间为了抢占市场份额而不断降低油价，油价甚至跌破了成本价格。动态总溢出指数虽然在2015年下半年有所下降，但在2016年初又升至35%左右。2016年一整年动态总溢出指数比较稳定，总体超过30%。这一年，全球“黑天鹅”事件频发，英国脱欧、美国大选等事件给全球金融市场带来巨大波动。而中国实施了严格的金融“去杠杆化”监管政策以防范化解中国的重大金融风险。2017—2018年动态总溢出指数呈下降趋势，随后在2019年出现了小的波动。2020年初动态总溢出指数大幅提升至超过30%，这与COVID-19密切相关，疫情的迅速蔓延所造成的冲击为全球市场带来了巨大的影响，但之后随着中国的政策实施，这种影响逐渐变小，整体经济预期走向相对复苏，市场间的溢出冲击也逐渐平稳。为了实现碳达峰和碳中和的“双碳”目标，我国于2021年7月建立了全国碳排放交易市场，动态总溢出指数逐渐下降持续至2021年底。2022年产生的溢出波动则与俄乌冲突有关。俄乌冲突引发了欧洲的能源危机，进一步对全世界的能源安全造成了冲击。我国是煤炭资源大国，而石油及天然气储量相对不足，俄乌冲突对原油价格及天然气价格造成的冲击深刻影响了我国的能源成本。在这一阶段，系统的动态总溢出指数最高达到23%。

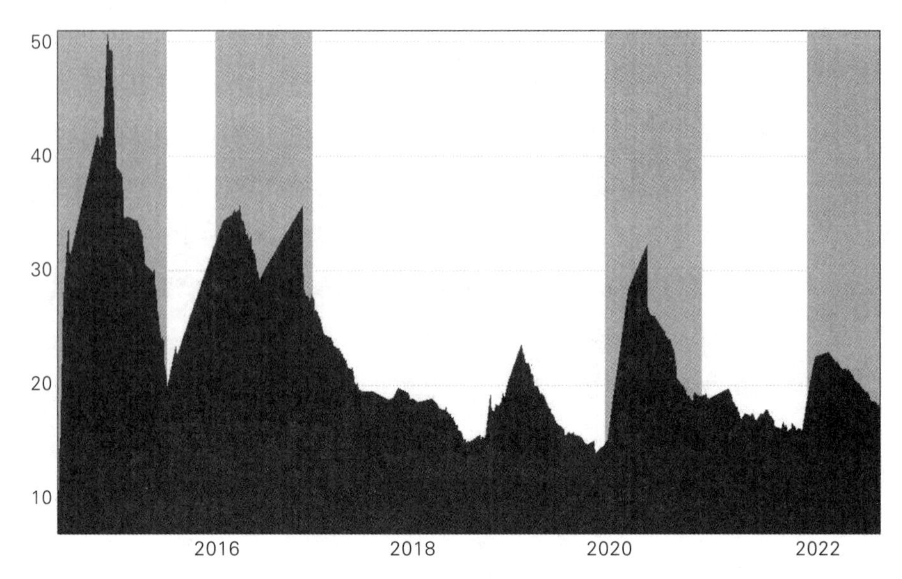

图 3-8　碳、能源与金融市场之间的动态总溢出指数（2014年4月28日至2022年11月3日）

3.动态净总方向性溢出指数

图3-9绘制了系统内10个市场的净总方向性溢出指数，每个市场的阴影部分都有正有负。如果阴影区域为正，则此时该市场为系统的净溢出者；如果阴影区域为负，则为净接收者。

首先，单独观察每个市场的动态净总方向性溢出指数，SZA在2020年之前一直是系统的净溢出者，且2016年前其动态风险溢出水平很高。SHEA在2014年和2015年上半年和2020年后是净接收者，在2015年下半年至2018年初为净溢出者。BEA在整个样本期间内多数时间为净溢出者，其中在2016年前和2019年的溢出水平较高。而GDEA、HBEA和GAS则正相反，在整个样本期间内多数时间为净接收者。COAL在2016年和2018年为净溢出者，其余时间为净接收者。OIL在2016年前为净接收者，2020年时为净溢出者，且溢出水平较高。CNEI和CGBI在2016年前是主要的净接收者。

每个市场在不同时期可能扮演不同的角色。例如，在2016年之前，SZA

和BEA是系统的净溢出者和主导者，其他市场受到它们的风险溢出冲击，为净接收者。而2016年开始。SZA和BEA虽然仍然是系统的净溢出者，但溢出水平大大减弱，同时，SHEA和COAL也转变为风险的净溢出者，其中COAL在这段时间的风险溢出水平明显增加。2020年后，由于COVID-19的影响，系统内的溢出方向和水平又有了较大变化。此时，BEA、OIL以及CGBI转变成为系统的净溢出者，其中OIL在这段时间的风险溢出最大。

然而，关于每个市场对两两市场间的风险冲击贡献大小的总体信息还不明确。因此，我们通过使用网络图，观察两个因素之间动态溢出冲击的两两影响，以净值的方式进一步分析它们的成对方向性关联。

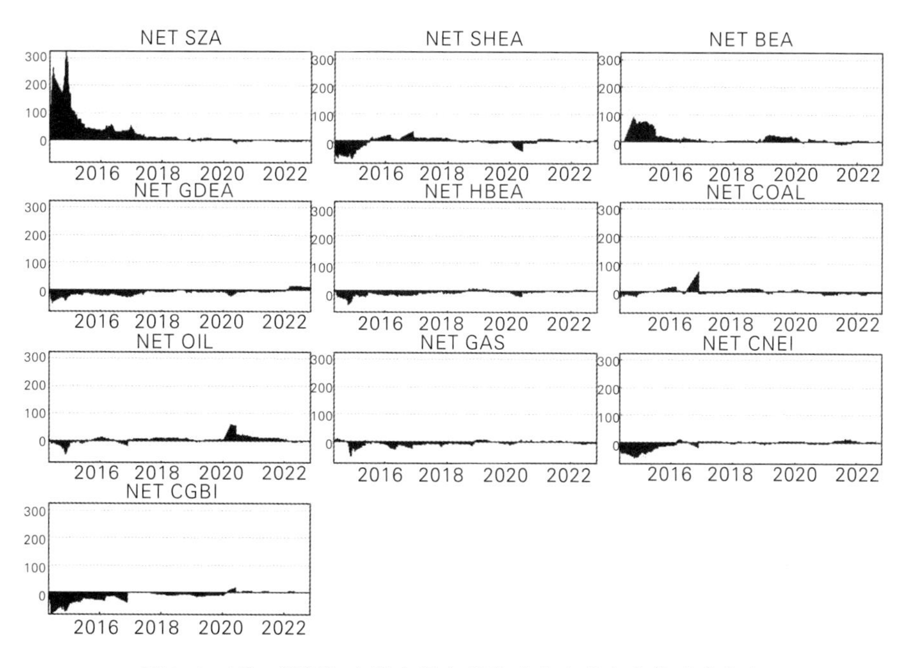

图3-9　碳、能源与金融市场之间的动态净总方向性溢出指数

（2014年4月28日至2022年11月3日）

4.溢出网络分析

复杂网络理论将系统内市场间的联系描述为由节点和节点间关系组成的网络，以有效地描述跨市场风险溢出效应中的结构性联系。因此，网络图被用来确定本节中系统中每个市场溢出或接收的风险溢出冲击的具体来源、方向和大小，如图3-10和图3-11所示。节点是来自碳、能源及金融市场的10个市场变量。箭头表示成对市场之间风险溢出效应的方向，从风险溢出方指向接收方。边的粗细显示了成对市场之间关联度的大小，这也通过边的颜色深浅反映出来。边越粗、颜色越深，则成对市场间的关联度越大。图3-10和图3-11分别描述的是整个系统的关联网络和碳市场的关联网络。净溢出效应的溢出者由深色节点表示，而净溢出效应的接收者由浅色节点表示。净成对方向性关联网络意味着市场之间存在冲击流动性。

总的来说，系统内所有市场之间以及碳市场内部都存在一定程度的关联性，但强度表现在不同方面。SZA的出度（Out-degree）最高，表明它是系统中风险溢出冲击的主要来源，其次是BEA。相比之下，CGBI、GDEA以及GAS具有较高的入度（In-degree），接收较多的风险溢出冲击。具体来看，从SZA到SHEA的风险溢出冲击最大，其次是从BEA到GDEA的风险溢出冲击，以及从SZA到CGBI的风险溢出冲击。而从CGBI到HBEA，以及从SHEA到GAS的风险溢出冲击最小，其次是从COAL到HBEA的风险溢出冲击。由此可见，SZA和BEA由于其剧烈的波动而对其他市场产生巨大的冲击，是主要的系统溢出冲击的贡献者，而HBEA和GAS是主要的系统溢出冲击的接收者。就能源市场而言，三个能源市场OIL、COAL和GAS之间存在联系，但它并不像预期的那样强烈，其中从OIL到GAS的风险溢出冲击最大，而从COAL到GAS以及从OIL到COAL的风险溢出冲击都相对较小。实际上，就工业生产而言，OIL和GAS是非常接近的燃料替代品，这也是二者关联度较高的主要原因之一。此外，两个金融市场CNEI和CGBI之间有内部溢出效应，CNEI是风险溢出者。由于绿色债券的长期属性，它在短期内没有表现出足够的稳定性，所以CGBI更容易受到其他市场的风险溢出冲击。

由图3-11可见，碳市场并不是孤立存在的，它们之间相互影响，政策制定者需要综合考虑每个碳市场的状态，关注碳市场之间的动态关联。就碳市场而言，SZA和BEA对其他碳市场的风险溢出冲击较大，是碳市场内部的风险溢出冲击的主要贡献者，而SHEA、HBEA和GDEA接受了SZA和BEA的风险溢出冲击。

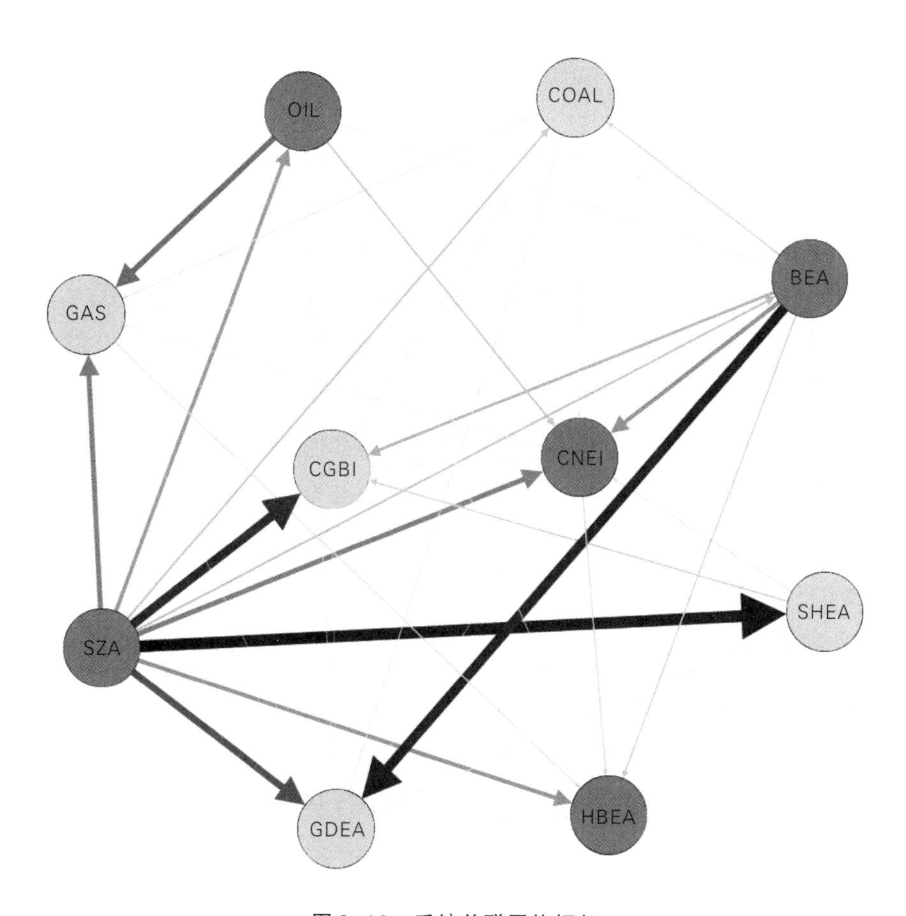

图3-10　系统关联网络框架

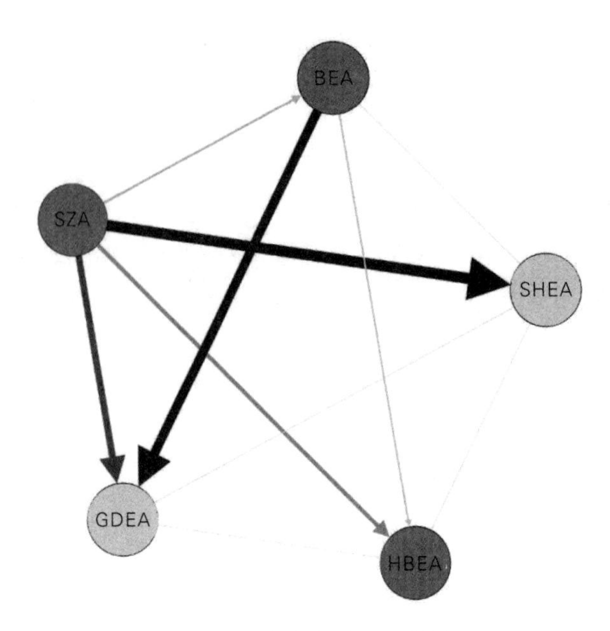

图 3-11 碳市场关联网络框架

五、小结

本节考察了中国碳市场与能源和金融市场之间的风险溢出效应。为了实现这一目标，本节使用各地碳市场以及能源与金融市场的每日收盘价格来度量风险溢出效应。具体而言，本节选取样本期从 2014 年 4 月 28 日至 2022 年 11 月 3 日的涵盖碳、能源与金融市场的 10 个样本变量。首先本节应用了基于 TVP-VAR 的 DY 溢出指数方法来对我们选择的碳、能源与金融市场网络的风险溢出进行测度。它揭示了“碳-能源-金融”系统中的溢出层次、大小、方向和模式。此外，本节通过网络图的绘制更直观地研究了所选择的 10 个样本变量所构成的整体风险溢出网络以及碳市场内部的风险溢出网络。

根据本节的研究，我们得到以下发现：首先，在静态溢出效应下，SZA、BEA、HBEA、OIL 以及 CNEI 是系统中的净溢出者，其中 SZA 和

BEA的值最大，是系统的主导者。而SHEA、GDEA、COAL、GAS以及CGBI是系统中的净接收者。聚焦于五个碳市场，可以发现SZA和GDEA分别是主要的风险溢出者和风险溢入者。而能源市场中，OIL既是主要的风险溢出者也是主要的风险溢入者。金融市场中，CNEI和CGBI的风险溢出值和风险溢入值很接近，差别不大。动态总溢出图不仅受到系统内市场之间风险溢出冲击的影响，还受到政治和金融领域各种事件的外部冲击。例如，2020年COVID-19的迅速蔓延以及2022年俄乌冲突所造成的冲击为全球市场带来了巨大影响。此外，每个市场在不同时期可能扮演不同的角色，既可能从风险溢出者转变为风险溢入者，也可能从风险溢入者转变为风险溢出者。对整个系统的关联网络和碳市场的关联网络的分别绘制，有助于我们更加直观有效地描述跨市场风险溢出效应中的结构性关联。

碳市场让碳排放权配额像其他金融和商品资产一样被估价和交易，因此碳市场的有效运行有利于有效遏制二氧化碳的排放，早日实现碳达峰和碳中和的“双碳”目标。近几年来，人们对碳、能源与金融市场之间的相依结构给予了更多的关注，政策制定者应关注碳市场系统的风险溢出网络，了解碳市场与其风险相关市场之间时变相关性，建立碳市场风险监管体系从而寻求降低碳市场之间以及碳市场与其他市场之间的风险传染，提高碳市场效率的方针政策。鉴于碳市场的影响力相对较低，丰富市场参与者的类型，吸引更多的主体投资于碳排放配额，从而提高碳市场的活跃度就显得尤为重要。对碳市场风险进行有效管理也有助于投资者对从碳市场的投资组合中获益产生兴趣，特别是对那些寻求降低风险的风险厌恶型投资者。同时，引入碳排放权价格稳定机制，弱化价格波动，在出现不确定因素或极端事件时保持市场稳定。

本部分也有一定的不足之处。目前，中国的碳排放权交易市场处于发展阶段，个别地方碳市场的交易活跃度较低，有效交易天数不足，交易量不大，碳交易价格不稳定，这对本部分的结果有一定影响。此外，全国碳市场于2021年7月正式启动交易，随着全国碳市场的不断发展，未来的研究可以聚焦于研究全国碳市场与其他关联市场的风险溢出效应。最后，由于篇幅限制本部分只选择10个市场进行研究。未来的研究可以扩大样本范围，进一步增加对碳市场及关联市场风险溢出测度的准确性和有效性。

第三节 “碳-债券-股票”系统在COVID-19期间的风险溢出和管理策略研究

有效的风险管理和对冲策略对着眼于碳市场和资本市场的投资者来说至关重要，而当前大部分研究集中于发达经济国家，对于充满机遇又极易受外部冲击的新兴经济体的相关研究尚浅。本书基于DY溢出指数等方法探究了新兴经济体背景下碳市场、股票市场（包括传统股票、低碳足迹股票）和债券市场（包括传统债券、绿色债券）之间的风险联系机制和投资管理策略。我们的研究结果表明：（1）“碳-股票-债券”中的溢出效应是时变的，虽然多数时间碳市场和股票市场、债券市场呈现低相关性和风险溢出效应较弱，但是外部冲击如COVID-19的发生会显著增强它们之间的风险关联水平；（2）股票市场是系统中的冲击的主要来源，碳市场和债券市场是冲击接受者；（3）与大部分研究结论相同，即使在新兴经济体背景下，绿色债券市场和其他市场之间的表现为低相关性或负相关性，更适合作为投资组合管理的工具，而相比其他资产，低碳足迹股票与碳市场在相关性和对冲有效性并没有达到我们的预期；（4）通过与其他市场建立对冲策略或投资组合策略，可以显著降低系统中多数市场的投资风险，我们还发现投资组合策略的对冲有效性大多优于对冲策略，并且COVID-19会降低它们的对冲有效性；（5）就投资绩效而言，我们实施的投资组合管理策略在大多数情况下是有效的。

一、背景与相关文献回顾

碳市场与金融市场联系越来越紧密，金融资产常被用作应对碳市场风险的工具，这一趋势反映了人们越来越意识到减缓气候变化和发展低碳经济的重要性。公司往往通过投资减少碳排放的项目，来减少它们的碳足迹，从而在向低碳经济过渡的同时获得财务回报。然而，碳价格除了受到自身供给冲击或市场需求的影响外，还容易受到政策、极端天气等各种因素的影响，碳价格的剧烈波动使得碳市场比其他市场更具有波动性和风险性。许多研究致力于碳市场风险测度或探究碳市场与其他资本市场之间的关联机制，以此来降低碳市场价格波动风险，如表3-12所示。与欧盟碳排放权交易体系相比，新兴经济体的碳市场起步较晚，发展体系不完善。然而，以中国和印度为代表，这些发展经济体有巨大的减排市场潜力和低碳经济价值，因此进一步探究新兴经济体背景下碳市场与金融市场（股票市场和债券市场）的风险关联机制并制定有效的风险管理措施可以帮助促进这些经济体发展更加稳定和可持续的碳市场。

股票是最重要的金融资产之一，在投资组合优化和资产配置中发挥着重要作用。Jiménez-Rodríguez（2019）探究了欧洲股票市场和EUA排放价格之间的关系，她表示我们可以通过观察股市指数的回报来监测碳现货的变化，因为股票市场和EUA碳现货价格之间存在着从欧洲股市到EUA现货价格的格兰杰因果关系。近年来世界各地股票市场高度波动，繁荣与危机反复出现（Tiwari等，2021）。股票市场往往表现出较高的不稳定性，成为波动冲击的主要来源。了解碳市场与股票市场的风险关联机制和风险溢出路径，是碳市场吸引更多投资关注的重要保障，也是其成为有效风险管理工具的基本前提。因此，我们有必要进一步探究股票市场和碳市场之间的溢出机制。考虑到市场异质性，我们将股票市场整体划分成低碳足迹股票与传统股票，分别考察二者与碳市场风险溢出的水平差异。低碳足迹股票是加快绿色投资的一种金融工具，它的环保特征深受投资管理者的偏爱（Dong等，2023）。低碳足迹股票市场在全球碳减排的号召方面具有优越性，其价格的上升和下降很大程度上影响着可再生能源资产的价格，而可再生能源股票价格和碳价格之间又存在经济学上的替代关系，因此将低碳足迹股票与传统股票市场进行对比，分析其与碳市场的风险关联是有现实意义的。此外，当前大多数关于股票市场与碳市场风险的研究集中于发达经济体。即使新兴经济体的碳市场风险管理体系仍不完善，但是其巨大的发展潜力仍然驱使我们将目光转向新兴经济体背景下的碳市场与由传统股票和低碳足迹股票所组成的股票市场的风险溢出。

债券是一种固定收益工具，它的作用不仅体现在投资者可以通过债务市场筹集大量资金，许多研究也表明了债券具备一定的避险功能，是规避市场风险和进行投资组合优化的优良工具（Dong等，2023）。近年来，随着绿色金融的发展，绿色债券的地位逐渐上升，绿色债券与传统债券之间不仅存在积极的协同效应，其作为避险工具的优势也逐渐被发现（Tiwari等，2022）。Nguyen等（2021）表示无论在哪个时期，绿色债券和股票、大宗商品之间的多元化效益显著。相比传统债券，绿色债券发展尚不成熟，但是已有研究表明绿色债券的回报率优于传统债券（Nguyen等，2021）。Dong等（2023）对比研究了传统债券和绿色债券对冲股票市场风险的能力，发现将绿色债券加入多元化投资组合会比传统债券提供更好的对冲效果。然而，传统债券的波动通常会传递到绿色债券市场中，并且这种溢出效应是时变的，这驱使我们进一步探究传统债券和绿色债券在面对碳市场风险溢出时的对冲效果与投资价值差异。

无论是对于发达国家还是新兴经济体，金融动荡或极端事件如欧洲政府债券危机、2016年脱欧投票和COVID-19等全球事件的发生对于资本市场的影响都不容小觑。此外，已有研究表明近期的COVID-19的大流行会在一定程度上降低跨市场风险对冲的有效性（Guo和Zhou，2021）。上述结论和发现能否完全适用新兴经济体，这仍然是未知的，尤其是考虑到新兴经济体的脆弱性和复杂性。鉴于此，在以中国为首的新兴经济体背景下，我们深入探究了“碳-股票-债券”系统内的风险溢出、风险对冲和投资策略，及其在COVID-19暴发前后是否存在显著差异。本部分考察了新兴经济体在COVID-19期间的“碳-股票-债券”体系，包括碳市场、股票市场（包括传统股票、低碳足迹股票）和债券市场（包括传统债券、绿色债券）之间的风险联系机制和投资管理策略，从而为投资管理者进行投资组合优化和风险管理提供依据。本部分与以往研究不同的是，当前大部分研究习惯于从收益率的角度探究市场之间的联系机制或风险管理策略，我们考虑收益率的同时还从波动率的角度分析了整个系统中的风险溢出。此外，新兴经济体下的碳市场呈现出比发达国家更大的不稳定性，极端事件例如，COVID-19的发生可能影响系统中的溢出机制（Guo和Zhou，2021），因此本部分以COVID-19为分界时间点将整个样本期进行分割，从而进一步探究极端事件在系统中的确切影响。同时，绿色金融在应对碳市场风险方面发挥着重要作用。因此，如果只考虑股票和债券整体是不够的，我们还考虑了绿色债券和低碳足迹股票在系统中的表现（Dong等，2023；Hammoudeh等，2020；Jin等，2020）

表3-12　　相关文献综述

作者-年份	样本国家	研究市场	方法	主要发现
Dong等（2023）	US	股票，传统债券，绿色债券	DCC-MIDAS	包含绿色债券的投资组合策略可以提供有效的对冲效益
Guo和Zhou（2021）	China，US	绿色债券，债券，外汇和石油	TGARCH，Copula	新冠疫情降低了对冲的有效性
Jiménez-Rodríguez（2019）	Europe	EU ETS，股票市场	TVP-VAR	从股票市场到EUA价格存在单向格兰杰因果关系
Nguyen等（2021）	US	绿色债券，股票，商品，清洁能源和传统债券	小波相关框架	绿色债券与股票和大宗商品的相关性较低或呈负相关

续表

作者-年份	样本国家	研究市场	方法	主要发现
Reboredo（2018）	US	绿色债券和金融市场	Copula	债券可以为投资者提供实质性的多元化收益
Tiwari等（2021）	US	石油、股票和金属市场	BK	市场之间的溢出机制有助于实现风险管理策略
Tiwari等（2022）	EU	绿色债券、可再生能源、股票和碳市场	TVP-VAR	资产之间的动态联系可能受到经济事件的影响
Xu等（2019）	China，US	石油和股票市场	AG-DCC	经济冲击会增大市场之间的风险溢出水平

二、研究方法

（一）动态溢出方法

我们采用扩展的DY溢出指数（Diebold和Yılmaz，2012）的方法，首先建立一个包含N个变量的VAR（p）模型，如下所示：

$$x_t = \sum_{i=1}^{p} \Phi_i x_{t-1} + \varepsilon_t \tag{3-21}$$

其中，$\varepsilon \sim (0, \Sigma)$是独立同分布的干扰向量，移动平均值可以表示为：$x_t = \sum_{i=0}^{\infty} A_i \varepsilon_i$，我们通过方差分解将每个变量的预测误差方差分解为可归因于各市场受到冲击的部分。其移动平均项表示为：

$$x_t = \sum_{i=0}^{\infty} \varphi_i \varepsilon_{t-i} \tag{3-22}$$

其中，$\varphi_i = \phi_1 \varphi_{i-1} + \phi_2 \varphi_{i-2} + \dots + \phi_p \varphi_{i-p}$，$\varphi_0$是$N \times N$的单位矩阵，当$i < 0$时，$\varphi_i = 0$。

接下来是广义预测误差方差分解部分，

$$\phi_{ij}^{g}(H)=\frac{1}{\sigma_{jj}}\frac{\sum_{h=0}^{H-1}(e_i'A_h\Sigma e_j)^2}{\sum_{h=0}^{H-1}(e_i'\Sigma A_h'e_i)} \tag{3-23}$$

其中σ_{jj}表示标准偏差，e_i（e_j）是选择变量。当e_i（e_j）是第$i(j)$个元素时等于1，否则为0。ϕ_{ij}^{H}表示第j个变量对第i个变量的KPPS向前H步预测误差方差分解，其中$\sum_{j=1}^{N}\phi_{ij}^{H}\neq 1$。接下来我们对方差分解矩阵中的每一项按行进行标准化得到：

$$\tilde{\phi}_{ij}^{g}(H)=\frac{\phi_{ij}^{g}(H)}{\sum_{j=1}^{N}\phi_{ij}^{g}(H)} \tag{3-24}$$

其中$\sum_{i,j=1}^{N}\tilde{\phi}_{ij}^{g}(H)=1$，而且$\sum_{i,j=1}^{N}\tilde{\phi}_{ij}^{g}(H)=N$，$\tilde{\phi}_{ij}^{g}(H)=\frac{\phi_{ij}^{g}(H)}{\sum_{j=1}^{N}\phi_{ij}^{g}(H)}$。

根据KPPS得到的对预测误差的方差分解结果，我们可以计算出总的波动溢出指数为：

$$C^{g}(H)=\frac{\sum_{\substack{i,j=1\\i\neq j}}^{N}\tilde{\phi}_{ij}^{g}(H)}{\sum_{i,j=1}^{N}\tilde{\phi}_{ij}^{g}(H)}\cdot 100=\frac{\sum_{\substack{i,j=1\\i\neq j}}^{N}\tilde{\phi}_{ij}^{g}(H)}{N}\cdot 100 \tag{3-25}$$

总波动溢出指数代表了每个变量对总预测误差方差的影响贡献度，展示了由这5个市场变量构成的体系的总信息溢出程度。进一步我们也可以得到两两市场之间的定向溢出，其中包括“FROM”和“TO”两个方向，“FROM”是指市场i获得的来自其他所有市场j的定向波动溢出，我们将其表示为：

$$C_{i\cdot}^{g}(H)=\frac{\sum_{\substack{j=1\\j\neq i}}^{N}\tilde{\phi}_{ij}^{g}(H)}{\sum_{i,j=1}^{N}\tilde{\phi}_{ij}^{g}(H)}\cdot 100=\frac{\sum_{\substack{j=1\\j\neq i}}^{N}\tilde{\phi}_{ij}^{g}(H)}{N}\cdot 100 \tag{3-26}$$

“TO”是指由所有市场j受到来自市场i的定向波动溢出，我们将其表示为：

$$C_{\cdot j}^{g}(H)=\frac{\sum_{\substack{j=1\\ j\neq i}}^{N}\tilde{\phi}_{ji}^{g}(H)}{\sum_{i,\ j=1}^{N}\tilde{\phi}_{ji}^{g}(H)}\cdot 100=\frac{\sum_{\substack{j=1\\ j\neq i}}^{N}\tilde{\phi}_{ji}^{g}(H)}{N}\cdot 100 \tag{3-27}$$

在得到“FROM”和“TO”的定向波动溢出后，我们可以得到净溢出指数，净溢出指数是指市场$i(j)$的产生的定向溢出与接收到的来自其他市场的定向溢出之差，即“TO”—“FROM”。以市场i为例，用$C_{i}^{g}(H)$代表市场i的净溢出指数，则有以下表达方式：

$$C_{i}^{g}(H)=C_{\cdot i}^{g}(H)-C_{i\cdot}^{g}(H) \tag{3-28}$$

除了单个市场的净溢出指数之外，两两市场之间也存在着溢出效应，即市场i传递给市场j的溢出与市场j传递给市场i的溢出之差，用$C_{ij}^{g}(H)$表示市场i与市场j的配对溢出指数，其计算方式如下：

$$C_{ij}^{g}(H)=\left(\frac{\tilde{\phi}_{ji}^{g}(H)}{\sum_{i,\ k=1}^{N}\tilde{\phi}_{ik}^{g}(H)}-\frac{\tilde{\phi}_{ij}^{g}(H)}{\sum_{j,\ k=1}^{N}\tilde{\phi}_{jk}^{g}(H)}\right)\cdot 100=\left(\frac{\tilde{\phi}_{ji}^{g}(H)-\tilde{\phi}_{ij}^{g}(H)}{N}\right)\cdot 100 \tag{3-29}$$

（二）风险对冲分析方法

1.对冲比率和最优权重

双变量对冲策略和投资组合策略对于投资经理对冲市场风险是必要的。投资组合权重反映了任何1元投资组合中所需的市场中资产比例。我们根据最小方差对冲比率方法计算最佳对冲比率。通过对冲比率，我们可以得到任何1元的多头头寸可以通过资产的空头头寸对冲多少资产的多头头寸。对冲比率可以写成：

$$\beta_{ij,\ t}=\frac{h_{ij,\ t}}{h_{jj,\ t}} \tag{3-30}$$

其中，$h_{ii,\ t}$表示i的条件方差，$h_{jj,\ t}$表示j的条件方差，$h_{ij,\ t}$表示i和j的条件协方差。我们根据DCC-GARCH模型估计得到协方差和方差的估计值。

假设利用市场i来对冲市场j，那么对冲后的投资组合回报收益率可由以下方法计算得出：

$$r_{H,t} = r_{i,t} - \beta_{ij,t} r_{j,t} \tag{3-31}$$

其中，$r_{i,t}$和$r_{j,t}$是市场i和市场j的收益回报，$\beta_{ij,t}$是市场j对市场i的对冲比率。

然后，根据DCC-GARCH模型估计得到的条件方差和条件协方差可以计算得到最优投资组合权重：以市场j对冲市场i为例，构建投资组合权重为：

$$w_{ij,t} = \frac{h_{jj,t} - h_{ij,t}}{h_{ii,t} - 2h_{ij,t} + h_{jj,t}} \tag{3-32}$$

上述公式中有：

$$w_{ij,t} = \begin{cases} 0 & \text{if } w_{ij,t} < 0 \\ w_{ij,t} & \text{if } 0 \leqslant w_{ij,t} < 1 \\ 1 & \text{if } w_{ij,t} > 1 \end{cases} \tag{3-33}$$

其中，$w_{ij,t}$表示市场i的投资组合权重，$\left(1 - w_{ij,t}\right)$表示市场$j$的权重。

接着我们用市场j构建关于市场i的投资组合，则进行投资组合后的收益序列为：

$$\gamma_{p,t} = w_{ij,t} r_{i,t} + (1 - w_{ij,t}) r_{j,t} \tag{3-34}$$

其中，$r_{i,t}$表示被对冲的市场收益序列，$r_{j,t}$表示用来对冲的市场收益序列。

2.对冲有效性

对冲比率和投资组合权重都是最小化降低市场风险的方法，我们更关注金融市场对冲碳市场风险的能力以及绿色债券对冲其他市场风险的能力，通过计算对冲有效性（Jin等，2020）来比较两两市场之间的对冲能力，对冲有效性可以根据被对冲的收益序列的方差减少百分比得到，计算方法如下所示：

$$HE = \frac{var_{unhedged} - var_{hedged}}{var_{unhedged}} \tag{3-35}$$

HE的值越接近1，则说明该方法或对冲组合的性能越好；若HE的值为0或者负值则说明该方法或对冲组合无效。

最后我们将考察多元化投资组合的投资绩效，即使用Omega值和Sortino ration值来评估使用投资组合后的市场是否优于未使用对冲组合的市场，Omega值和Sortino ration值越大说明对该市场使用多元化投资组合的绩效越大，该市场越适合使用多元化投资组合的方法。投资管理者更注重管理下行风险，因此Omega值和Sortino ration值是较为有效的衡量指标。其计算方法如下：

$$Sortino = \frac{R_p - R_f}{\sigma_{p,\ downside}} \tag{3-36}$$

其中，$\sigma_{p,\ downside}$代表的是市场的下行风险，R_p代表的是投资组合收益，R_f代表的是无风险收益率，我们使用短期国债利率来代替无风险利率。

三、研究样本

本节以碳市场、股票市场和债券市场为三大主要市场，其中包括湖北碳市场、传统债券、绿色债券、传统股票和低碳足迹股票5个市场指标。由于湖北碳市场拥有最大的规模且市场表现稳定，所以我们使用湖北碳排放配额每日收盘价（HBEA）来衡量碳市场的表现。其次，我们使用上证10年期国债指数每日收盘价（C10-YGB）、中债-中银绿色债券指数每日收盘价（CB-CGB）、上证综合指数每日收盘价（SSEC）、上证180碳效率指数每日收盘价（SSE180CE）分别衡量传统债券市场、绿色债券市场、传统股票市场和低碳足迹股票市场的表现。根据全部数据的可获得性，我们的采样期为：2014年4月29日到2022年1月3日。

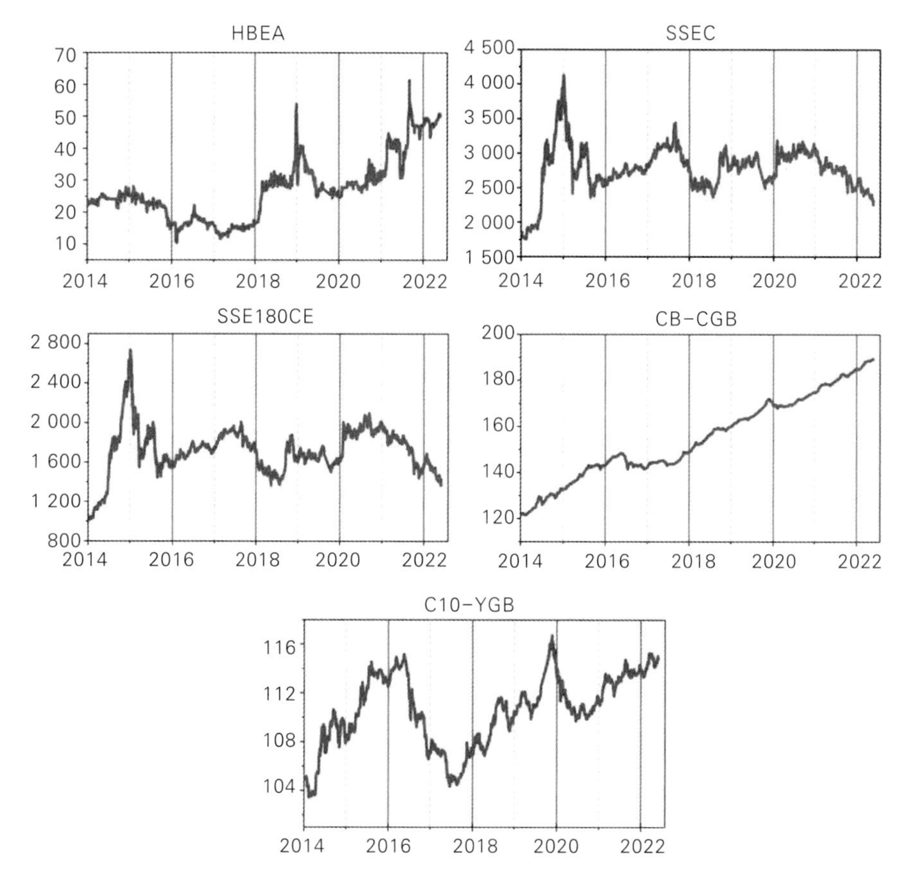

图 3-12　碳市场原始序列和四个市场指数的时间序列

我们通过对数差分法计算各变量的对数收益率，图 3-12 是对 5 个市场收益率的描述性统计分析，我们发现五个市场指数的收益率平均值都为正值。传统股票市场指数的平均值最大。另外，根据图 3-13，我们发现湖北碳市场的标准差最大，风险最高，其次是低碳足迹股票市场和传统股票市场，绿色债券指数的风险最小，因为它的标准差最小（Hammoudeh 等，2020），相比来说绿债市场和传统债券市场较为稳定。分析各市场变量的峰度和偏度系数得到，湖北碳市场、传统股票市场和低碳足迹股票市场存在左偏现象，传统债券和绿色债券存在右偏现象；在1%水平下，所有的收益率序列都拒绝了正态性的原假设，都存在着尖峰后尾特征。Ljung-Box测试分别用了10个滞后期，都拒绝了收益序列中不存在自相关性的假设。

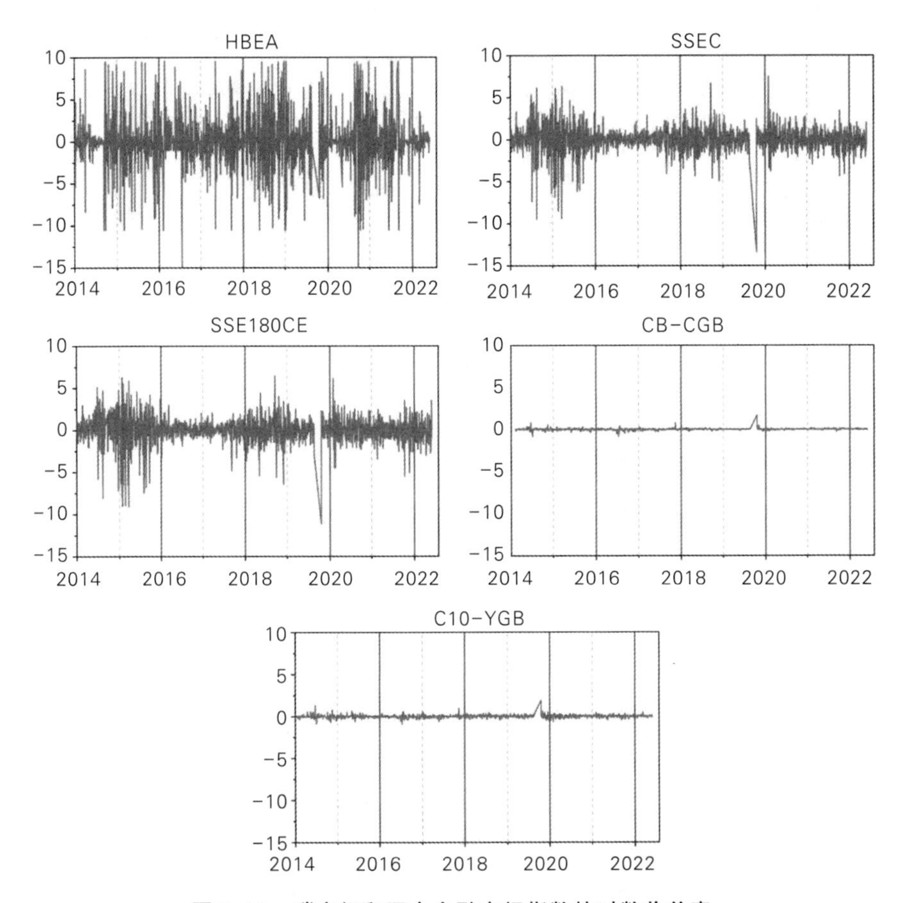

图3-13　碳市场和四个金融市场指数的对数收益率

根据表3-13，我们发现，在整个样本期内，碳市场与其他市场之间存在低相关性或负相关关系，绿色债券市场与传统债券市场呈0.63的正相关关系，与其他金融市场呈负相关。绿色债券与传统债券之间的显著正相关关系也表明，一种债券不会为投资组合中的另一只债券提供多元化的好处（Nguyen等，2021）。传统股票市场和低碳足迹股票市场都与碳市场呈正相关，传统债券市场和绿色债券市场都与碳市场呈负相关，因此当碳市场价格下跌时，我们可以考虑股票市场的对冲策略和债券市场的投资组合策略来应对碳市场风险。传统股票市场与低碳足迹股票市场之间的高度相关性意味着，尽管低碳足迹行业快速增长，但它们仍然无法完全取代传统股票。其次，我们发现绿色债券市场与其他市场呈负相关，这在一定程度上解释了绿色债券的多元化优势。

表3-13　　　　描述性统计

变量	HBEA	C10-YGB	CB-CGB	SSEC	SSE180CE
均值	0.03	0.005	0.02	0.01	0.16
中位数	0.00	0.01	0.02	-0.01	0.02
最大值	9.56	1.88	1.71	7.51	6.47
最小值	-19.72	-0.92	-0.81	-13.34	-11.13
标准差	2.90	0.16	0.09	1.39	1.45
偏度	-0.28	0.96	2.14	-0.97	-1.08
峰度	7.61	16.64	55.72	13.79	11.10
J-B检验	1 809.11	15 917.83	234 453.60	10 080.05	5 897.82
ADF	-48.36***	-35.75***	-19.04***	-43.39***	-43.13***
Q（10）	20.49*	53.58***	19.03*	48.16***	35.63***
Q^2（10）	597.60***	55.20***	66.10***	291.91***	539.77***
ARCH（1）	288.41***	15.26***	39.19***	50.36***	99.64***
“碳-股票-债券”系统中的无条件相关性					
HBEA	1				
C10-YGB	-0.11	1			
CB-CGB	-0.03	0.63	1		
SSEC	0.02	-0.14	-0.09	1	
SSE180CE	0.02	-0.11	-0.07	0.93	1

注：Q（10）、Q^2（10）和ARCH（1）分别代表Ljung-Box Q测试和ARCH LM测试。***、**、*分别表示1%、5%和10%的显著性水平。Ljung-Box Q检验使用10阶滞后，LM检验使用一阶滞后。

四、风险溢出机制

（一）无条件相关性

在本节中，我们首先报告了碳市场、传统债券市场、绿色债券市场、传统股票市场和低碳足迹股票市场之间的无条件相关性，通过无条件相关性的研究初步得到市场之间的联系机制。在整个样本期间碳市场与其他市场之间呈现低相关性或负相关性，绿色债券市场和传统债券市场之间呈现高达0.63的正相关性，和其他金融市场呈现出负相关性；绿色债券和传统债券之间显著的正相关性也说明，在投资组合中，一种债券不能为另一种债券提供多样化利益（Nguyen等，2021）。传统股票市场和低碳足迹股票市场都与碳市场呈现正相关性，传统债券和绿色债券都与碳市场表现出负相关性，因此在碳市场价格下跌时，我们可以考虑股票市场的对冲策略以及债券市场的多元化投资组合策略应对碳市场风险。传统股票市场和低碳足迹股票市场之间的相关性较高，这表示尽管低碳足迹产业增长迅速，但仍然无法完全取代传统股票。其次，我们发现绿债与其他市场的相关性均为负值，这在一定程度上说明了绿色债券的多元化优势。

（二）静态溢出效应

本节从收益率和波动率两个方面介绍了“碳-股票-债券”系统的溢出机制，包含整个样本期间和子样本的研究结果。我们首先报告了总溢出的研究结果，包含对市场间定向溢出的分析，其中包括“FROM”、“TO”和“NET”效应，然后我们探究了随时间变化的动态溢出结果。最后通过溢出网络展示该系统中每个市场传递（接收）的溢出冲击的具体来源、方向和大小，其中我们用每个市场变量表示网络节点，节点的颜色表示市场的溢出地位（传递还是接收主体），用箭头表示溢出方向，箭头的粗细表示溢出的强弱程度。

为了研究碳市场和金融市场（股票市场和债券市场）之间的溢出关系以及绿色债券指数与其他市场的溢出关系，我们分别基于收益率和波动率序列研究了市场之间的溢出效应，根据ARMA模型计算出收益率序列残差，计算出来的残差绝对值即为波动率，用来表现各市场的波动情况。我们使用Diebold和Yılmaz（2012）提出的广义向量自回归框架，该方法是对DY溢出指数的改进，还利用了Diebold和Yılmaz（2014）的连通性网络模型，结合VAR模型进行方差分解，通过方差分解，每个市场受到冲击的部分可归结为每个市场指标变量的预测误差方差。

我们分别对整个样本期和COVID-19前后的两个子样本的收益和波动序列展开研究。表3-14是收益率的静态波动溢出表，展示了从变量j到变量i的20步预测误差的估计贡献度。第i行j列表示了从市场j到市场i的预测误差方差的估计贡献度，“FROM”表示从其他变量到变量i的预测误差方差的估计贡献度，“TO”表示从变量i到其他变量的预测误差方差的估计贡献度。“TO”-“FORM”表示该市场受到的净溢出值，正值表示该市场是收益波动的发起者，负值表示该市场是波动的传递者。

在净溢出指数一项中，我们发现碳市场和绿债市场主要作为收益溢出的重要接收方，而传统债券、低碳足迹股票市场和传统股票市场主要作为溢出传递的一方，Tiwari等（2022）也强调了绿色债券（简称绿债）作为市场收益溢出接收一方的重要性。尽管绿债在对冲碳市场风险方面发挥了显著作用（Jin等，2020），且相比传统债券，进行投资组合管理时，绿债的投资绩效更优，但这种优势是逐年递减的，因此绿色债券仍然无法完全替代传统债券的作用。我们发现碳市场和四个金融资产市场在Pre-COVID-19（新冠疫情前期）和整个样本期间表现出了相同的特点，但是在COVID-19期间传统债券市场由冲击的发出者变成了冲击的接收者，这说明经济动荡会影响市场间冲击传递方向以及不同市场对经济动荡的应对能力不同，传统债券市场表现出了较强的稳定性。无论在整个样本期还是COVID-19前后，我们发现传统股票市场与其他市场之间的溢出效应强于低碳足迹股票市场，这说明了低碳足迹股票市场的稳定性。

表3-14 收益率的静态溢出效应

变量	HBEA	SSEC	SSE180CE	CB-CGB	C10-YGB	FROM
Panel A：全样本 （2014/04/29-2022/11/03）						
HBEA	98.89	0.37	0.24	0.26	0.24	1.11
SSEC	0.23	52.36	45.74	0.59	1.07	47.64
SSE180CE	0.18	46.15	52.64	0.33	0.70	47.36
CB-CGB	0.17	1.83	1.29	62.5	34.21	37.57
C10-YGB	0.15	2.45	1.86	26.54	69.00	31.00
TO	0.73	50.81	49.14	27.72	36.22	164.61
Directional	99.62	103.17	101.77	90.22	105.22	TCI
NET	-0.38	3.17	1.77	-9.78	5.22	32.92
Panel B：Pre-COVID-19 （2014/04/29-2019/12/31）						
HBEA	99.13	0.24	0.27	0.18	0.19	0.87
SSEC	0.33	52.49	46.87	0.08	0.23	47.51
SSE180CE	0.34	46.93	52.45	0.09	0.18	47.55
CB-CGB	0.04	0.47	0.40	65.69	33.4	34.31
C10-YGB	0.05	0.62	0.46	25.4	73.46	26.54
TO	0.77	48.27	48	25.75	34.01	156.79
Directional	99.92	100.76	100.45	91.44	107.46	TCI
NET	-0.12	0.76	0.45	-8.56	7.46	31.36
Panel C：COVID-19 （2020/01/02-2022/11/03）						
HBEA	95.43	1.28	0.88	0.94	1.47	4.57
SSEC	0.45	47.39	38.37	8.24	5.55	52.61
SSE180CE	0.43	40.67	50.32	5.06	3.53	49.68
CB-CGB	0.33	10.05	6.41	51.37	31.83	48.63
C10-YGB	0.12	8.79	5.96	28.34	56.8	43.2
TO	1.31	60.79	51.62	42.58	42.37	198.68
Directional	96.75	108.19	101.94	93.95	99.18	TCI
NET	-3.25	8.19	1.94	-6.05	-0.82	39.74

注：本表总结了“碳-股票-债券”系统中的静态溢出效应。该表显示了基于5个滞后的市场变量指数回报的溢出结果。

表3-15是波动率的静态溢出表，由此可以得到市场之间的波动溢出效应，我们发现绿色债券、传统债券和碳市场作为市场波动的接收者，传统股票市场和低碳足迹股票市场作为市场波动的发出者，这是与之前收益溢出不同的地方。除了碳市场本身的预测误差方差以外，绿色债券向碳市场传递的信息最多（0.45%），这意味着绿色债券市场与碳市场之间存在着紧密的联系。这与Hammoudeh等（2020）得到的结论一致，他们表示绿色债券和碳排放配额价格之间的关系显著，但从整体来看，绿色债券市场和其他市场之间的溢出较小。在Pre-COVID-19时期，绿色债券与碳市场之间的溢出效应并不是最高的，仅占0.26%，传统债券和传统股票市场向碳市场传递了较多的信息，分别为0.55%和0.33%；我们观察到在COVID-19时期，碳市场从绿色债券接收了最多的冲击，绿债市场对其他市场的冲击也比Pre-COVID-19时期有所增强，这在一定程度上表明了经济动荡增强了绿色债券市场与其他市场之间的联系。低碳足迹股票市场的预测误差方差有46.54%来自其他市场。另外，从绿色债券向碳市场和金融市场的波动溢出来看，绿色债券向传统债券市场的溢出效应最大（24.15%），其次向传统股票市场的波动溢出为2.32%，高于绿色债券向低碳足迹股票指数的波动溢出（1.47%），传统债券市场向绿色债券市场的冲击和绿色债券向传统债券市场的冲击都很大。这可能是由于国债仍然与很多债务工具（抵押贷款、消费贷款）相关，这在一定程度上也适用于绿债市场（Hammoudeh等，2020）。

表3-15　　波动率的静态溢出效应

变量	HBEA	SSEC	SSE180CE	CB-CGB	C10-YGB	FROM
Panel A：全样本（2014/04/29-2022/11/03）						
HBEA	98.82	0.25	0.12	0.45	0.37	1.18
SSEC	0.25	52.82	42.58	2.32	2.04	47.18
SSE180CE	0.21	43.45	53.46	1.47	1.4	46.54

续表

变量	HBEA	SSEC	SSE180CE	CB-CGB	C10-YGB	FROM
CB-CGB	0.17	5.04	3.42	67.1	24.27	32.9
C10-YGB	0.44	3.31	2.33	24.15	69.77	30.23
TO	1.07	52.05	48.44	28.4	28.08	158.04
Directional	99.88	108	101.9	95.5	97.85	TCI
NET	−0.12	4.88	1.92	−4.51	−2.15	31.61
Panel B：Pre-COVID-19 （2014/04/29-2019/12/31）						
HBEA	98.7	0.33	0.17	0.26	0.55	1.3
SSEC	0.34	53.93	44.92	0.26	0.55	46.07
SSE180CE	0.18	45.51	53.69	0.25	0.38	46.31
CB-CGB	0.53	1.78	1.28	75.97	20.44	24.03
C10-YGB	0.37	1.33	0.96	21.96	75.38	24.62
TO	1.42	48.94	47.33	22.73	21.92	142.33
Directional	100.11	102.87	101.02	98.69	97.31	TCI
NET	0.11	2.87	1.02	−1.31	−2.69	28.47
Panel C：COVID-19 （2020/01/02-2022/11/03）						
HBEA	99.06	0.08	0.02	0.53	0.31	0.94
SSEC	0.04	45.34	33.00	12.23	9.40	54.66
SSE180CE	0.03	35.43	48.91	8.64	6.99	51.09
CB-CGB	0.25	15.11	10.29	46.78	27.57	53.22
C10-YGB	0.16	11.01	7.68	27.89	53.26	46.74
TO	0.48	61.63	50.99	49.28	44.27	206.65
Directional	99.55	106.96	99.90	96.06	97.53	TCI
NET	−0.45	6.96	−0.10	−3.94	−2.47	41.33

对比绿色债券市场和传统债券市场对传统股票市场和低碳足迹股票市场的波动溢出来看，绿色债券市场比传统债券市场表现出了更高的波动溢出，因此可以考虑将绿色债券作为股票市场和碳市场的对冲工具。另外，最大的净溢出和净溢入市场分别为传统股票市场（4.88%）和绿色债券市场（-4.51%），分别作为最大的风险传递和风险接收市场。所以接下来应该考虑投资者如何使用合理的投资组合策略去应对市场风险，从而实现利益最优化。

（三）动态溢出效应

为了更全面地理解“碳-存量-债券”体系中的溢出机制，我们将以表格形式呈现有关总溢出、“FROM”、“TO”和“NET”溢出以及随着时间推移配对溢出的关键描述性措施，基于回报和波动趋势。根据静态溢出分析，可以观察到不同时期市场之间的溢出效应不同，经济危机往往会增加市场之间的波动溢出效应。接下来，我们使用时变参数向量自回归（TVP-VAR）方法检查市场之间的动态溢出关系，如 Antonakakis 等（2020）所述。这种方法改进了传统的VAR方法，因为它不依赖于固定窗口，并且允许参数随时间动态变化。

基于AIC准则、BIC准则和HQ准则，我们得到收益序列的最优滞后阶数为滞后5阶，由此构建关于五个市场变量收益率序列的滞后5阶、预测步数为20步，关于波动率序列的滞后7阶、预测步数为20步的TVP-VAR模型，以此得到市场间的动态溢出。最后我们通过改变滞后阶数来进行一系列稳健性分析。

图3-14是关于收益率的总溢出图，表示了整个系统的溢出值的时变状况，我们观察到在2018—2020年间收益总溢出和波动总溢出都出现了上升趋势，这可能是由于中美贸易产生的金融市场动荡导致的。收益溢出和波动溢出都在2020年COVID-19暴发期达到峰值，在金融动荡时期的总溢出指数比无危机时期的总溢出指数要大，进一步说明了经济动荡会增强市场间的联系。我们还发现在COVID-19之前动态收益总溢出明显高于波

动总溢出，但是在COVID-19期间，收益溢出和波动溢出基本以相同水平和趋势变化。

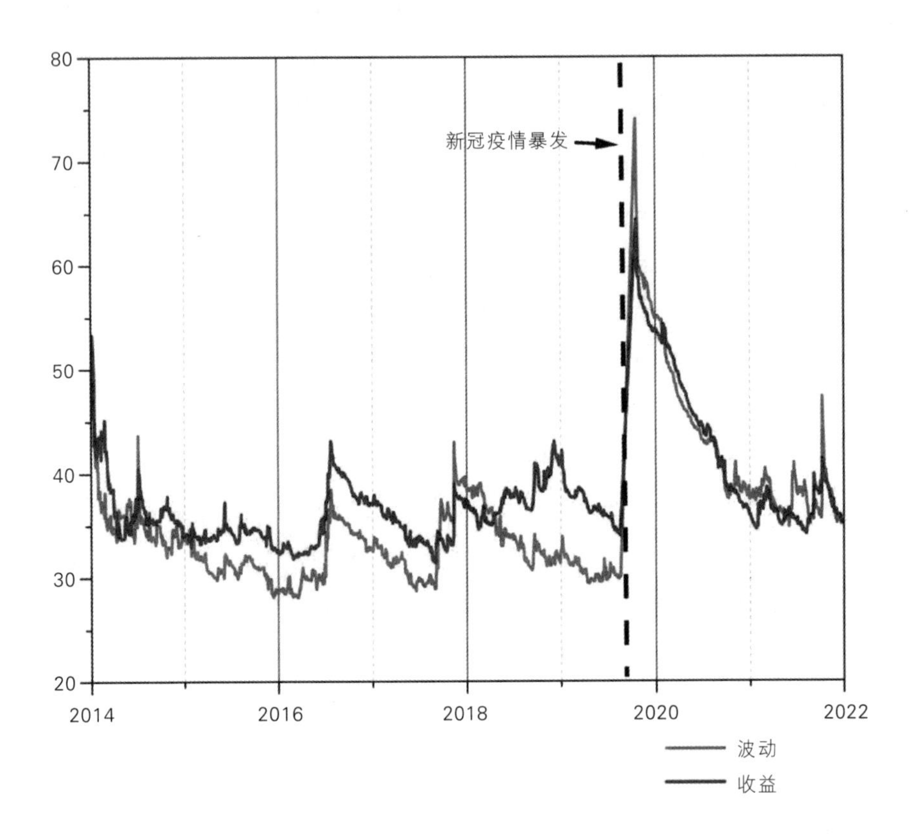

图3-14 动态溢出效应的总溢出效应

图3-15和图3-16分别表示的是其他市场向i市场的收益溢出和由i市场向其他所有市场的溢出。可以看出，在整个样本期间，碳市场对其他市场的波动传导都以较小值保持稳定的趋势，而碳市场来自其他金融市场的波动溢出明显，在2018年和2020年有了明显的上升趋势，这分别对应着2018年中美贸易战以及2020年COVID-19流行的时间点。

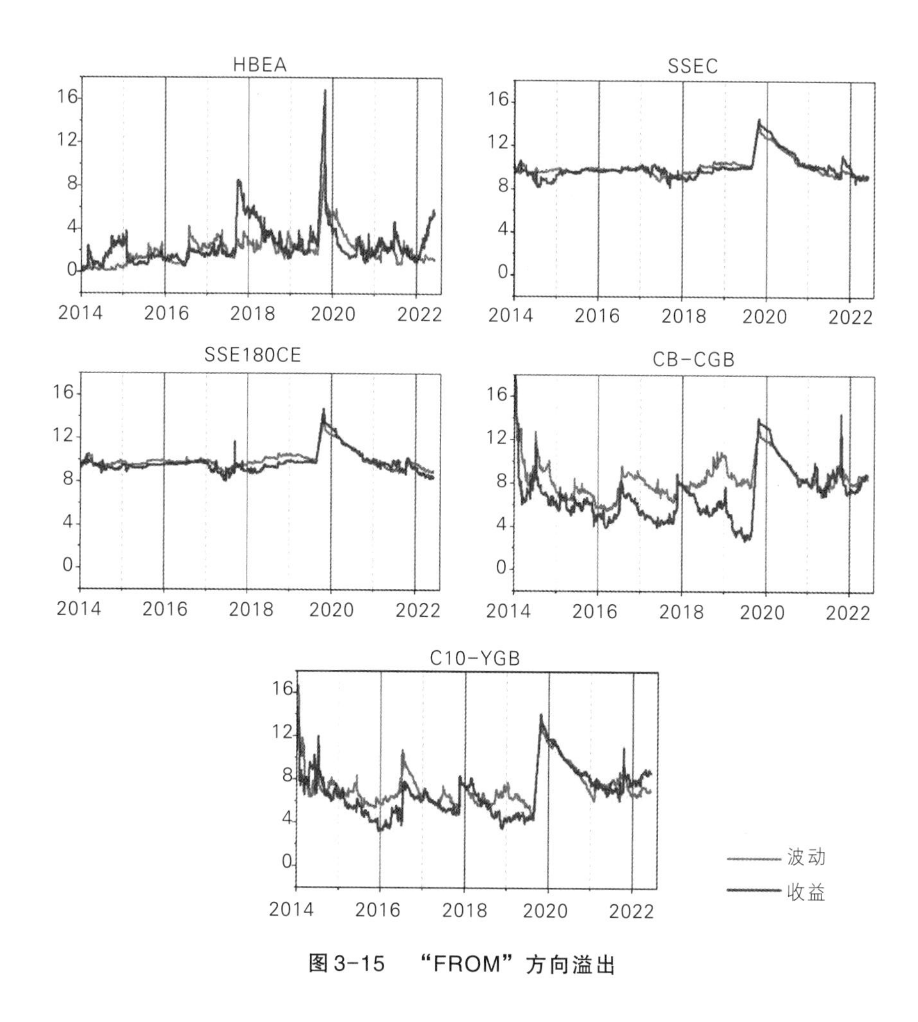

图3-15　“FROM”方向溢出

图3-17是各市场收益波动的净溢出图。在动态净溢出分析中，正值表示该市场变量向其他市场传递信息，负值则表示该市场变量从其他市场接收信息。在之前的静态溢出指数分析中，我们发现无论是从碳市场向其他市场的波动溢出还是其他市场向碳市场的波动溢出都不显著，但是根据图3-17，我们得到无论是收益率还是波动率，在整个样本期间，碳市场的净溢出的变化趋势显著的结论，从整个样本期的开始到2016年之间，主要表现为向其他市场的波动溢出，2016到样本结束期间表现为主要接

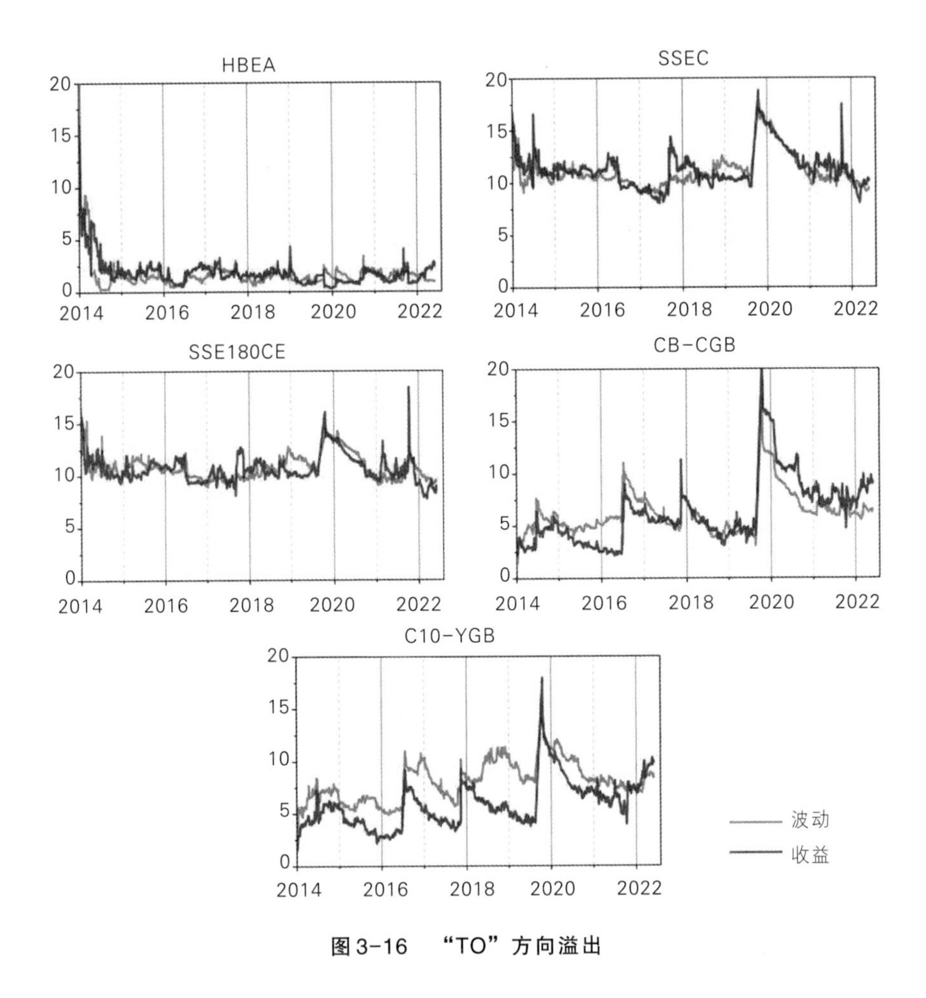

图 3-16 "TO"方向溢出

收其他市场的波动，这可能由于该市场内部存在着某种调节机制，但是仍然无法抵御金融市场动荡，如2016年油价暴跌对金融市场造成的影响，从而将这种波动传导给了碳市场。

图 3-18展示了收益率和波动率的配对溢出效应，传统债券市场和绿色债券市场与碳市场的净波动溢出幅度不同，绿色债券市场对碳市场的波动溢出幅度明显高于传统债券市场，但是它们的波动趋势相似，大部分时间表现为债券市场对碳市场的波动溢出且在2020年前出现峰值。但是在2020

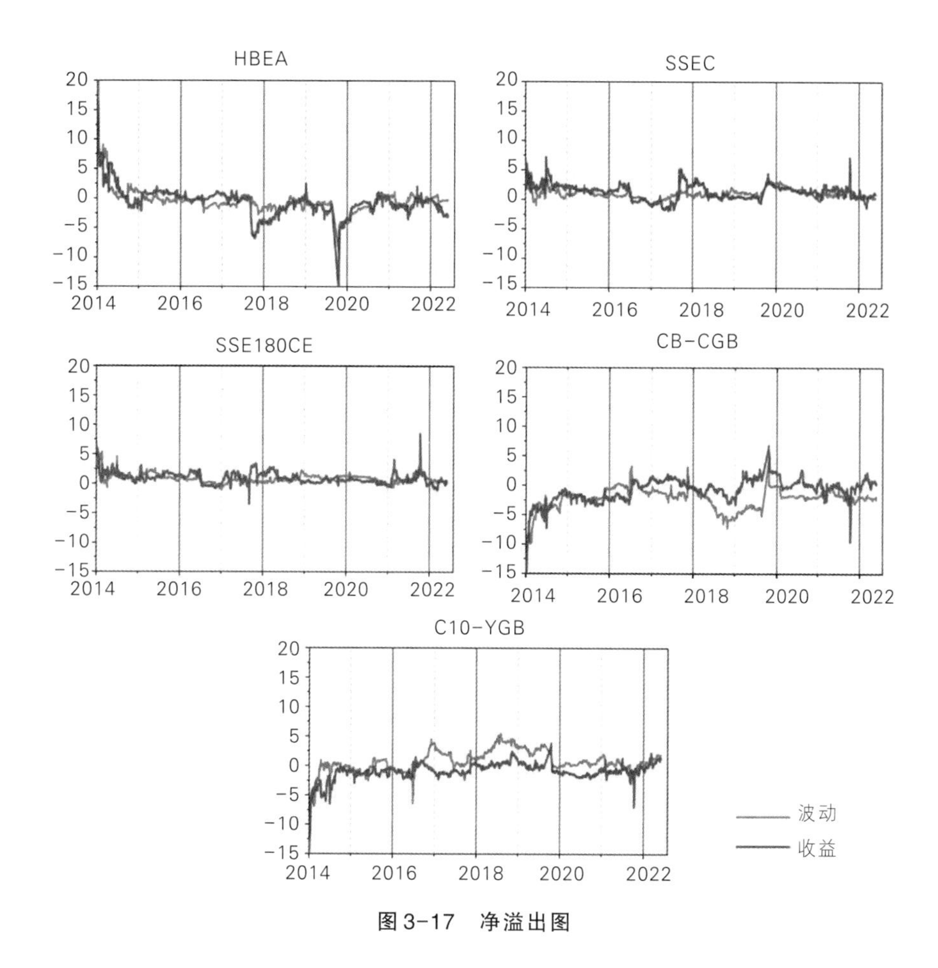

图3-17　净溢出图

年绿色债券市场与碳市场之间的波动溢出突然上升，这种现象的产生主要有以下两点原因，第一，中国市场发行了越来越多的绿色债券；第二，2020年COVID-19的发生带来的金融动荡加剧了绿色债券市场和碳市场之间的风险传染，因为在金融动荡时期，绿色债券投资者通常将向金银、石油等大宗商品寻求依赖，增加了它们对绿色资产业绩的影响，绿色债券市场会将这种波动性扩散到碳市场（Jin等，2020）。传统股票市场和低碳足迹股票市场与绿债市场的配对波动溢出趋势极为相似，都是在2019—2020年间波动趋势增强，可能是由于COVID-19的影响，如对大宗商品股

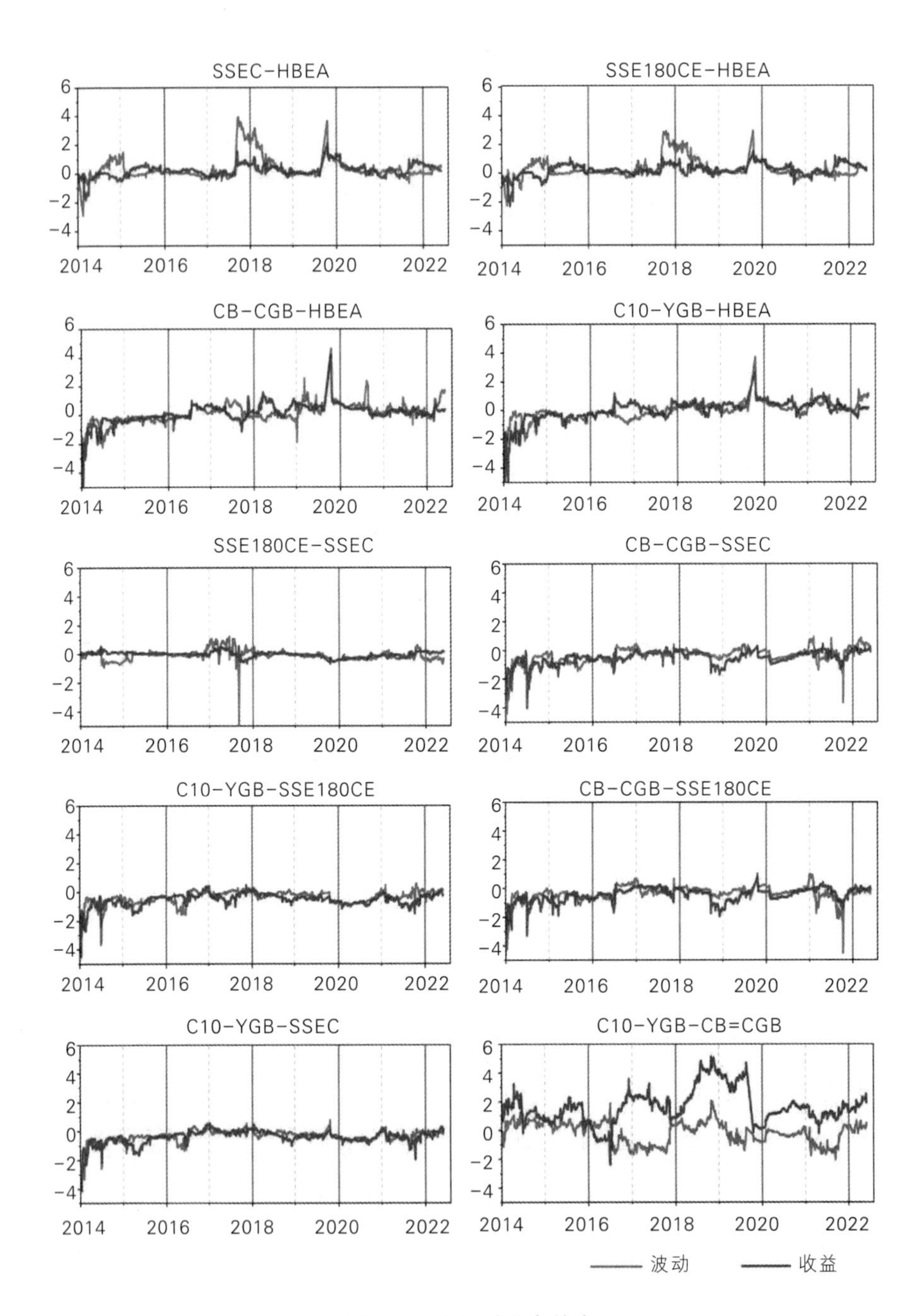

图3-18　净配对溢出效应

票的影响导致股票市场的波动传递给绿债市场，因此我们可以得到低碳足迹股票在该市场体系中发挥着相似的作用，用低碳足迹股票代替传统股票对冲碳市场风险也会表现出较高的对冲有效性。绿色债券市场对传统股票市场和低碳足迹股票市场波动溢出趋势都是在2019年之后明显增强，尽管绿债对金融市场领域的预测能力较低（Hammoudeh等，2020），但从波动溢出效应方面来看，考虑使用绿色债券对金融市场实施风险管理策略是有必要的。

另外，传统债券市场和绿色债券市场波动溢出在整个样本期间非常显著，大部分时间表现为传统债券市场向绿色债券市场的波动溢出，可见传统债券市场在整个样本期间表现出不稳定的特征，并且会把这种波动传递给绿债市场，这是由于国内许多债务工具仍然以国债利率作为最优利率，这在某种程度上会影响绿债市场的发展。

为了检验收益率和波动率的溢出实证结果是否过度依赖模型参数选择，我们通过改变TVP-VAR模型滞后阶数的方式进行稳健性检验。对于模型滞后阶数，在基于AIC和BIC准则选择的滞后5阶的基础上，我们进一步构建1阶、2阶、3阶、4阶和6阶的TVP-VAR。首先改变模型的滞后阶数，根据模型估计得到溢出总指数，并将其分别绘制在一个坐标系下，图3-19展示了稳健性检验的结果，我们可以看出各线条之间距离接近并且线条随时间的变化趋势一致，这意味着本节溢出实证结果不依赖于模型滞后阶数的选择，结果是稳健的。

（四）连通性网络

为了有效表示“碳-股票-债券”中跨市场溢出冲击的来源、方向和大小，接下来我们通过将上述联系机制描述为节点和节点关系的网络图来达到这一目的。为了更清晰地展示碳市场受金融市场中哪个变量的溢出效应更显著、市场间溢出方向如何，以及在COVID-19前后的溢出效应是否一致，我们将注意力转向5个市场变量网络连通性的分析。图3-20展示了收益率、波动率还有它们各自的子样本（COVID-19前后）的溢出网络。

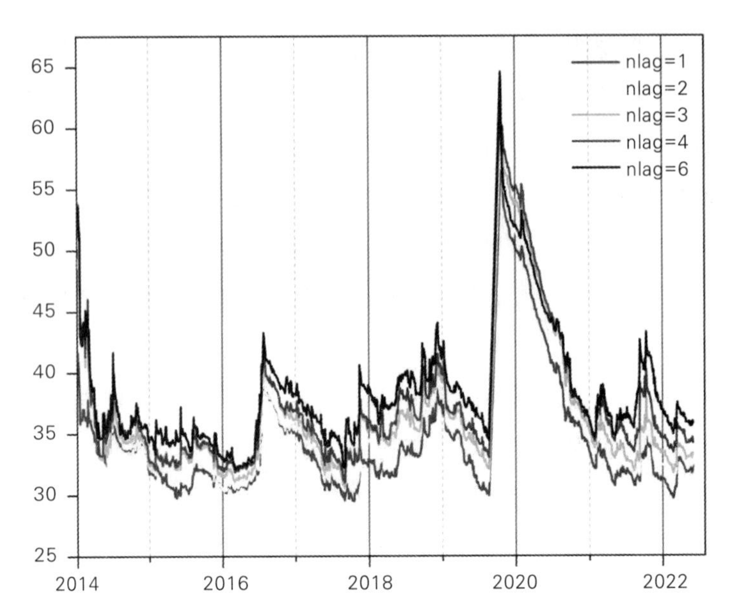

注：曲线顺序从下到上（nlag=1，nlag=2，nlag=3……）

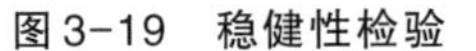

图3-19　稳健性检验

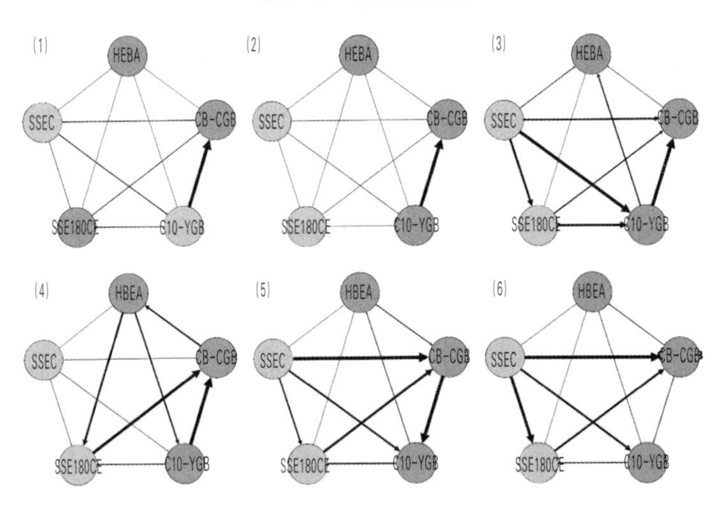

图3-20　收益率和波动率的溢出网络

注：（1）-（3）代表收益率的溢出网络。其中（1）代表完整样本的溢出网络，（2）代表COVID-19之前的溢出网络，（3）代表COVID-19期间的溢出网络；（4）-（6）代表波动率的溢出网络，其中（4）代表完整样本的溢出网络，（5）代表COVID-19之前的溢出网络，（6）代表COVID-19期间的溢出网络。

网络连通性分析将碳市场、传统债券市场、绿色债券市场、传统股票市场和低碳足迹股票市场之间的溢出联系在一起，我们以市场间的静态溢出信息为基础，每个市场作为溢出的传递或接收者，两市场之间的溢出方向和大小由配对溢出指数得到。如果市场 i 到市场 j 的溢出大于市场 j 到市场 i 的溢出，那么这时箭头指向表现为"市场 i 到市场 j"的方向。箭头的粗细代表波动溢出的大小，我们用节点的颜色深浅区分溢出的发出者和接收者，这是由每个市场的净溢出指数的正负决定的，我们用深色表示溢出的传递者，用浅色表示溢出的接收者，箭头越粗说明该市场的信息溢出越显著。对比由收益率构建的网络溢出图我们得到，在全样本时期碳市场和绿色债券作为溢出的接收者，对比 Pre-COVID-19 时期和 COVID-19 时期的溢出，我们发现市场间的溢出效应明显增强，尤其绿色债券市场和其他市场的溢出效应增强的程度最明显；我们还发现低碳足迹股票市场和绿色债券市场在 COVID-19 期间都与其他市场产生了更强的溢出联系。对于波动率，在整个样本期间，与收益率溢出网络一致的是，碳市场和绿色债券市场是其他市场变量溢出效应的接收者，并且在 COVID-19 期间低碳足迹股票的溢出效应显著增强，与收益率的网络溢出不同的是，在 Pre-COVID-19 期间，碳市场作为溢出的传递者，在 COVID-19 时期，碳市场作为溢出的接收者，这表示碳市场受经济动荡产生的市场波动较其他市场小，碳市场表现出了较高的稳定性。值得注意的是，收益率溢出网络和波动率溢出网络都表明 COVID-19 增加了市场间的溢出效应，另外我们还发现低碳足迹股票市场和绿色债券市场变化最明显，二者均有"低碳"的性质，一定程度上说明了当前低碳经济的不稳定性。

五、风险对冲策略和投资组合管理

（一）对冲策略

首先对五个市场分别建立均值方程并检验收益率序列的ARCH效应，我们发现这五个市场变量的收益率序列都具备ARCH效应，我们主要根据AIC准则确定每个市场变量的最优滞后阶数。ARCH系数在碳、传统债券、绿色债券、传统股票和低碳足迹股票市场均有统计学意义，这表明滞后冲击确实有效推动了这五个市场的当前波动。总体来说，我们发现了碳市场具有波动性和持续性的特征。

接下来我们将使用DCC-GARCH模型对DCC的相关参数进行估计，并得到碳市场与股票市场和债券市场以及其他市场和绿色债券市场之间的动态相关系数。

表3-16是对两市场之间动态条件相关系数的描述性统计，我们发现除了绿色债券市场和传统债券市场之间存在显著的正相关关系之外，碳市场与股票和债券市场之间存在负相关或者呈低相关，股票市场和绿色债券市场之间也呈现出显著的负相关性，低条件相关性表明，股票和大宗商品市场脱钩，对冲碳风险的潜力有限（Jin等，2020）。这表明股票市场和债券市场具有很好的多元化收益（Diversification）。对于传统债券市场来说，绿色债券市场和传统债券市场之间显著的正平均相关性表明了绿色债券是对传统债券市场实施对冲策略较为可靠的工具。对于碳市场和其他金融市场来说，更适合考虑二元投资组合策略来降低投资风险。我们还发现这种相关性是时变的，在2020年COVID-19期间两个市场之间的相关性都达到峰值，其中碳市场和传统股票市场、低碳足迹股票市场达到正相关峰值，碳市场和债券市场（传统债券市场和绿色债券市场）之间达到的是负相关峰值，峰值的出现表明市场与市场之间的相关性会受到经济动荡的影响。

表3-16　　动态相关系数描述性统计

市场对	均值	标准差	最小值	最大值
Panel A：HBEA				
HBEA / CB-CGB	-0.03	0.02	-0.15	0.04
HBEA / C10-YGB	-0.01	0.00	-0.02	-0.01
HBEA / SSEC	-0.01	0.03	-0.09	0.10
HBEA / SSE180CE	-0.02	0.03	-0.13	0.14
Panel B：CB-CGB				
C10-YGB / CB-CGB	0.53	0.12	0.01	0.95
SSEC / CB-CGB	-0.18	0.08	-0.68	-0.05
SSE180CE / CB-CGB	-0.13	0.08	-0.56	0.03

图3-21展示了碳市场与债券市场和股票市场之间动态条件相关性的演变，可以观察到碳市场与绿色债券、传统债券市场之间在整个样本期间始终保持着较低的相关性，绿色债券市场和低碳足迹股票市场之间的条件相关性也始终保持较低且平稳的趋势。碳市场和传统股票市场之间呈现出正负交替的趋势，与低碳足迹股票市场之间相关性呈现出显著的时变特征，大部分时间呈现出负相关性。从绿色债券市场与碳市场和其他金融市场之间的相关性来看，传统债券市场是与绿色债券市场相关性最高的市场，这与Hammoudeh等（2020）发现在美国传统债券市场和绿色债券市场间存在显著的因果关系一致。整个样本期间，绿色债券市场和传统债券市场之间的相关性基本在0.6的相关水平上下浮动，而传统股票市场和绿色债券市场之间的相关性大部分时期保持负相关趋势，低于绿色债券市场和传统股票市场之间的相关水平。碳市场和各金融市场，以及金融市场与绿色债券市场之间的相关性都在2020年COVID-19时期出现明显的尖峰，表明金融动荡加剧了双方的相关性，这与研究得到的市场低迷时期各市场

之间会表现出较高的依赖一致。因此在该时期传统股票、绿色债券和传统债券可以成为对冲碳市场风险的可靠工具，用绿色债券对冲股票市场风险也可能会发挥不错的效果。传统股票市场和低碳足迹股票市场与碳市场之间的条件相关性在2015年出现上升趋势，可能因为在2015年12月《巴黎协定》通过之后，股市投资者将目光转向碳市场。但是，股票市场和绿色债券市场之间的相关性普遍较低，因此我们可以推断出由股票市场和绿色债券市场构建的投资组合会给投资者带来多样化的好处。另外，市场与市场之间的相关性是时变的且存在明显波动的，这就意味着投资者在投资过程中要注意调整投资策略。我们对比绿色债券市场与其他市场之间的相关性时发现，绿色债券市场只有和传统债券市场之间的平均相关性为正值，其余均为负值，这表明投资者可以用绿色债券对股票市场进行组合投资策略。总体来说，我们的结果表明，虽然不同类型的债券或股票市场与碳市场之间的相关性不同，但整体趋势相同，此外在考虑碳市场的投资组合策略时，优先考虑绿色债券与碳市场的投资组合策略以及绿色债券与传统债券之间的对冲策略是较为有效的选择。市场与市场的相关性对于投资者对冲风险和应对市场回报波动具有重要意义。我们通过构建DCC-GARCH模型获得的条件方差和协方差可用于构建对冲比率和最佳投资组合权重。动态条件相关性表明，碳市场与金融市场之间的相关性随时间而变化，这也在一定程度上表明，金融市场与碳市场之间以及绿色债券市场与其他市场之间的对冲和投资组合管理策略也应随时间而变化。

基于上述“碳-股票-债券”系统性风险溢出机制的分析，我们了解到低碳金融资产（绿色债券、低碳足迹股票）对碳市场的溢出机制不同于传统金融资产。此外，大量研究表明，在发达经济体的背景下，绿色债券对市场风险具有更强的对冲效果。这促使我们对套期保值的有效性进行更全面的调查，并深入研究“碳-股票-债券”系统中的风险管理策略，特别关注碳市场和绿色债券市场的作用和表现。动态条件相关性展示了碳市场和金融市场之间的相关性随时间变化而产生不同的相关程度，这从一定

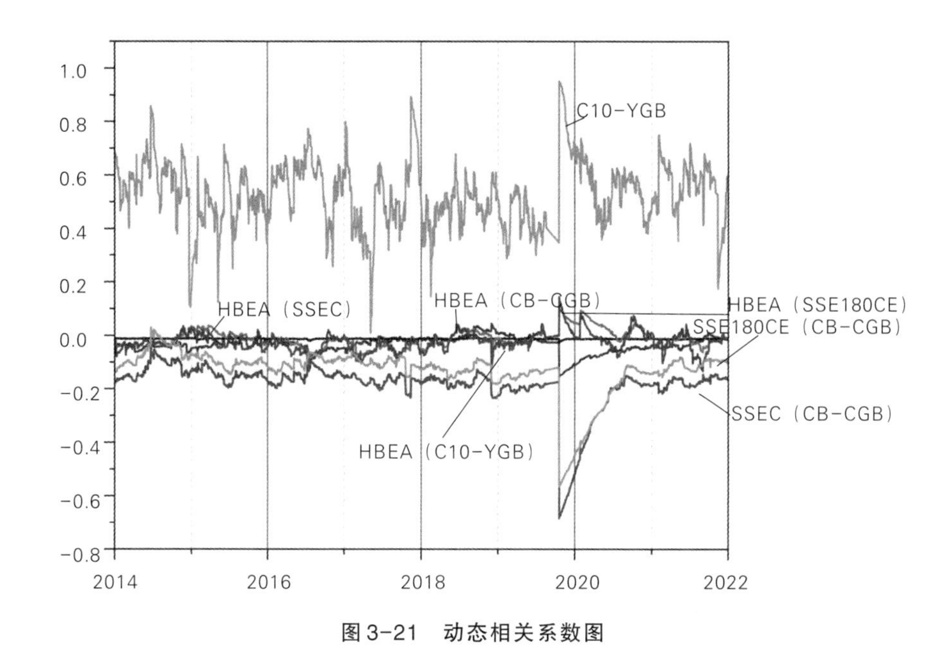

图3-21　动态相关系数图

程度上也表明金融市场与碳市场以及绿色债券市场和其他市场之间的对冲策略和投资组合管理策略也应该随时间的推移而变化。

表3-17展示的是第一项资产和第二项资产在整个样本期和两个子样本期的对冲比率和对冲有效性的汇总统计。该表报告了用第二项资产的空头头寸对冲第一项资产多头头寸的比率百分比的平均值。我们发现市场与市场之间的对冲比率是随时间变化的，这意味着利用金融市场对冲碳市场的风险以及利用绿色债券去对冲其他金融市场所产生的对冲成本是不同的。例如，我们发现绿色债券、传统债券、传统股票和低碳足迹股票与碳市场之间的对冲比率都在2020年初新冠疫情大暴发时期达到峰值，结合2020年之前和2020年之后两个子样本的对冲比率，我们得到绿色债券对碳市场的对冲比率为负值的结论，这是因为两市场之间的平均相关性为负值（Tiwari等，2022）。在新冠疫情大暴发时期对冲比率表现为1元的碳资产需要接近4元的多头头寸进行对冲，这意味着对冲成本的增加。根据全

样本的对冲比率表示，只有绿色债券对冲传统债券时，对冲比率为正值，例如1元的传统股票资产需要1.05元的绿色债券资产进行对冲，对冲成本较高，但是与此同时对冲有效性达到了30.09%，可以极大程度上帮助投资者应对传统股票市场的风险和价格波动。金融资产对碳市场的对冲比率及绿色债券对其他市场的对冲比率均值都是负值，这是因为它们之间的平均相关性为负值。对冲有效性的负值意味着对冲后的收益序列方差要大于原始序列的方差，试图降低投资风险的投资者对这种对冲策略是不感兴趣的（Jin等，2020），但是投资者可以考虑绿色债券的多元化投资收益。我们的结果还表明，绿色债券、传统债券以及低碳足迹股票都可以作为对冲碳市场风险的工具，并且绿色债券也都可以作为其他金融资产的对冲工具。

表3-17　对冲比率及对冲有效性

对冲策略	全样本			Pre-COVID-19		COVID-19		T
	均值	标准差	HE (%)	均值	HE (%)	均值	HE (%)	
Panel A：HBEA								
HBEA / CB-CGB	-1.20	0.84	0.03	-0.22	0.01	-2.03	0.45	28.01***
HBEA / C10-YGB	-0.20	0.42	0.13	0.14	0.01	-0.89	0.36	35.19***
HBEA / SSEC	-0.03	0.08	-0.03	-0.09	0.18	-0.06	-0.25	-2.64**
HBEA / SSE180CE	-0.06	0.13	0.08	-0.10	0.17	-0.06	-0.22	-9.05***
Panel B：CB-CGB								
C10-YGB / CB-CGB	1.05	0.25	30.09	1.06	31.06	1.11	37.60	-2.24**
SSEC / CB-CGB	-2.19	1.20	2.16	-0.36	0.04	-2.94	6.36	-16.83***
SSE180CE / CB-CGB	-1.72	0.93	1.24	0.01	0.00	-2.00	4.00	32.70***

注：***、**、*分别表示1%、5%和10%的显著性水平。

我们使用t检验分析COVID-19前后对冲比率的差异，结果表示Pre-COVID-19和COVID-19的t-statistics均具有统计意义，这表示COVID-19的发生确实影响了市场之间的对冲成本。这也表示了COVID-19这种重大事件的发生会增强资产之间的对冲有效性，与我们之前得到的经济动荡增强了市场之间的相关性结论一致，与此同时，投资者要注意调整资产的对冲头寸，才能有效对冲市场风险。我们也发现当利用股票市场和债券市场对碳市场实施对冲策略时，并不能取得较好的对冲性能，因此我们接下来将考虑股票和债券对碳市场的多元化投资组合策略。

（二）投资组合权重和投资绩效分析

为了进一步探究我们对投资组合的理解，我们在表3-18中报告了投资组合权重和对冲有效性的汇总统计数据。该表反映了1元的投资组合中需要的HBEA、CB-CGB、C10-YGB、SSEC和SSE180CE的部分，我们发现当用绿色债券、传统债券、传统股票和低碳足迹股票市场去和碳市场形成投资组合时，碳市场在投资组合中所占比例较大，例如，在传统股票市场中，投资者应将约25%的投资权重分配给碳市场，当碳市场与低碳足迹股票市场结合构建投资组合策略时，投资者应将约24%的投资权重分配给碳市场，以此在维持投资绩效的同时降低市场风险，但是当我们将债券市场和碳市场结合构建投资组合时，碳市场的占比非常低。总体来说，无论将碳市场与股票市场结合还是将碳市场与债券市场结合，在构建投资组合时，投资者应该更多地投资到金融市场，并不是碳市场。

为了进一步比较资产的投资组合权重变化，我们对新冠疫情前和新冠疫情期间的投资组合权重进行了t检验，以此来确定COVID-19的发生对投资组合权重变化是否显著。我们的研究结果发现，除了绿色债券市场和传统债券市场构成的投资组合权重变化不显著，其余两两市场构成的投资组合权重都具有统计学意义。我们还发现经过新冠疫情事件的冲击，碳市场与所有金融市场构成的投资组合权重占比都有所增加，例如，碳市场和传统债券组合，在Pre-COVID-19的样本中，碳市场的投资组合权重为

0.25，这意味着对于1元的投资组合权重，投资者应将0.25元投资权重分配给碳市场，在COVID-19期间，碳的权重占比增加到0.74，这意味着投资要考虑将原先投资给碳市场的0.25元增加到0.74元，剩余的投资金额分配给绿色债券市场。这一结果说明COVID-19会增加碳市场的投资权重占比。碳市场与传统股票市场之间也显示出了相同的特点，但是绿色债券和低碳足迹股票构建的投资组合中，投资者似乎更愿意将资产投资给绿色债券，在投资组合中所占份额较大的表现与其在市场中低连通性保持一致。

表3-18　　投资组合权重

投资组合	全样本					Pre-COVID-19		COVID-19		T
	均值	标准差	最小值	最大值	HE（%）	均值	HE（%）	均值	HE（%）	
Panel A：HBEA										
HBEA / CB-CGB	0.01	0	0	0.14	0.99	0	0.58	0.01	0.77	-10.89***
HBEA / C10-YGB	0.01	0.01	0	0.13	0.99	0.25	0.99	0.74	0.99	-15.21***
HBEA / SSEC	0.24	0.19	0	0.89	0.74	0.24	0.74	0.35	0.67	-11.05***
HBEA / SSE180CE	0.26	0.19	0	0.89	0.71	0.01	0.72	0.01	0.69	-41.98***
Panel B：CB-CGB										
C10-YGB / CB-CGB	0.07	0.15	0	1	0.649	0.1	0.64	0.09	0.85	0.59
SSEC / CB-CGB	0.02	0.01	0	0.26	0.98	0.1	0.87	0.02	0.99	28.15***
SSE180CE / CB-CGB	0.02	0.02	0	0.25	0.98	0.99	0.97	0.01	0.99	866.81***

注：***、**、*分别表示1%、5%和10%的显著性水平。

当利用金融工具投资组合降低碳市场风险时，我们发现只有当用绿色债券市场和碳市场结合成投资组合时，对碳市场的对冲有效性增强，从COVID-19之前的58%增加到COVID期间的77%。对比COVID-19之前的投资组合对冲有效性，我们发现当使用绿色债券与传统股票、传统债券和低碳足迹股票之间构建投资组合时，它们的对冲有效性都得到了显著提高，尤其是绿色债券和传统债券之间构成的投资组合，从COVID-19之前的64%增加到85%，但是对于1元的投资金额，投资者要考虑将大部分的金额分配给绿色债券；另外，我们发现绿色债券和低碳足迹股票构成的投资组合权重在COVID-19前后发生了巨大变动，在COVID-19暴发之前，对于1元的投资金额，低碳足迹股票得0.99元，但在COVID-19之后，低碳足迹股票只得0.01元，投资者要考虑将大部分的投资权重投资给绿色债券市场，结合它们的对冲有效性的增加，由此也可以得到，绿色债券和低碳足迹股票等绿色金融资产可以成为碳市场一项有效的避险工具。

为了探究投资组合的表现，我们考察了将绿色债券、传统债券、传统股票纳入碳市场后的多样化收益。我们使用了两种投资组合绩效指标，如Omega值和Sortino ratio值，以此来评估在风险调整回报绩效方面我们构建的二元投资组合是否能有效提高投资绩效。我们使用中国10年期国债收益率作为无风险收益率的代表。

表3-19展示了我们分别对全样本、COVID-19之前和COVID-19期间的多元化投资组合和对冲策略进行投资绩效的分析。在整个样本期间，我们发现在利用股票市场和债券市场与碳市场构建多元化投资组合策略时，绿色债券对碳市场的多元化投资绩效是最好的，因为绿色债券与碳市场构建的投资组合的Omega值从1.04增加到2.22，因此将绿色债券纳入碳市场的多元化投资中，可以为投资者提供较好的投资绩效。与此同时，绿色债券与碳市场的多元化投资，也使碳市场的标准差得到了最大程度的降低。其他金融市场与碳市场构建的多元化投资组合也展现出较好的投资组合绩效。我们也发现，当考虑绿色债券对传统债券市场、股票市场等多元化投

资组合绩效时，绿色债券除了对传统债券的多元化投资绩效不明显，对传统股票和低碳足迹股票市场均起到良好的投资绩效，这与之前我们得到的绿色债券与股票市场之间的低相关性和弱溢出效应的结论是一致的。

接下来，我们分析新冠疫情对多元化投资绩效的影响，我们发现利用债券和股票市场与碳市场构建多元化投资组合后，只有绿色债券对碳市场的多元化效益最显著，在新冠疫情之前加入绿色债券使碳市场收益序列的Omega值从1.01增加到6.23，Sortino ratio值从0.003增加到1.77，新冠疫情期间我们将绿色债券加入到碳市场的多元化投资组合中，只使得碳市场从1.12增加到了1.97，Sortino ratio值从0.04增加到了0.24，传统债券对碳市场的多元化投资策略也发挥了作用。不论是全样本还是子样本，利用绿色债券对碳市场实施多元化投资组合都可以发挥良好的投资绩效，同时COVID-19的流行会导致投资组合的多元化效益降低。

我们还发现在新冠疫情前后，绿色债券、传统股票、传统债券和低碳足迹股票市场都提高了投资组合绩效，由此可见在市场低迷时期将绿色债券纳入传统债券市场和股票市场中可以提高投资组合绩效，分样本分析也表现出了一致结论。

六、小结

本节主要研究了新兴经济体中碳市场、传统金融市场和绿色金融市场之间的联系机制和风险管理策略。首先我们从VAR模型出发构建静态溢出指数，结合TVP-VAR模型得到溢出的时变性并由此得到市场间的网络连通性；然后，基于DCC-GARCH类模型得到市场之间的动态相关性，基于模型估计结果比较各金融市场对碳市场和绿色债券市场对其他市场的对冲策略和多样化投资组合策略，我们还评估了对冲有效性以及对投资组合的绩效进行了分析。

表3-19　　投资绩效分析

投资组合	全样本				Pre-COVID-19				COVID-19			
	Omega	Δ	Sortino Ratio	Δ	Omega	Δ	Sortino Ratio	Δ	Omega	Δ	Sortino Ratio	Δ
Panel A：HBEA												
HBEA / 未对冲	1.04		0.01		1.01		0		1.12		0.04	
HBEA / CB-CGB	2.22	1.13	0.4	22.01	6.23	5.18	1.77	568.31	1.97	0.77	0.24	4.44
HBEA / C10-YGB	1.1	0.06	0.05	1.91	1.11	0.1	0.05	15.66	1.12	0.02	0.06	0.35
HBEA / SSEC	1.02	-0.01	0.01	-0.4	1.06	0.05	0.03	7.11	0.99	-0.1	0	-1.05
HBEA / SSE180CE	1.03	-0.01	0.01	-0.19	1.06	0.05	0.03	7.6	1.05	-0.05	0.03	-0.43
Panel B：CB-CGB												
C10-YGB / CB-CGB	2.15	-0.03	0.37	6.28	2	0.79	0.34	5.09	2.51	1.3	0.57	11.81
C10-YGB / 未对冲	2.24		0.05		1.12		0.06		1.09		0.05	
SSEC / CB-CGB	2.26	1.18	0.4	29.83	1.75	0.61	0.18	4.09	2.74	1.94	0.62	-14.76
SSEC / 未对冲	1.03		0.01		1.08		0.04		0.93		-0.05	
SSE180CE / CB-CGB	2.28	1.2	0.41	26.22	1.61	0.49	0.26	6.589	2.73	1.94	0.63	-19.19
SSE180CE / 未对冲	1.03		0.02		1.08		0.03		0.93		-0.03	

本节应用溢出指数方法和动态条件相关模型探究了新兴经济体下“碳市场-股票市场-绿债市场”的连通机制，并进一步研究了市场的时变对冲策略、投资组合权重和投资组合绩效分析。我们的研究结果主要表明，碳市场与股票市场、债券市场之间呈负相关或低相关，绿色债券和其他金融市场之间也表现出较低的相关性。无论是在整个样本期间还是以COVID-19为时间节点的子样本期间，收益率序列和波动率序列的研究结果都表明碳市场与其他金融市场之间的溢出信息都较少，并且溢出效应的强度会随着时间的变化而变化，COVID-19经济动荡的发生增强了市场与市场之间的溢出效应。我们进一步探究了整个样本期间和子样本期间金融市场对碳市场以及绿色债券市场对其他金融市场的对冲策略和投资组合策略，并根据对冲有效性评估它们的对冲效果，研究结果表明利用金融资产对冲碳市场和利用绿色债券去对冲其他金融市场风险时，构建金融市场和碳市场之间的投资组合策略比使用对冲策略更为有效。碳市场和金融资产市场之间的低溢出效应和低相关性也说明了金融资产的多样化优势，利用金融资产与碳市场建立投资组合策略会得到较好的投资绩效。最后，我们根据Omega值和Sortino Ratio值评估了以上构建的二元投资组合投资绩效，我们发现利用绿色债券和碳市场构建的投资组合策略表现出较好的绩效，绿色债券对股票市场的投资组合也表现出了优良的绩效，因此投资管理者在使用投资组合策略应对市场风险时，不仅会应对市场波动，还可以提高收益；在对二元投资组合策略的投资绩效分析中，我们发现当用绿色债券构建关于碳市场的投资组合策略时可以最大程度提高投资绩效，但受经济动荡的影响，COVID-19时期投资绩效明显降低，因此投资者应灵活制定风险管理策略。

七、本节附录

DCC-GARCH模型的构建：

$$\gamma_t = \mu + a\gamma_{t-1} + \varepsilon_t \tag{3-37}$$

其中：

$$\varepsilon_t = \sum_t^{1/2} z_t \tag{3-38}$$

$$\sigma_t^2 = \omega + \alpha(|\varepsilon_{t-1}| - \gamma\varepsilon_{t-1})^2 + \beta\sigma_{t-1}^2 \tag{3-39}$$

$$\sum_t = D_t^{1/2} R_t D_t^{1/2} \tag{3-40}$$

$$R_t = diag(Q_t)^{-1/2} \times Q_t \times diag(Q_t)^{-1/2} \tag{3-41}$$

$$Q_t = (1 - \varphi_1 - \varphi_2)\overline{Q_t} + \varphi_1(u_{t-1}u'_{t-1}) + \varphi_2 Q_{t-1} \tag{3-42}$$

其中，Q_t是一个$N \times N$的正定矩阵，$\sum_t$ 是$n \times n$的条件协方差矩阵，R_t是条件相关矩阵，$diag(Q_t)^{-1/2}$是对角线上具有时变标准差的对角矩阵。

表3-20　　　　DCC-GARCH模型的估计参数

	DCC-GARCH			DCC-GJR-GARCH		
	Coef.	T	*P*-value	Coef.	T	*P*-value
μ	0.02	-0.83	0.44	-0.02	-0.77	0.44
AR（1）	0.10	0.25	0.79	0.03	0.26	0.79
MA（1）	0.10	-2.05	0.04	-0.22	-2.09	0.04
ω	0.45	1.74	0.07	0.79	1.81	0.07
α	0.07	7.45	0.00	0.61	10.21	0.00
β	0.13	2.89	0.00	0.39	2.97	0.00
CB-CGB						
μ	0.02	0.00	0.00	0.02	12.79	0.00
AR（1）	0.57	0.05	0.00	0.57	10.97	0.00
MA（1）	-0.17	0.07	0.01	-0.17	-2.61	0.01
ω	0.00	0.00	0.05	0.00	1.99	0.05
α	0.2	0.05	0.00	0.21	3.99	0.00
β	0.78	0.06	0.00	0.78	13.29	0.00

续表

	DCC-GARCH			DCC-GJR-GARCH		
	Coef.	T	*P*-value	Coef.	T	*P*-value
C10-YGB						
μ	0.00	0.00	0.03	0.01	2.21	0.03
AR（1）	0.01	0.08	0.87	0.01	0.17	0.87
MA（1）	0.19	0.08	0.02	0.19	2.40	0.02
ω	0.00	0.00	0.01	0.00	2.55	0.01
α	0.13	0.04	0.00	0.13	3.46	0.00
β	0.84	0.04	0.00	0.84	19.68	0.00
SSEC						
μ	0.01	0.02	0.39	0.01	0.85	0.39
AR（1）	0.90	0.02	0.00	0.90	56.59	0.00
MA（1）	-0.92	0.01	0.00	-0.92	-80.14	0.00
ω	0.03	0.01	0.01	0.03	2.47	0.01
α	0.09	0.02	0.00	0.09	4.15	0.00
β	0.89	0.02	0.00	0.89	37.62	0.00
SSE180CE						
μ	0.03	0.02	0.15	0.03	1.44	0.15
AR（1）	-0.77	0.21	0.00	-0.77	-3.68	0.00
MA（1）	0.78	0.21	0.0	0.78	3.78	0.00
ω	0.02	0.01	0.02	0.02	2.32	0.02
α	0.08	0.02	0.00	0.08	4.87	0.00
β	0.92	0.02	0.00	0.92	59.39	0.00

注：上表显示了基于碳市场、债券市场和股票市场的非对称DCC-GARCH模型和对称DCC-GJR-GARCH模型获得的参数估计值。

表3-20展示了基于非对称DCC-GARCH模型和对称DCC-GJR-GARCH模型得到的对碳市场、债券市场和股票市场的参数估计值。我们发现对于不同的市场收益序列需要用不同ARMA模型构建关于碳市场、绿色债券、传统债券、传统股票和低碳足迹股票市场的均值方程，绿色债券市场、传统股票市场和低碳足迹股票市场的AR（1）系数显著，这说明过去的市场收益在预测未来该市场收益方面具有一定的解释能力，但是该系数在碳市场和传统债券市场上不显著，这也说明过去收益对这两个市场未来收益没有显著的解释能力。我们发现利用DCC-GARCH模型和DCC-GJR-GARCH模型构建得到的单变量GARCH模型系数的显著性相差不大，也就是说本书中的时间序列并未显示出对称性，这与DCC-GJR-GARCH模型对于没有对称性的序列的表现没有太大区别的结论一致。

表3-21　　DCC模型的参数估计

模型	参数	HBEA				Green bond		
		CB-CGB	C10-YGB	SSEC	SSE180CE	C10-YGB	SSEC	SSE180CE
DCC-GARCH	φ_1	0.00 (0.18)	0.00 (0.94)	0.00 (0.21)	0.00 (0.18)	0.00 (0.01)	0.00 (0.32)	0.01 (0.19)
	φ_2	0.98 (0.00)	0.91 (0.00)	0.98 (0.00)	0.96 (0.00)	0.91 (0.00)	0.98 (0.00)	0.98 (0.00)
	AIC	2.88	3.69	7.81	7.89	−3.17	1.32	1.43
	BIC	2.93	3.73	7.86	7.95	−3.13	1.37	1.48
	HQ	2.89	3.70	7.83	7.92	−3.16	1.34	1.45
DCC-GJR-GARCH	φ_1	0.00 (0.18)	0.00 (0.94)	0.00 (0.21)	0.00 (0.18)	0.06 (0.01)	0.01 (0.32)	0.01 (0.19)
	φ_2	0.98 (0.00)	0.91 (0.00)	0.98 (0.00)	0.96 (0.00)	0.91 (0.00)	0.98 (0.00)	0.98 (0.00)
	AIC	2.89	3.69	7.81	7.90	−3.16	1.34	1.44
	BIC	2.94	3.75	7.87	7.95	−3.11	1.39	1.49
	HQ	2.91	3.72	7.81	7.90	−3.15	1.36	1.46

表3-21报告了DCC-GARCH模型对第二阶段的估计，对于碳市场和每个金融市场变量以及绿色债券市场和其他市场之间都有$\alpha+\beta<1$，这表明DCC模型构建的动态相关系数是有意义的。只有绿色债券和传统债券市场的系数α和β在统计学上都具有显著性意义，则说明绿色债券和传统债券市场之间的动态相关系数受到其自身过去冲击和波动的影响都很显著，并且每个收益序列的β都大于α，则说明该市场收益序列的对过去的波动比对过去的冲击更敏感。两种模型得到的AIC和BIC值没有相差太多，表示利用DCC-GARCH模型和DCC-GJR-GARCH模型所得到的效果是一致的。

第四节 渐进视角下碳市场和股票市场之间的风险溢出：测度、溢出网络和驱动因素

先前的研究已经确认了碳市场和股票市场之间存在风险相关性和溢出效应。然而，这些研究主要集中在市场层面上，其适用性在面对像中国这样的新兴经济体的行业层面决策时有所限制。本节采用创新的渐进视角，利用Diebold-Yılmaz溢出指数方法和社交网络分析来全面评估中国碳市场和行业的股票市场之间的溢出水平、溢出网络结构和驱动因素。研究发现：(1) 中国碳市场和股票市场整体呈现出显著、不平衡和对极端事件敏感的溢出效应，其中碳市场主要作为系统中信息的净接收者；(2) 不同行业的股票市场表现出显著的异质性，同时碳市场在溢出网络中扮演“经纪人”的角色，而能源部门则显示出显著的介数中心性；(3) 通过对能源行业股票市场中的微观企业进行层面计量分析，发现环境信息披露可以对企业和碳交易机构之间的波动溢出产生负面影响，这可能具有增加能源企业收益的潜力。总体而言，本节的研究结果对碳市场和能源行业的各方利益相关者都具有重要的实践意义，包括政策制定者、投资者和市场参与者。

一、引言

在可持续发展和环境保护的背景下，二氧化碳排放已成为一个紧迫的、不容忽视的全球性问题。这一问题对世界各国的可持续发展构成重大威胁。对此，《京都议定书》提出建立碳排放交易市场，作为调控区域碳排放的有效手段。这一机制被广泛认为是实现二氧化碳减排的关键工具。国际碳行动伙伴组织（ICAP）发布的《2022年度全球碳市场进展报告》显示，目前全球有25个碳交易体系在运行，这些体系加起来约占全球温室气体排放量的17%。值得注意的是，中国目前是世界上最大的二氧化碳排放国和能源消费国。从2013年开始，中国就不断推进各地区建设碳试点市场，并于2021年启动了全国碳排放权交易市场。到2022年，中国碳市场交易量已覆盖全球约40%的碳排放量（ICAP，2022）。这一发展进程凸显了碳排放交易市场将在帮助中国2030年前二氧化碳排放达到峰值，争取2060年前实现碳中和的目标方面发挥越来越重要的作用。

碳市场的金融层面一直是学术研究的主题，特别是在发达经济体中，碳市场和股票市场之间的联系是一个重要的研究领域。因此，学者们已经进行了许多研究来探索这两个市场之间的相关性。碳市场与股票市场的关系可以从不同的角度来看待，一些能源消耗水平较高的上市行业严重依赖碳排放配额来维持其生产活动。因此，各行业对碳配额需求的任何增加都可能导致碳市场价格的上涨，从而引起上市行业股价的波动（Sun等，2020）。此外，无论是在同一时期还是随着时间的推移，在碳市场中观察到的价格波动都与其他各种股票指标相关，如行业指数，甚至与地缘政治风险相关。由于碳市场是更广泛的经济体系的重要组成部分，它也与整体市场指数的表现有关（Ji等，2019）。但是，对于理性的投资者来说，仅仅依靠对整个市场层面相互联系的直观理解是不够的。准确测量碳市场与行业股票市场之间的风险相关性水平和溢出特征是帮助投资者作出明智投资决策的必要前提，包括分散投资风险和在广泛的市场组合中分配投资。

近年来，学者们对碳市场与股票市场之间风险传导机制的探索越来越感兴趣，特别是行业层面的股票市场。Sun等（2022）揭示了碳市场与能源密集型股票市场之间隐藏的因果关系。值得注意的是，行业异质性会影响风险信息的传递，不同企业对碳信用额度的需求不同，碳价格波动对不同行业股票市场的溢出机制有不同的响应。总体而言，先前的研究强调需要研究碳市场与特定部门股票市场之间复杂的相互作用，而从行业层面理解风险传导机制的性质和动态对于制定有效的风险管理策略也具有一定重要性。

现有的碳市场与行业股票市场风险关系研究主要采用线性和非线性分析框架（Yuan和Yang，2020）。然而，在分析碳市场和行业股票市场之间的溢出网络时往往忽略了网络视角。近年来，社会网络分析（Social Network Analysis，SNA）通过分析网络结构识别关键行为者及其联系，逐渐被学者们用于研究空间关联效应（Sun等，2020）。SNA可以揭示信息和风险是如何通过网络传播的。因此可以考虑利用SNA来解释碳市场与行业股票市场之间复杂的风险溢出关系。通过对网络结构的分析，可以确定碳市场与多行业股票市场之间收益波动传导的方向和路径。实证分析表明，能源行业股票市场在溢出网络中作用突出，与碳市场的关系最紧密。这一发现支持了普遍持有的看法，并为随后的机制分析提供了重要的基础（Wang和Guo，2018；Zhang和Sun，2016）。

目前，碳市场与能源行业股票市场之间风险传导的决定因素和机制尚未得到充分解释。然而，这种知识差距对企业和市场管理都具有重要意义。为了弥补这一差距，本节利用计量分析方法，基于溢出网络的测度和外溢机制中价格传导与信息传播的经典理论，探讨了碳市场与能源行业股票市场微观企业波动溢出效应的驱动因素和影响机制。研究结果表明能源企业绿色转型和环境信息披露水平对碳市场与能源企业之间的溢出波动率具有显著的负向影响。本节还发现波动性外溢与能源企业股票换手率之间存在显著的正相关关系。

在此背景下，本节的研究将采用渐进的视角来探讨碳市场与股票市场之间的风险溢出。首先，将碳市场和股票市场作为一个整体进行全面分析，以确定这两个市场之间是否存在显著的风险溢出效应。其次，把重点转移到行业层面的股票市场，并研究不同行业层面股票市场与碳市场之间的行业异质性和溢出网络。这将通过使用时频溢出分析和SNA方法来完成。最后，具体考察能源市场，并进行具体的计量分析，以阐明单个能源企业波动率与碳市场波动率之间溢出效应的潜在机制和驱动因素。风险溢出指标研究的框架和流程如图3-22所示。

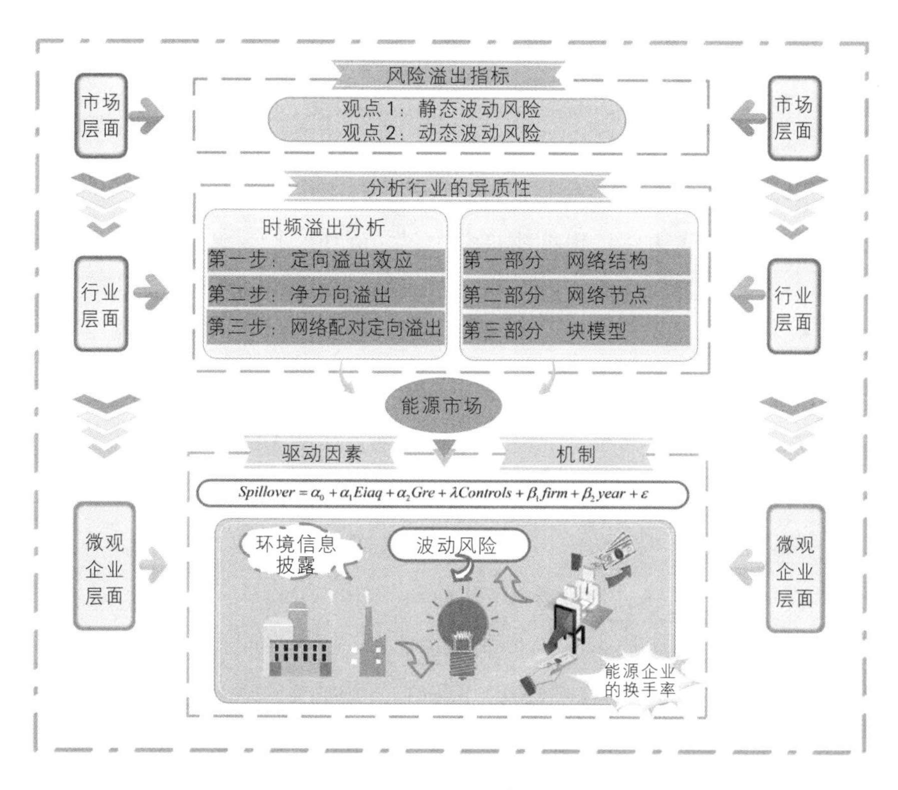

图3-22 风险溢出指标

总体而言，本节弥补了部分研究空白，并对现有文献做出了些许贡献。首先，本书采用创新的、逐步深入的研究视角分析碳市场的角色变化，先从市场层面，再到行业层面，最后到微观企业层面。这种研究视角有助于全面了解碳市场的演变性质。其次，本书采用SNA方法在行业层面探讨了碳市场与股票市场之间的风险溢出网络，从而清楚地了解不同实体之间复杂的相互依赖关系，同时这有助于识别风险传输路径和网络结构特征。最后，在框架的全面性方面，本节为碳市场的波动溢出分析提供了一个全面的框架，其中包括能源企业微观层面的溢出风险机制分析，这会为后人的研究做出贡献。

二、相关文献综述

鉴于碳排放交易体系越来越被认为是遏制温室气体过度排放的有效机制，与碳市场相关的问题也越来越受到学术界的关注。为了全面了解这一领域的研究和发展现状，本书对相关文献进行了全面的回顾。

大多数学者表明碳价格可能是受宏观经济环境和能源价格影响。碳期货价格与宏观经济变量并未直接相关，而是通过电商燃料转换行为，引起间接价格变化。除此之外，碳价格与宏观经济面的相关关系在大规模经济驱动的结构性断裂尤为明显，并且Jiao等（2018）和Zeng等（2017）发现在中国煤炭等能源价格也与北京试点碳价格存在动态关联。

与此同时，通过对碳价驱动因素的了解，学者们更加关注碳市场和能源市场之间的收益和波动溢出效应。例如，Reboredo（2014）研究了石油市场与欧盟碳排放权交易市场之间的波动溢出效应，Wang和Guo（2018）调查发现石油、布伦特原油和天然气市场与碳市场之间在回报和波动序列均存在溢出效应。

由于碳配额具有一定的商品特征，一些学者开始将碳市场与金融市场结合起来研究碳市场的动态相关性和投资组合有效性。Balcılar等（2016）通过马尔可夫切换动态回归模型和MS-DCC-GARCH的模型研究能源期货与欧洲碳期货的最佳对冲比率和动态对冲有效性。能源市场是短期系统的信息贡献者，并且石油和碳市场紧密与股票市场而非债券市场相关，这种关系在回报连通性的依赖度更大。

目前，有大量的文献研究碳市场和股票市场之间的相互依存关系。例如，Ji等（2019）主要是探究欧盟配额市场如何影响电力公司股票规模和回报，Luo和Wu（2016）发现股票市场对碳市场影响存在国家异质性。另外，除股票市场，绿色债券也常被研究人员用于研究以防范碳价格波动影响下的金融风险。

尽管大多数研究者在研究中传统地将股票市场视为单一整体，但也有一些学者从行业分类的角度来考察碳市场与股票行业市场的关系。Sun等（2022）主要发现了中国碳市场与能源密集型产业的股票市场之间存在非线性相依性。股票市场与中国碳密集型行业和金融行业股票指数均存在相关性，并且这种关系存在行业异质性。此外，由于股票市场是显示经济状态的“晴雨表”，因此研究人员也关注了股票市场与碳市场的时频动态关系。

除此之外，在微观企业视角下，多数文章都在讨论企业碳排放的促动因素，一些研究人员也在利用计量经济学方法探讨碳交易政策实施对企业产生的实质作用。例如，有研究发现碳排放与企业财务绩效负相关，企业环境披露起到一定中介作用，并且碳绩效较差的企业倾向于信息披露来管理减少信息不对称性。然而目前研究中，对于企业间溢出效应影响的研究略有匮乏，本节的工作就很好填补了这一领域的空白。

回顾以往研究，有关碳市场波动溢出效应这一研究领域存在一定空白需要填补。首先，以往的研究主要采用有限的、静态的视角在水平维度上考察碳市场与特定市场参与者之间的风险溢出，未能从渐进的角度对市场参与者进行深入分析。其次，学者们对碳市场与行业股票市场之间的线性和非线性关系有所了解，但对市场之间更为复杂的溢出路径和网络特征的研究还不够深入。最后，从微观企业层面考察碳制度与特定行业企业利润波动之间的风险溢出效应的研究相对缺乏。在以往研究的基础上，本书将为碳储量系统中复杂的网络依赖关系提供补充视角，并探讨碳排放交易制度对能源部门溢出效应背后的微观机制。

三、研究方法

我们采用Diebold和Yılmaz（DY）（2012）提出的DY溢出指数来衡量股票行业与碳市场之间的波动溢出效应。此外，利用SNA方法描述了碳存量市场之间的溢出网络结构。

（一）DY溢出指数

Diebold和Yılmaz提出的DY溢出指数是一个被广泛使用的研究市场间风险溢出关系的工具。该指数基于VAR模型构建，采用广义预测误差方差分解（GFEVD）计算变量i和j之间的溢出贡献。该方法可以衡量碳市场与股票市场中各部门股票之间的波动溢出效应，并分析其动态溢出特征。此外，社会网络特征指标可以描述碳存量市场的网络结构。

具体模型构建过程如下：首先，构建一个协方差平稳N变量p阶向量自回归模型VAR（p），$x_t = \sum_{i=1}^{p} \Phi_i x_{t-1} + \varepsilon_t$。其中$\varepsilon \sim (0, \sum)$为独立同分布的扰动项向量。其次，将VAR模型转化成为多变量滑动平均模型（VMA）形式的表达式，即$x_t = \sum_{i=0}^{\infty} A_i \varepsilon_{t-i}$，$A_i = \Phi_1 A_{i-1} + \Phi_2 A_{i-2} + \cdots + \Phi_p A_{i-p}$。其中$A_0$是一个N×N的矩阵。

该模型中，变量X_j对于变量X_i的溢出效应的估计值表示为由于X_j的冲击而导致的预测X_i的H步前误差方差的分数。H步超前广义预测误差方差分解可以表示为：

$$\theta_{ij}^{g}(H) = \frac{\sigma_{jj}^{-1} \sum_{h=0}^{H-1} (e_i' A_h \Omega e_i)^2}{\sum_{h=0}^{H-1} (e_i' A_h \Omega A_h' e_i)} \tag{3-43}$$

其中，Ω为预测向量ε的方差矩阵，σ_{jj}为第j个变量预测误差的标准差；e_i

为选择向量，其是第i个元素是1，其余元素是0的N维列向量。方差分解表中每列元素之和不等于1，即还需要进行标准化处理。

总溢出指数$TCI(H)$可以被定义为：

$$TCI(H)=\frac{\sum_{i,\ j=1,\ i\neq j}^{N}\tilde{\theta}_{ij}^{g}(H)}{\sum_{i,\ j=1}^{N}\tilde{\theta}_{ij}^{g}(H)}\cdot 100=\frac{\sum_{i,\ j=1,\ i\neq j}^{N}\tilde{\theta}_{ij}^{g}(H)}{N}\cdot 100 \tag{3-44}$$

方向溢出指数主要反映市场i向外传递信息的溢出效应，以及从其他市场接收信息的溢出程度。其计算公式如下：

$$DSI_{i\rightarrow}(H)=\frac{\sum_{j=1,\ i\neq j}^{N}\tilde{\theta}_{ij}^{g}(H)}{\sum_{i,\ j=1}^{N}\tilde{\theta}_{ij}^{g}(H)}\cdot 100 \tag{3-45}$$

$$DSI_{i\leftarrow}(H)=\frac{\sum_{j=1,\ i\neq j}^{N}\tilde{\theta}_{ji}^{g}(H)}{\sum_{i,\ j=1}^{N}\tilde{\theta}_{ji}^{g}(H)}\cdot 100 \tag{3-46}$$

净溢出指数是衡量某一特定市场溢出效应的指标，通常使用市场i向外传递的外溢指数减去市场i受到其他市场信息影响的外溢指数。市场i的净溢出指数为正值，表明市场i是系统性风险的主要来源，反之亦然。

$$NEL_{ij}(H)=\left[\frac{\sum_{j=1,\ i\neq j}^{N}\tilde{\theta}_{ji}^{g}(H)}{\sum_{i,\ j=1}^{N}\tilde{\theta}_{ji}^{g}(H)}-\frac{\sum_{j=1,\ i\neq j}^{N}\tilde{\theta}_{ij}^{g}(H)}{\sum_{i,\ j=1}^{N}\tilde{\theta}_{ij}^{g}(H)}\right]\cdot 100 \tag{3-47}$$

净配对溢出指数主要用于衡量两个市场之间的溢出关系，S_{ij}^{g}表示从市场i到市场j的净溢出效应。

$$S_{ij}^{g}=\left[\frac{\tilde{\theta}_{ji}^{g}(H)}{\sum_{i,\ k=1}^{N}\tilde{\theta}_{ik}^{g}(H)}-\frac{\tilde{\theta}_{ij}^{g}(H)}{\sum_{j,\ k=1}^{N}\tilde{\theta}_{jk}^{g}(H)}\right]\cdot 100=\left[\frac{\tilde{\theta}_{ji}^{g}(H)-\tilde{\theta}_{ij}^{g}(H)}{N}\right]\cdot 100 \tag{3-48}$$

（二）社会网络分析方法

在网络分析中，主要引入了三种指标来衡量网络系统特征，包括网络密度、聚类系数和平均路径长度。网络密度可以用来衡量网络的连通程度，描述碳存量溢出网络的紧密程度，可由下式计算。

$$ND = \frac{1}{N(N-1)}\sum_{i=1}^{N}\sum_{j\neq i}E_{i\to j} \tag{3-49}$$

其中，$E_{i\to j}$表示从i市场到j市场的连边数。

网络聚类系数，可以衡量网络中各节点作为聚类中心的平均程度，平均路径长度主要用于度量网络节点连接的路径长短，衡量节点连接方式，以上指标分别可由下式所得。

$$C = \frac{1}{N}\sum_{i=1}^{N}\frac{2E_i}{k_i(k_i-1)} \tag{3-50}$$

$$L = \frac{2}{N(N-1)}\sum^{i>j}d_{hj} \tag{3-51}$$

在上式中，k_i表示与节点i相连的所有节点数量和，E_i表示与节点i相连全部节点的连接边数。此外，另一个式子中d_{hj}表示节点h与节点j的最短距离。

除了网络系统特征，同时利用各种中心性度量，包括出度、入度、度中心性、中间中心性、亲密中心性和PageRank，来分析网络结构。

节点度表示连接到网络中一个节点的边的数量，而出度表示从节点i指向其他市场的边的数量，入度表示其他节点指向节点i的边的数量。出度可以用来量化节点i对整个网络的影响情况，节点i的出度可以表示为：

$$k_{out}(i) = \sum_{j=1,\ j\neq i}^{N}E_{i\to j} \tag{3-52}$$

同样的，节点入度表示其他市场流向市场i的边数，它可以衡量市场对网络系统风险溢出的接受程度，节点i的入度可以表示为：

$$k_{in}(i) = \sum_{j=1,\ j\neq i}^{N}E_{j\to i} \tag{3-53}$$

网络中心特征，顾名思义用来衡量节点在网络中的重要程度，与其他节点连接紧密程度。具体来讲，度中心性（Degree Centrality）代表了节点度的比例，反映了节点在网络中的重要性；介数中心性（Betweenness Centrality）表示所有的节点对之间通过该节点的最短路径条数，可以反映一个市场在网络中的中心地位；接近中心性（Closeness Centrality）表示一个节点所能到达的节点的数量除以所能到达节点的最短路径之和，可以衡量一个市场与其他市场的亲密程度，这三个指标的计算公式为：

$$C_d = \frac{N_{degree}}{n-1} \tag{3-54}$$

$$C_b = \frac{2\sum_j^N \sum_k^N b_{jk}(i)}{H^2 - 3H + 2}, \ j \neq k \neq i, \ j < k \tag{3-55}$$

$$C_d = \sum_{j=1}^n d_{ij} \tag{3-56}$$

此外，PageRank算法可以计算网络中节点的重要度，曾被提出作为计算互联网网页的重要度。

社会网络中块模型是进行复杂金融网络中聚类分析的主要方法。块模型可通过识别网络中个体间的聚集特性来划分网络位置，分析网络中各位置在风险传播过程中的角色，以及如何实现信息的发送和接收。在本节中，我们使用CONCOR算法构建了区块模型，并将相应的位置区块划分为四种角色类型：主受益角色、主溢出角色、经纪人角色、双向溢出角色。四种角色类型的定义和划分方法详见（Zhang等，2020）。具体规则如表3-22所示，其中n_k表示第k板块中关系的个数，N表示所有节点的个数。

表3-22　　四类板块模型

内部关系比例	接收关系比例	
	≈ 0	> 0
≥（n_k - 1）/（N-1）	双向溢出角色	主受益角色
<（n_k - 1）/（N-1）	主溢出角色	经纪人角色

四、实证结果

本节讨论了实证结果。首先，说明所选数据来源与内容并进行统计分析。其次，分别从整个市场层面和行业层面计算溢出指数，然后构建溢出网络并说明网络结构和溢出路径。最后，阐述了企业微观层面溢出效应的驱动因素和潜在机制。

（一）数据与描述

这里主要侧重于选择新兴经济体作为主要研究对象。因为现有的研究成果更适用于发达经济体，而中国等新兴经济体的碳市场建设起步较晚，交易机制尚不成熟，所以需要更全面、更科学的建设政策。此外，正如Guo和Zhou（2021）所强调的那样，新兴经济体和发达经济体在金融市场上表现出趋同现象，但两者在碳排放类型、制度结构和技术可用性方面存在显著差异（Zhang等，2020）。因此，本书选择中国这个相对不成熟的发展中经济体作为主要研究对象。

具体而言，这里旨在探讨中国股票市场与碳市场之间的溢出关系。为此，选择深圳碳排放权交易试点作为碳市场的代表。这一决定是基于多方面的考虑，深圳试点市场是中国最早设立的碳交易市场，具有交易的天数多、交易的企业范围广、市场发展时间久、发展成熟等优势，能更好代表碳市场。此外，全国碳交易市场于2021年开始交易，但是距今时间较短不能更好体现碳市场与股票市场的连通关系，故而选取深圳碳试点市场作为本书所研究碳市场的代表。其次，为了在行业层面上分析整个股票市场，我们借鉴了前人的见解，采用了CNI一级行业指数的编制标准，将整个股票市场划分为11个不同的行业，包括能源（EN）、原材料（MA）、工业（IN）、可选消费（CD）、主要消费（CS）、医药卫生（HC）、金融（FI）、信息技术（IT）、通信服务（TS）、公用事业（UT）和房地产（RE）。

表3-23　　　　　　　　　　波动率的描述性统计

	均值	最大值	最小值	标准差	偏度	峰度	JB	ADF
SZEA	0.1528	2.1089	0.0000	0.2329	3.8085	22.6274	37 141***	-6.4225***
EN	1.3942	11.1818	0.0001	1.4215	2.4374	11.3488	7 831.8***	-7.3585***
MA	1.3252	11.1508	0.0003	1.3016	2.3254	10.7458	6 839.7***	-6.8691***
IN	1.3491	10.9106	0.0003	1.3533	2.3570	10.8371	7 008.5***	-6.3457***
CD	1.2168	9.7505	0.0011	1.2301	2.3264	10.5404	6 578.1***	-6.3806***
CS	1.2095	8.5502	0.0000	1.1775	2.1365	9.5725	5 149.5***	-7.1025***
HC	1.3638	10.5929	0.0027	1.3345	2.0546	9.0359	4 467.7***	-6.5573***
FI	1.3003	11.1070	0.0011	1.4106	2.3475	10.1555	6 137.2***	-7.4266***
IT	1.6276	14.3430	0.0000	1.5560	2.0944	10.0337	5 615.6***	-6.691***
TS	1.6080	14.5196	0.0025	1.5319	2.1526	10.6148	6 411.7***	-7.3336***
UT	1.2462	10.9756	0.0032	1.3221	2.5195	11.7005	8 470.5***	-6.035***
RE	1.1753	10.6767	0.0025	1.2606	2.6402	12.9718	10 668***	-6.4159***

注：* $p < 0.1$，** $p < 0.05$，*** $p < 0.01$。

由于插入缺失的数据可能会导致有偏差的结果，这里剔除了没有交易日期的数据，选择了涵盖2013年8月8日至2022年11月9日的2 011个交易日的观察样本。同时，因为深圳碳排放试点市场于2013年6月18日开始交易，如此选择可保证最大限度研究二者时变关系。事实上，我们的数据主要来源为Wind数据库中以上指标的每日收盘价，并且采用股票日波动率来代表市场风险，具体计算方式为：首先，计算每日收益率 $r_t = (\ln P_t - \ln P_{t-1})*100$；其次，计算各市场收益率ARMA模型的残差序列，将残差序列的绝对值作为收益率的波动率。

表3-23展示了主要变量波动率的描述性统计。不同市场的均值和标准差差异较大，说明市场波动率不同。此外，在研究的样本期间内最大值

和最小值之间存在较大差异，这表明股票波动率存在较大差异。偏度和峰度数值表明，各指标均表现出尖峰和粗尾的特征。Jarque-Bera（JB）检验结果显示，在1%显著性水平下，每个变量都不遵循正态性假设。最后通过Augmented Dickey-Fuller（ADF）单位根检验证实了各时间序列是平稳的，认为可以进一步构建VAR模型。

各板块股票市场波动率之间的两两相关关系，结果如图3-23所示。工业市场和物资市场之间的相关系数几乎等于1，这可能是由于该市场间商品相似性较高，工业市场中的商品容易流通到材料市场中交易。此外，碳市场与股票市场简单相关系数较低。

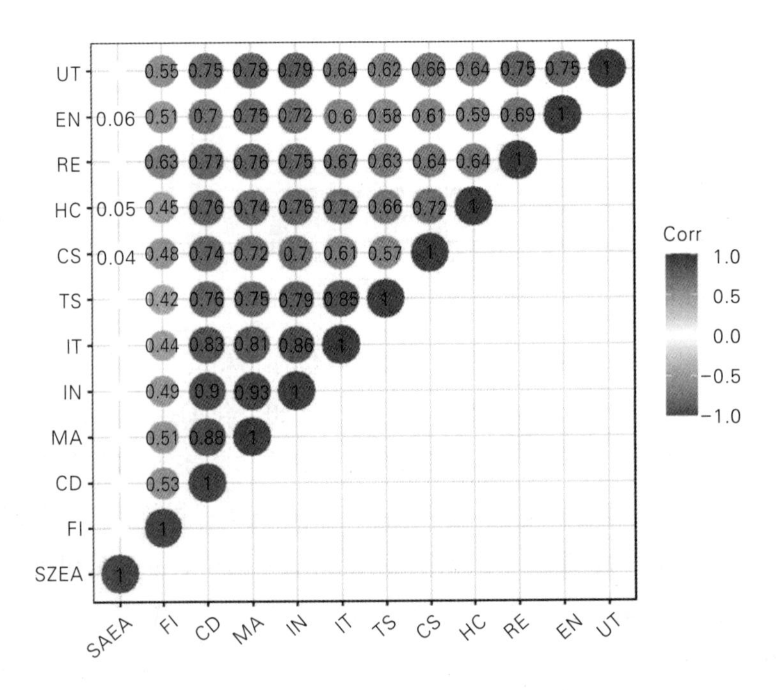

图3-23　各市场波动率的两两相关性热图

（二）溢出效应的测量与分析

利用AIC准则选择最优滞后阶数，建立了10步预测的VAR（6）模型。此外，进一步将滚动窗口技术与DY溢出指数相结合，利用200天的滚动窗口分析了“碳-股票”系统的时变溢出效应。通过DY溢出指数计算的“碳-股票”系统的静态溢出水平值如表3-24所示。

1.市场层面的溢出效应

在讨论碳与存量整个市场层面的溢出效应时，这里主要关注静态波动溢出（表3-24）和动态波动溢出（图3-24）两个视角。

一方面，表3-24的结果显示，“碳-股票”系统内部的总溢出指数为75.54%，表明该系统存在显著的风险溢出。另一方面，如图3-24所示，整个系统的内部连通性较强，但“碳-股票”市场的动态溢出效应可能受到外部极端事件的影响。具体来看，2016年以后，总溢出效应呈上升趋势，这可能是由于2016年1月中国股市熔断机制暴发所导致的情况。此外，波动性溢出效应最显著的下降发生在2020年之后，这可以直接归因于2019年新冠疫情的暴发。

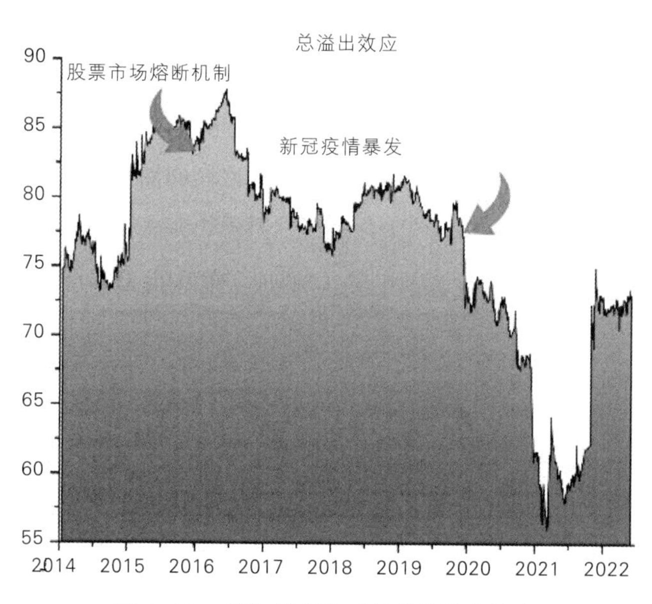

图3-24 “碳-股票”系统的总溢出效应

2.行业间溢出效应

上面讨论了碳市场和股票市场在整个市场层面上存在明显的溢出效应。然而，要对行业结构特征、投资决策和产业政策做出准确的判断，仅仅依靠这些发现是不够的。因此，在本节中，将从静态和动态两个角度进一步研究碳市场与行业股票市场之间的溢出特征。

具体来讲，表3-24展示了碳市场是信息的主要净接收方。研究发现，碳市场与股票市场的波动溢出效应具有行业异质性。例如，碳市场对能源市场的溢出风险最高，其次是消费品市场。同时，这表明了“碳-股票”系统中波动性溢出的不对称性。具体而言，能源市场是最重要的信息传递者，其风险信息传递比例最高（0.64%）。这一观察结果可能归因于能源部门对碳排放配额的高需求，这增加了该部门内部信息传递的风险（Balcılar等，2016）。综上所述，基于以上静态波动溢出机制的分析，笔者认为能源市场是“碳-股票”系统中最活跃的市场。

图3-25的结果表明，碳市场和能源市场都表现出一定程度的溢出效应。然而，相比之下，碳市场的定向溢出指数仍然相对较低，这可能是由于其市场发展不够成熟。此外，在整个样本期内，碳市场一直作为信息净接收者，而能源市场所扮演的角色随时间而变化。这表明在很长一段时间内，碳市场的净溢出值一直为负值，而能源市场的净溢出值则在正值和负值之间波动。

表3-24　　静态溢出指数（基于DY方法）

	SZEA	EN	MA	IN	CD	CS	HC	FI	IT	TS	UT	RE	FROM
SZEA	95.36	0.64	0.36	0.61	0.35	0.31	0.43	0.20	0.61	0.57	0.22	0.34	4.64
EN	0.10	19.53	10.44	9.68	9.02	6.94	6.71	4.88	6.57	6.16	10.99	9.00	80.47
MA	0.03	8.35	14.49	12.39	11.18	7.32	7.80	3.76	9.38	7.99	9.02	8.28	85.51
IN	0.05	7.58	12.21	14.22	11.35	7.02	7.91	3.55	10.24	8.70	9.13	8.06	85.78
CD	0.04	7.21	11.31	11.65	14.44	7.85	8.33	4.12	9.77	8.33	8.42	8.52	85.56

续表

	SZEA	EN	MA	IN	CD	CS	HC	FI	IT	TS	UT	RE	FROM
CS	0.10	7.38	9.74	9.42	10.23	19.06	10.17	4.53	7.12	6.14	8.39	7.72	80.94
HC	0.13	6.46	9.61	9.89	10.26	9.52	18.23	3.90	9.26	7.81	7.54	7.38	81.77
FI	0.04	7.29	6.97	6.66	7.81	6.40	5.79	28.97	5.41	4.80	8.57	11.29	71.03
IT	0.08	6.16	10.80	11.90	11.19	6.05	8.51	3.36	16.23	11.67	6.83	7.23	83.77
TS	0.07	6.35	10.07	11.05	10.49	5.76	7.87	3.45	12.83	17.9	7.12	7.03	82.10
UT	0.02	10.05	10.32	10.46	9.48	7.28	6.88	5.18	6.78	6.29	17.82	9.43	82.18
RE	0.08	8.58	9.73	9.78	10.08	6.92	7.00	6.63	7.55	6.66	9.71	17.29	82.71
TO	0.75	76.05	101.56	103.47	101.44	71.36	77.40	43.57	85.51	75.12	85.93	84.28	TCL
NET	-3.89	-4.42	16.05	17.69	15.88	-9.58	-4.37	-27.46	1.75	-6.98	3.75	1.57	75.54

注：其中“FROM”列表示定向接受溢出值，“TO”行表示定向传递溢出值，“NET”行表示净定向溢出值，即定向“TO”溢出与定向“FROM”溢出的差值，“TCL”用来衡量“碳-股票”系统内部的溢出程度。

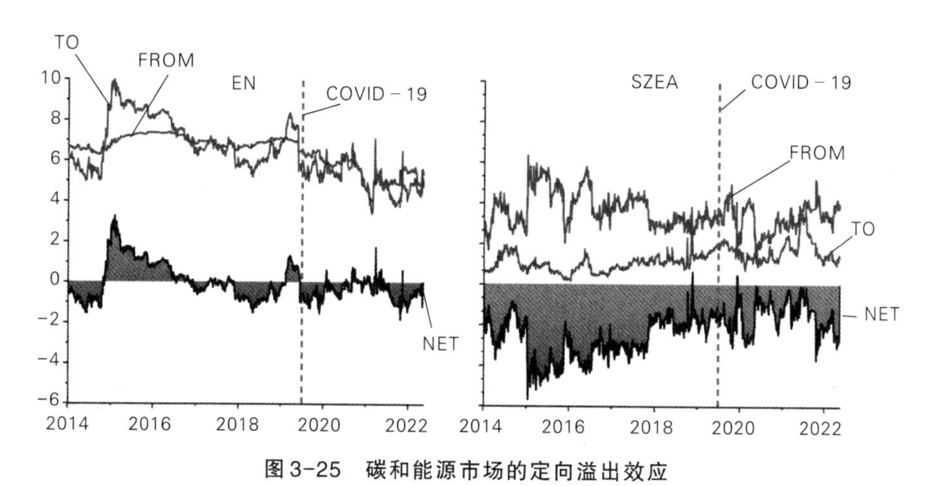

图 3-25　碳和能源市场的定向溢出效应

注：“FROM”表示一个市场受其他市场溢出效应影响的程度；“TO”表示一个市场对其他市场产生溢出效应的程度；“NET”表示市场的净溢出程度，用阴影表示。竖线对应的是COVID-19暴发的时刻。

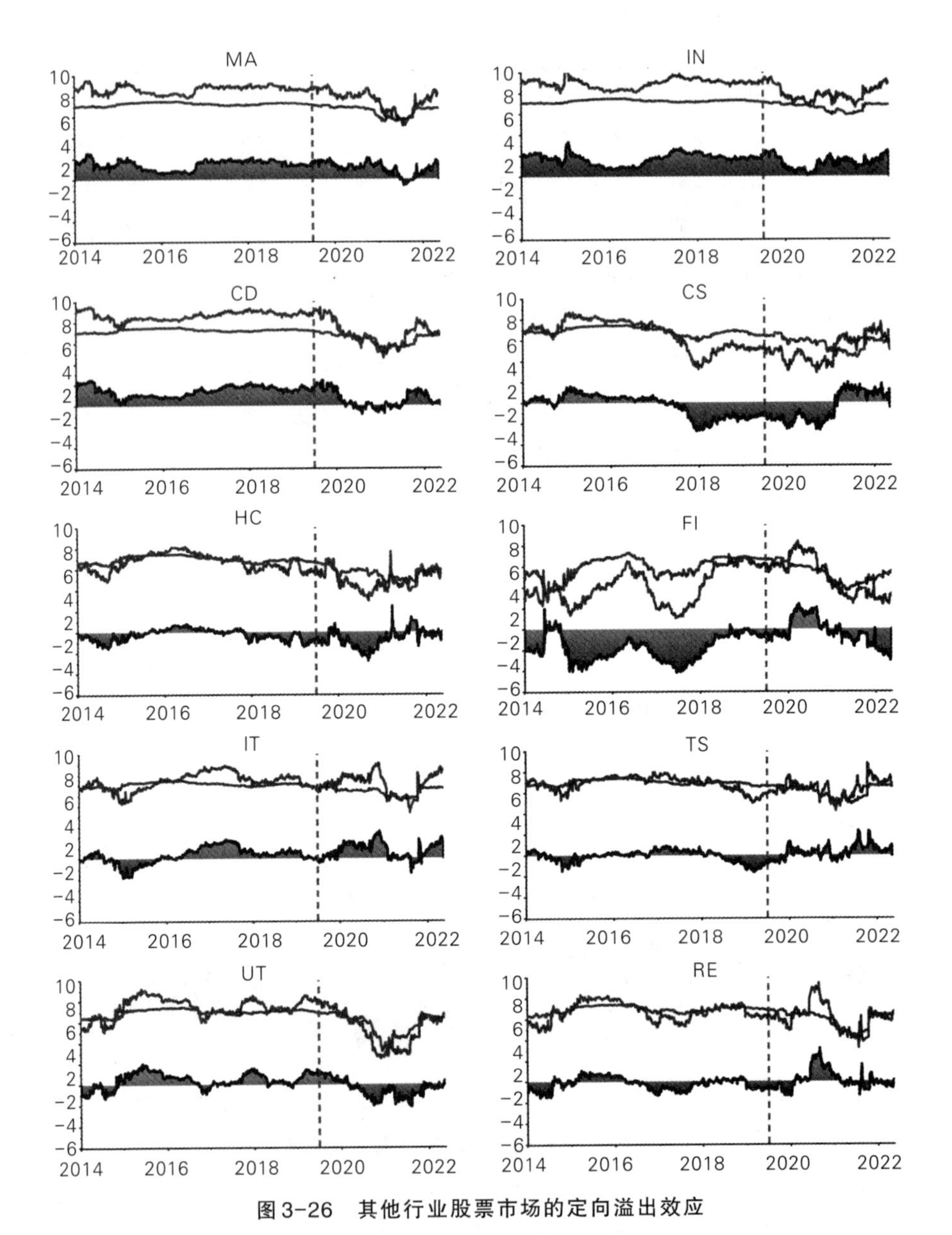

图3-26　其他行业股票市场的定向溢出效应

注："FROM"表示一个市场受其他市场溢出效应影响的程度，用折线表示；"TO"表示一个市场对其他市场产生溢出效应的程度，用虚线表示；"NET"表示市场的净溢出程度，用阴影表示。竖线对应的是COVID-19暴发的时刻。

具体来说，可以对碳市场方向溢出指数的时变特征做出如下解释：首先在2014—2016年，碳市场无论是接收还是发送信息的溢出值都较低。这主要是因为2013年6月18日深圳碳交易市场试点刚被确立，其配额分配和交易制度尚未健全，并且对外波动溢出在2018年有所上升而在2020年截止，这在一定程度上反应了中国碳市场的逐步建设过程。从2020年年中至2021年年末，国内各市场受新冠疫情冲击，风险和不确定性加大，碳市场接受信息溢出效应出现急速攒动（瞬时增加下降趋势）。2021年起，中国全国碳市场开始建设，使得碳市场交易水平提升，进而使对外风险溢出出现小规模式上升。2022年随着深圳碳试点重新发布《深圳市碳排放权交易管理办法》建立与全国碳市场衔接机制，优化碳权分配，市场间的联系更加紧密。

此外，我们还纳入了其他行业股票市场的定向溢出指数，如图3-26所示。由此，可以得到“碳-股票”市场的波动溢出效应在不同行业之间存在显著差异。相比之下，金融行业的定向溢出效应表现出更明显的波动，净溢出指数的波动范围在-6%至2%之间，远远超过材料部门1%至2%的波动范围。同时，从净溢出指数的角度来看，在样本期内，系统中的大多数行业都扮演了信息溢出的角色。再加上新冠疫情暴发后，大多数行业的定向溢出指数都出现了较大波动，再次凸显了行业间溢出效应的不稳定性和脆弱性，并受极端社会事件的影响较大的性质。

图3-27展示了碳市场与股票市场的动态净配对溢出指数。从中看出，碳市场作为系统内部信息接收方收到了股票市场各板块的风险信息，且不同时期起主要作用的板块有所差异。准确来说，在2016年之前，碳市场主要受到金融部门风险的影响。值得注意的是，2016—2018年前后，可观察到必需品消费市场对碳市场风险溢出效应较小，这是由于必需品消费市场本身发展不太受碳价影响，但随着碳交易市场制度不断健全，规模不断壮大，2019年后必需品消费市场对碳市场的溢出出现上升趋势。2020年至

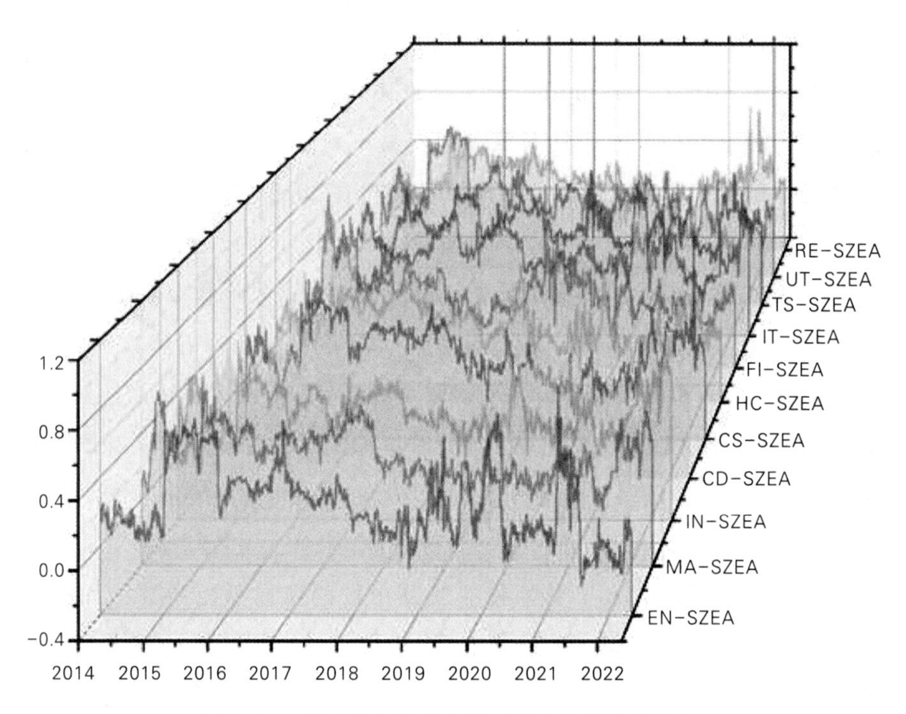

图 3-27　不同行业股票市场对碳市场的溢出效应

2021年中期，能源部门对碳市场的溢出效应最为显著。这一发现可归因于能源市场在此期间的显著波动。这些结果进一步强调了能源市场波动对碳市场溢出效应的重大影响。2022年以后，随着全国碳市场的不断建立和完善，纳入碳减排任务的企业数量将逐步增加，因此，预计各种市场对碳市场的溢出效应将加剧。

进一步，为确保模型效果的可说服性，我们采用更改预测期（15步和20步）和滚动窗口长度（150天和250天）的方式，对模型总溢出指数进行稳健性检验，结果见附录。从图3-28的结果可见不同的预测期和滚动窗口所得到的结果相似，说明研究所建模型具有鲁棒性。

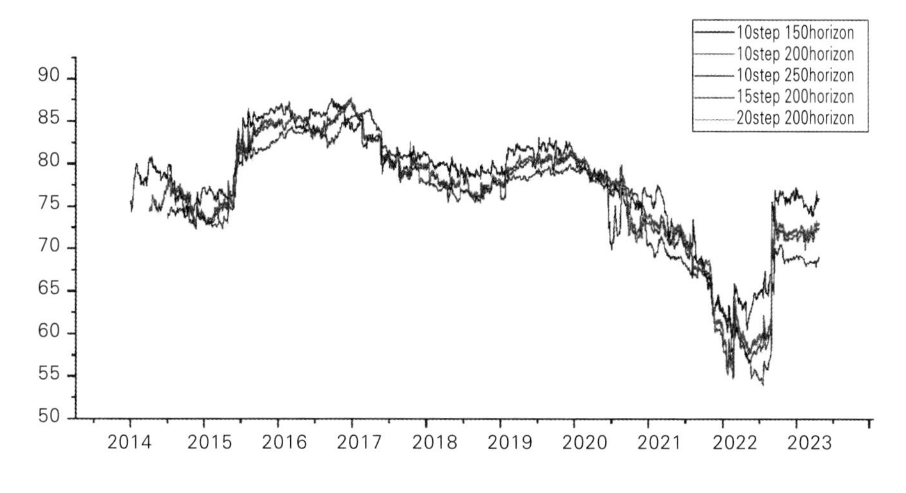

图 3-28　溢出效应稳健性检验

（三）溢出效应的网络分析

为探究碳市场与行业股票市场间复杂关联和风险溢出路径，我们进一步构建了碳市场和股票市场的溢出网络。为了更清晰地表现网络特征，使用了Fruchterman-Reingold算法的布局，图3-29的节点表示各个市场，与节点相联系的边具有箭头方向，箭头方向表示市场间净溢出的方向，用市场净溢出值代表连边权重，网络边线的粗细表示市场溢出关系强弱，连边线越粗，溢出程度越大。为展示更清晰的网络结构，我们采取75%的阈值去除连边权重较小的边。图3-29中的节点大小表示该节点的中介中心性情况，节点越大值越大。

1.网络结构分析

图3-29的结果显示了碳储量系统中错综复杂的溢出关系，每个行业节点都通过溢出关系与其他行业节点产生关联，其中金融市场最为突出。更准确地说，金融市场接收了系统内的大部分风险信息，房地产市场和商品市场是引发金融市场波动的主要信息来源。此外，房地产市场与金融市场之间的溢出效应在网络中尤为显著。这是因为房地产市场和金融市场是

相互联系的，银行贷款是房地产开发和投资的主要资金来源。因此，房地产行业的增长会对金融市场的发展产生显著的影响。

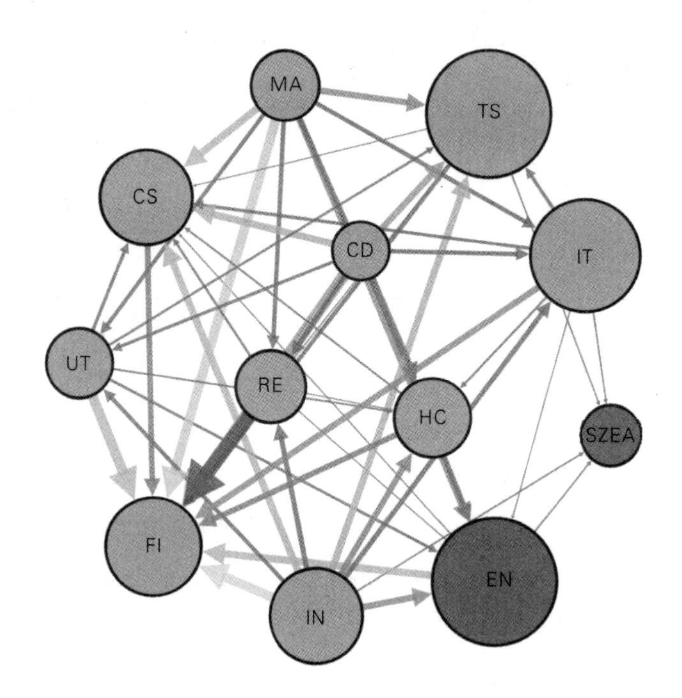

图3-29 “碳-股票”市场溢出网络

“碳-股票”系统的溢出网络密度为0.379，表明各市场的溢出程度较高。平均路径长度为1.074，表明网络中大多数市场存在直接溢出连接。平均聚类系数为0.379，也表明溢出程度较高，但溢出范围较窄。

2.网络节点分析

表3-25给出了溢出网络中每个节点的信息，包括节点入度、出度、度中心性和介数中心性的各种度量。其中，节点入度最高的是金融市场，出度最高的是工业市场，说明两个市场溢出能力较强，在网络中的位置很重要。从网络中心度的角度看，金融市场和主要消费市场的度中心性与介数中心性处于网络中的最高水平，意味着它们是与其他重要节点相关联的

重要节点。

更重要的是，能源市场的介数中心性指数并列最高，这表明其处于网络的中心，其他市场可以通过能源市场连接起来。此外，金融市场的PageRank值最高，其次是主要消费市场和碳市场。可以看到能源市场节点的度中心性指数，最近中间性值为84.615，在所有节点中排名第二。综合各指标信息的比较，这一结论证明了能源市场在整个溢出网络中处于中心位置。

此外，各市场的紧密度中心性值差异不大，说明各市场在网络中的位置相对较近，更能反映溢出网络的紧密构成。

表3-25 溢出网络中节点的特征

节点	入度	出度	度中心性	接近中间性	介数中心性	PageRank
CD	0	8	63.636	73.333	0.884	0.038
CS	9	1	90.909	91.667	3.481	0.148
EN	6	3	81.818	84.615	6.461	0.074
FI	10	0	90.909	91.667	3.481	0.273
HC	6	2	72.727	78.571	2.825	0.074
IN	0	9	72.727	78.571	3.308	0.038
IT	3	6	81.818	84.615	4.466	0.050
MA	0	8	63.636	73.333	0.884	0.038
RE	3	5	72.727	78.571	1.436	0.050
SZEA	4	0	36.364	61.111	0.202	0.091
TS	6	3	81.818	84.615	6.461	0.074
UT	3	5	45.455	64.706	0.657	0.050

3.块模型分析

进一步利用CONCOR算法探索溢出网络的聚类特征，使用最大分割深度为2，收敛准则为0.2，分析结果如图3-30所示。可以发现将碳排放交易市场与股票行业市场间溢出关系网络分为了4个板块。第一个溢出板块的成员有2个，分别是可选消费板块和公共事业板块。第二个板块的成员有2个，分别是原材料板块和工业板块。第三个板块的成员有5个，分别是主要消费板块、医药卫生板块、通信服务板块、能源板块和金融板块。第四个板块的成员有3个，分别是：信息技术板块、房地产板块和碳市场板块。

在47个关联关系中，各个股票行业板块的内部关系数是8个，4个板块之间连接的关系数是39个，这说明板块间的溢出关系十分明显。根据对各板块发出关系、接收关系、期望内部关系比与实际内部关系比的分析，评估各风险聚集块的角色。结果见表3-26。

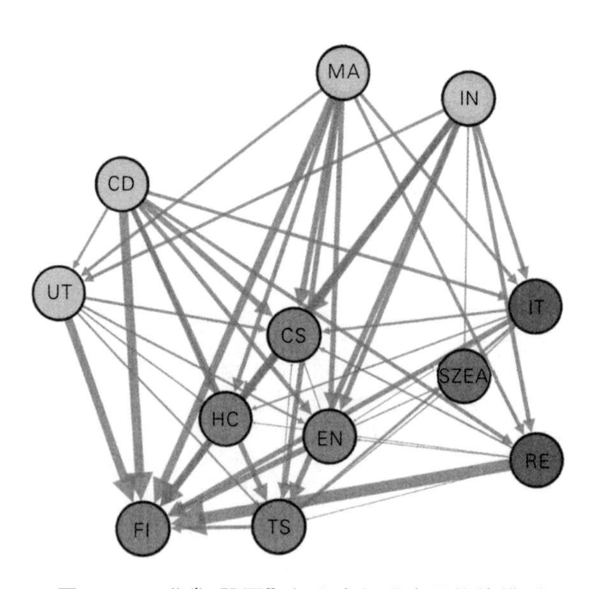

图3-30 “碳-股票”行业市场溢出网络块模型

具体来讲，在板块1中与其他板块产生联系，发出的关系数目为12个，接收关系数目为0，即期望的内部关系比为9.09%，而实际内部关系比是14.29%。该板块向其他板块的发出关系多于向板块自身发出的关系，并且相比发出的关系数，接收到外部关系更少，故板块1是典型的“净溢出板块”。在板块2中期望的内部关系比为9.09%，而实际内部关系比是11.76%，说明股票波动溢出板块2对板块内和板块外均产生溢出效应，因此该板块可以被看作是“双向溢出板块”。在板块3中，共发出关系数39个，其中属于板块内部的关系数是7个，向板块外溢出的关系数为2个，接收其他板块的关系数是30个，该板块期望的内部关系比是36.36%，而实际内部关系比是71.43%，这说明在板块3中相比自己内部关系数量，该板块更愿意接收其他板块所传递来的信息，因此该板块是典型的“主受益板块”。最后，在板块4中，根据结果，该板块共发出关系数20个，其中属于板块内部的关系数是1个，向板块外溢出的关系数为10个，接收其他板块的关系数是9个，该板块期望内部关系比是18.18%，而实际内部关系比是23.08%，因此第四个板块是“经纪人板块”，在溢出关系中发挥桥梁作用。

当关注能源市场在系统中的作用时，我们发现能源市场节点属于板块3，即“主受益”板块，主要接收来自其他板块的信息。此外，板块3的成员数量最多，这表明整个“碳-股票”系统内的溢出网络在很大程度上是由板块3接收风险信息来维持的。总的来说，这为能源市场在电网中占据重要的中心位置提供了新的证据。

此外，分析表明碳市场在溢出网络中主要充当“中间人”，在连接各个部门方面发挥着至关重要的作用。这一发现支持了碳市场在行业股票溢出网络中占有重要地位，并与不同行业具有较强联系的观点。

表3-26　　　　　　　　板块的空间连通性及角色分析

	接收关系数				板块成员数目	期望内部关系比（%）	实际内部关系比（%）	发出板块外关系数目	接收板块外关系数目	板块功能
	板块1	板块2	板块3	板块4						
板块1	0	0	10	2	2	9.09	14.29	12	0	净溢出板块
板块2	0	0	10	5	2	9.09	11.76	15	0	双向溢出板块
板块3	0	0	7	2	5	36.36	71.43	2	30	主受益板块
板块4	0	0	10	1	3	18.18	23.08	10	9	经济人板块

（四）溢出效应驱动因素分析

基于对“碳-股票”系统静态溢出特征和网络结构的研究得出能源市场是与碳市场关系最密切的部门，也是“碳-股票”系统溢出网络中的关键参与者。鉴于此，我们进一步探讨了微能源企业与碳市场波动溢出效应的影响机制和驱动因素。为了实现这一目标，我们借鉴了波动溢出效应的潜在机制，并结合能源企业的相关特征，利用计量经济学方法进行了全面分析。

当新信息或者价格波动冲击发生时，冲击影响会通过交易由一个市场传导到另一个市场，即为溢出效应。碳市场和能源市场波动溢出机制可能由三种机制解释，即价格传导机制、信息传递机制和风险传染机制。但由于风险传导机制对波动溢出影响力较小，研究支持不充分，因此在我们的研究中重点讨论价格传导机制和信息传导机制的理论逻辑，并相应选择能源企业绿色转型水平和环境信息披露水平作为核心变量，检验二者是否显著影响市场间波动溢出效应。具体理论假设解释如下：

首先，价格传导机制认为两个市场之间的波动溢出效应主要是由市场价格变动直接引起的。例如，由于在能源生产过程会释放大量二氧化碳，而在碳排放权被监管的时代，碳排放权会转化成稀缺商品流入能源市场，进而碳价格波动将直接反应到能源企业的股票价格中。之后合理地假设，影响能源价格波动的因素也会影响碳市场与能源市场之间的波动溢出效应。由于新能源公司的股价比传统能源公司的股价对碳价格波动更为敏感，我们建议将企业绿色转型水平作为影响能源公司股价的潜在驱动因素进行研究。因此，我们提出假设1：企业绿色转型水平会对碳能源市场的溢出效应产生影响。

其次，信息传递机制是指，企业领导者和投资者通过从其他领域市场波动中提取信息并参与本市场政策制定和投资，从而导致市场波动溢出效应变化。具体来讲，能源上市企业领导者通过对碳市场价格波动信息的提取和判断，以及所产生的市场预期机制，来调整企业自身的减排措施，进而引发溢出机制。事实上，环境信息披露可以作为公司获取合法性信息方式之一，因此企业管理者会通过主动披露环境信息获取投资者信任度，碳密集行业公司（能源公司）将更有可能披露自身碳治理信息，进而碳排放管理机构就会分配更多碳配额，以给予公司经营支持。同时，这种信息传递也将影响碳市场与能源市场的溢出效应。企业环境绩效反映了企业对环境问题的重视程度。企业环境绩效水平越低，意味着对碳价格波动的敏感度越低。此外，有人提出不重视环境绩效的公司会更愿意提出环境披露的观点，因此提出假说2：企业环境信息披露负向影响企业与碳交易机构的波动溢出机制。

我们选取上述能源行业股票指数所包含的84家上市公司作为研究对象，样本周期选择2014—2021年。数据来源：企业相关数据来自CSMAR，企业绿色独立申请绿色专利数目来自CNRDS，企业股票和碳交易机构每日收盘价数据来自Wind。对收集到的数据进行处理：剔除关键变量缺失的数据，对所有非虚拟变量进行1%的缩尾处理。最终获得66家企业共527条数据。

最后，被解释变量使用DY指数计算得到的时变净配对溢出年均值，计算方式与上述行业溢出效应一致。自变量为企业绿色转型水平和企业环境信息披露的影响。具体而言，本书中企业绿色转型水平使用企业每年独立申请的绿色专利数目衡量（Lu等，2022）。另外本书选用企业规模、资产负债率、营业收入增长率、企业是否亏损、第一大股东持股比例、董事人数、股权制衡度、股权性质、企业成立年限、总资产净收益率、净资产收益率、独立董事比例指标作为控制变量（Feng等，2022）。基于这些指标，我们构建如下模型：

$$Spillover = \alpha_0 + \alpha_1 Eiaq + \alpha_2 Gre + \lambda Controls + \beta_1 firm + \beta_2 year + \varepsilon \tag{3-57}$$

表3-27中（1）（2）（3）分别表示不纳入任何控制变量，只改变所控制的固定效应、时间效应与企业效应的回归结果，其中行业分类依据中国证监会《上市公司行业分类指引》划分。（4）和（5）列结果显示了不同控制变量的回归结果。无论何种情况，绿色专利申请系数（Gre）均是不显著的，而环境披露系数（Eiaq）在5%的水平上显著且与碳能源企业的波动溢出效应呈负相关。这表明企业绿色转型水平对波动溢出效应没有显著影响，而环境信息披露对波动溢出效应有负向影响。因此，企业环境信息披露水平的提高有望降低波动溢出水平。这些发现支持了第二个假设。另外，我们以调整样本期、控制变量滞后一期的方法证明回归结果是稳健的。

表3-27　　溢出效应影响因素的回归结果

	Spillover				
	(1)	(2)	(3)	(4)	(5)
Gre	−0.000189	−0.00347	0.0000109	−0.00351	−0.00333
	(−0.33)	(−1.42)	(0.02)	(−1.41)	(−1.39)
Eiaq	−0.143**	−0.187**	−0.142**	−0.168**	−0.165**
	(−2.60)	(−2.42)	(−2.40)	(−2.28)	(−2.12)

续表

	Spillover				
size				−0.0658	−0.0712
				(−0.47)	(−0.45)
lev				0.0471	0.0259
				(0.17)	(0.07)
growth				−0.00558	−0.00546
				(−0.13)	(−0.11)
loss				−0.222**	−0.216**
				(−2.52)	(−2.02)
top1				0.470	0.543
				(0.58)	(0.64)
board				−0.301	−0.103
				(−1.61)	(−0.30)
balance				0.214	0.253
				(0.55)	(0.65)
soe				0.00587	0.0180
				(0.01)	(0.07)
firmage				0.398	0.316
				(0.41)	(0.34)
roa					0.247
					(0.48)
roe					−0.0517
					(−0.24)
indep					0.944

续表

	Spillover				
					(0.68)
cons	-0.533^{***}	0.247^{*}	-0.353^{*}	0.925	0.523
	(−3.87)	(1.75)	(−1.91)	(0.25)	(0.12)
个体固定效应	NO	YES	NO	YES	YES
行业固定效应	NO	NO	YES	YES	YES
时间固定效应	NO	YES	YES	YES	YES
R^2	0.0268	0.3883	0.1997	0.4023	0.4030
N	527	527	527	527	525

注：t统计数据显示在括号中。$^{*}p < 0.1$，$^{**}p < 0.05$，$^{***}p < 0.01$。被解释的变量被扩展100倍。

此外，在表3-28中，我们进一步研究了溢出效应对企业股票换手率的影响，发现36家能源企业与碳市场之间的溢出效应对企业股票的平均年换手率有显著的正向影响。这说明溢出效应在一定程度上对企业资本运作产生了影响，也提醒企业管理者要更加重视企业与碳市场之间的溢出效应。

表3-28　　营业额率和溢出效应的回归结果

	Turnover
Spillover	0.173^{*}
	(1.83)
_cons	−8.643
	(−1.03)
Control	Yes
个体固定效应	Yes
时间固定效应	Yes
R^2	0.4818

五、小结

本节使用Diebold和Yılmaz（2012）提出的风险溢出指数模型，并结合滚动窗口方法，研究了碳市场与股票市场之间的波动溢出效应和时变特征。运用社会网络分析方法揭示了碳市场和股票市场的溢出风险网络结构、信息传递路径和相对重要性。此外，还考察了能源市场与碳市场之间的互联性，重点研究了该行业企业与碳交易机构的溢出和波动机制。研究结果提供了对这些市场之间的关系和风险的见解，可以为投资策略和风险管理实践提供信息。

首先，碳市场和股票行业市场的波动率存在溢出效应，并具有明显波动性和不确定性特征，主要由于突发社会事件和极端经济事件会导致碳市场与股票市场的溢出效应发生波动。具体来讲，在整个样本期内，系统总溢出指数共出现三次明显波动，其中2020年新冠疫情暴发事件对系统总溢出指数造成显著影响。从定向性溢出指数看，碳市场是系统内的信息净接收者且溢出水平低，这说明碳市场仍处于发展初期。

其次，碳市场与股票市场部门间的波动溢出效应表现出行业异质性和不对称性。从静态溢出指数可以看出，碳市场从能源市场接收的风险信息最多，并以相同的比例向消费品行业和能源行业传播风险信息。然而，从净定向溢出指数来看，碳市场接收的风险信息的发送者在不同的样本时期有所不同。例如，在2016年之前，金融市场对碳市场的影响更大，这可能是受中国股市波动的推动。另外，2020年以后，能源部门对碳市场的溢出效应达到峰值，与能源市场的波动期相对应。风险溢出网络结构也表明，能源市场在网络中处于中心地位，而金融市场在系统内承担更大的风险。相比之下，碳市场充当了网络区块内的经纪人板块。

最后，对于波动性溢出效应机制驱动因素的研究结果表明，碳制度与能源企业之间的溢出效应受信息传递的影响。具体而言，企业环境信息披露对能源企业和碳交易机构的波动性溢出机制产生负向影响。此外，能源公司与碳交易机构之间的溢出效应可能导致公司股票换手率的波动。

根据研究结果，可以得到以下建议和启示：对于政策制定者，在制定碳排放权交易市场相关政策时需要考虑碳价格变动影响模型。调查碳价波动会引发其他行业股票市场变化，因此相关政策制定者需要考虑调整配额价格定价方式或配额分配策略来把控碳市场的风险信息传递。对于投资者，由于企业对碳配额需求程度不同，而且企业常常通过购买市场冗余的配额以扩大生产赚取利润，因此投资者可以考虑将碳配额作为一种资产配置，也可以利用碳市场风险信息传导路径及网络特征，调整投资组合以对冲投资市场风险。对于中国碳市场自身建设发展，目前碳市场仍处于建设初期，虽然市场份额占比大，累计交易量多，但仍然需要借鉴其他国家的建设经验，并且重视碳市场与股票市场的显著相关性，以及碳市场中金融衍生业务的发展。

第五节　碳市场与易感因素之间的风险溢出：关联网络视角

本节提出了一种客观且稳健的基于网络数据驱动策略，用于分析碳市场中风险溢出。首先，采用模糊认知图方法构建虚拟相关性网络，描述碳交易市场与潜在波动传递者之间的因果关系。其次，进行基于网络的社区检测以探索包含碳交易市场和6个属于EU Allowances相同社区的市场因素的社区结构。接下来，我们根据不同市场对估计和拟合边缘以及联合分布进行EUA风险溢出水平的下行和上行尾部测量。最后，在考虑到社区结构和关联性的情况下，比较不同市场因素对EUA风险水平的强度差异，并指出除OILFUTURE外最具有显著上行溢出效应的是哪个市场因素，发现CER期货资产是检测到的各种市场因素中最好的EUA期货避险工具。

一、引言

根据国际碳行动伙伴关系（International Carbon Action Partnership）的

数据，全球已经建立了24个碳交易系统，碳市场覆盖了世界碳排放量的16%、近1/3的人口和54%的全球GDP。同时，22个国家和地区正在考虑或积极开发碳交易系统。其中，欧盟碳排放权交易体系自2005年以来成为世界上最大的国际碳交易市场，并且过去几年中欧盟配额市场在交易流动性、实力和规模方面都有显著增长，其营业额占全球交易总额的80%以上（Dutta，2018）。

作为世界上唯一的跨国碳排放交易系统，欧盟排放交易体系（EU ETS）的价格趋势一直备受关注。碳排放价格的上涨不仅表明企业对碳配额有强烈需求，也代表着更多投资者积极参与碳产品交易，从而提高市场活跃度。这反映了EU ETS在帮助欧盟甚至全球实现减排目标方面发挥着日益重要的作用。碳排放价格的上涨将刺激市场投资信心，推动交易活动，并进一步推高碳排放价格。理论上讲，在EU ETS中持续升高的碳排放价格可以迫使企业加大污染物释放量的力度，从而增加欧盟乃至全球二氧化碳减排阶段性目标按计划实现的可能性。

然而，欧盟碳交易市场上的碳价格并不总是符合现实预期。受需求端因素（如经济活动和燃料转换）和公共政策的干扰，欧盟碳排放权交易体系中的碳价常常偏离异常情况下的价值。如图3-31所示，在金融危机期间，欧洲企业的排放量急剧下降，二氧化碳配额供应严重过剩，导致碳价格暴跌，并且甚至有一段时间接近于零。新冠疫情暴发后，碳排放价格再次下跌，曾一度跌至每吨15欧元以下。尽管欧盟当局通过减少配额、延迟碳交易等技术手段创造了相应的市场稳定储备机制，但投资者的信心和热情仍然受到极大损害。

因此，碳市场价格形成机制和风险溢出效应的研究越来越成为学者们关注的焦点。作为一个开放而复杂的系统，碳交易市场受到包括内部和外部关系在内的动态相关性影响（Zhang等，2020）。具体而言，内部关系是指不同碳市场产品之间的关系，如碳现货、碳期货和碳期权；而外部关系则是研究碳交易市场与其他碳市场之间的关系，如金融市场、资本市

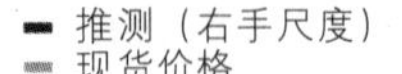

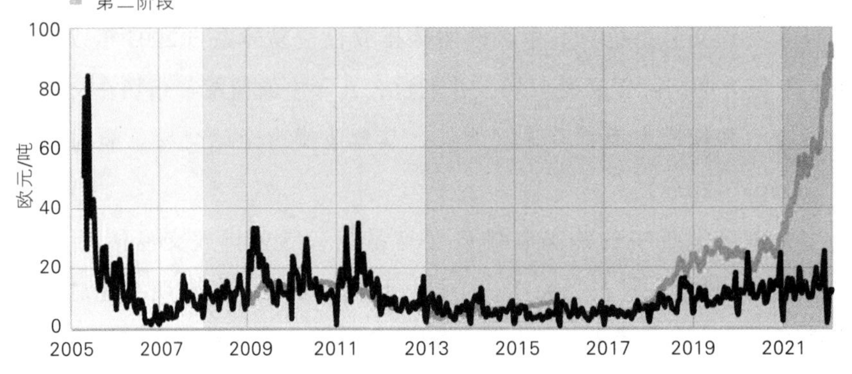

图3-31 欧洲碳排放配额价格变化趋势

场、能源市场等。据我们所知，目前学界对于碳市场价格的复杂形成机制以及跨市场风险溢出有效测量仍未有定论。过去十年中，学者们基于个人理解或实践经验讨论了不同类型市场与碳交易市场之间的价格联动和风险溢出，并得出了各种结论（Balcılar等，2016；Ji等，2019b；Jin等，2020；Yuan和Yang，2020）。总体而言，现有研究的最大缺陷是除了研究人员个人经验和主观认知外，没有客观有效的工具策略来识别碳市场价格风险传递路径。因此，本书旨在从网络视角出发，采用数据驱动方法尝试构建混合策略解决上述问题。

最近，文献中出现了一种被称为模糊认知图的方法，它结合了模糊逻辑和循环神经网络的优点，并通过考虑顶点之间因果关系的不确定性程度来描述其之间的关系。在此背景下，我们采用基于FCM模型的数据驱动方法构建碳排放市场周边联想网络以反映碳市场与其他市场因素之间的隐含联系。然后使用社交网络分析方法中常见的社区检测方法挖掘与碳排放市场相关联的核心因素。在此基础上，我们使用Copula和成熟条件风险测量工具来衡量与评估碳交易市场相互依存的风险水平和溢出路径。具体而言，就是评估条件风险价值（Conditional Value at Risk，CoVaR），而不是普通风险价值（Value at Risk，VaR），以捕捉风险溢出情况。

本节提出了一种混合策略，专注于因子选择和风险度量的整合，以准确衡量碳交易市场的风险溢出。我们的贡献如下：首先，通过构建基于FCM的网络精确全面地确定可能导致碳交易市场风险的影响因素。该网络包括现有文献中出现的各种市场因素，并使用社交网络背景下的社区检测方法来探索碳交易市场风险溢出路径的核心社区和范围。该网络方法可以精确识别与碳交易市场相关联的风险因素，有助于准确计算风险溢出。其次，我们使用Copula模型通过测量CoVaR估计碳交易市场的风险水平，并验证了风险溢出效应存在性。这在从网络视角对碳交易市场进行风险研究方面具有创新性，可以为投资者和管理人员更好地理解碳交易市场价格形成机制并制定更有效稳定价格机制提供宝贵信息和参考。

二、文献综述

（一）风险测量方法

CoVaR现在是衡量市场风险水平的流行工具。与传统的VaR风险测量方法相比，CoVaR考虑了特定因素的风险溢出效应，克服了传统风险度量往往低估损失的问题。目前，有三种主要类型的CoVaR指标，分别是分位数回归、GARCH模型和Copula模型，并且它们的应用总结在表3-29中。

由于实际金融数据经常呈现出尖峰厚尾分布，传统线性回归普通最小二乘法不再适用，因此我们提出了分位数回归来测量不同分位水平下的金融风险。由于其能够观察到极端尾部风险而被广泛用于衡量金融市场风险；然而这种方法存在缺乏随时间变化暴露于市场尾部风险VaR的问题。GARCH模型被用来模拟金融收益率边缘分布并测量碳交易市场与其他市场之间的溢出效应，GARCH模型可以更好地处理Arch效应。这些模型涉及数字积分过程，在不同情况下可能需要大量计算和时间成本。作为一种能够描绘不同主体之间非线性相关性的连接函数，基于Copula的CoVaR也被广泛用于衡量不同市场因素之间的尾部相关性和风险溢出（Aloui等，

2013）。然而，纯粹基于Copula模型的缺陷在于它要求对主题选择进行严格的初始设置，在实践中往往是经验驱动结果。因此，近年来越来越多的研究开始关注将上述方法优势结合起来的混合模型。

表3-29　　CoVaR测量方法的分类

类型	方法	发现	文献
Quantile regression	QR-CoVaR model	Adrian 和 Brunnermeier 是第一批提出分位数回归来估计CoVaR的人，并发现尾部事件可能在金融机构之间传播	Adrian和Brunnermeier，2011
	QR-ΔCoVaR model	巴西银行业的系统性风险是基于QR-ΔCoVaR方法进行测量的	de Mendonça和Silva，2018
	QL - CoCaViaR model	条件分位数的自回归组成部分被引入扩展CoVaR的估计	Bonaccolto等，2019
	W-QR-CoVaR model	混合方法的表现优于传统的CoVaR方法	Xu等，2021
GARCH model	DCC-GARCH-CoVaR model	Girardi 和 Tolga Ergün 使用 DCC-GARCH-CoVaR 模型来估计四个金融行业集团的系统性风险贡献	Girardi和Tolga Ergün，2013
	Generalized autoregressive score-dynamic conditional score-Copula model	当系统事件发生时，股市的不确定性比原油市场的不确定性更能将风险转移至碳市场	Yuan和Yang，2020

续表

类型	方法	发现	文献
Hybrid model	Copula-GARCH model	将Copula模型和GARCH模型相结合，使用GARCH模型拟合单变量数据，并通过Copula模型获得多元联合分布	Aloui等，2013
	AR-GJR-GARCH-skew t model；Copula model	通过构建六个时变的联合分布模型，分析了WTI原油与美国和中国汇率市场之间的动态依赖关系	Ji等，2019
	GARCH-Copula-CoVaR model	该方法旨在估计商品市场向海运市场传递极端风险溢出	Sun等，2020
	GJR-GARCH model；Copula model；Non-Gaussian multivariate models	GJR-GARCH模型动态捕获了单变量波动率聚类效应，并使用不同的多元模型估计和比较CoVaR。	Bianchi等，2022

（二）碳交易市场的影响因素

越来越多的文献关注碳交易市场的风险。Yuan和Yang（2020）发现，金融市场不确定性程度越高，尤其是原油市场不确定性程度越高，则对碳交易市场产生的风险溢出效应也就更大。Jin等（2020）分析了碳期货收益与4个主要指数收益率（VIX指数、商品指数、能源指数和绿色债券指数）之间的关系。其中，碳期货收益与绿色债券指数收益之间的相关性最高，在市场波动期尤为显著。

表3-30总结了上述文献，值得注意的是影响碳交易市场的相关因素在各项研究中存在差异。从文献综述可以看出，影响二氧化碳排放配额价

格的变动因素复杂多样。现有研究往往只选择一个因素来探讨其与二氧化碳交易市场价格风险的关系。如果能从网络视角进行分析，或许可以得出更客观、更有力的结论。

现有的碳交易市场风险研究存在两个不足之处。一方面，以往的研究倾向于使用单一模型来衡量碳交易市场的风险，传统的风险测量方法无法有效描述碳市场与各种不同市场因素之间的相关性风险，并且通常需要混合测量方法。其中，Copula和GARCH组合模型被证明是灵活而有效的选择，也是本书所使用的风险测量工具。另一方面，风险并非由单一来源触发，并且对于风险来源的选择不完整或不科学。学者们在对碳交易市场风险源和路径认识上存在着较大认知偏差，在这个判断过程中不同学者给出了不同理解和观察结果，这过于主观了。然而，有效地识别出风险源和路径是进行风险测量前提和基础。我们急需一个客观、稳健的方法来取代主观性和经验主义。

表3-30　　文献中与碳排放市场相关的研究

因素	发现	文献
绿色债券、可再生能源、股票	清洁能源是绿色债券、可再生能源、股票和碳交易市场网络中主要的冲击传递者	Tiwari等，2022
比特币	比特币和碳交易市场之间存在下行风险溢出，即尾部相关性	Di Febo等，2021
碳交易市场	EUA现货价格和期货价格之间存在双向非线性均值溢出效应	Liu等，2021
金融市场	金融市场不确定性对于碳交易市场具有相当大的非对称风险溢出影响力度	Yuan和Yang，2020
中国的电力公司股票价格	二氧化碳对电力系统的溢出效应相对较强	Li等，2020

续表

因素	发现	文献
电力部门的回报	二氧化碳收益和电力股票收益之间存在强烈的信息相互依赖关系	Ji等，2019
能源市场	在回报和波动率序列中，碳交易市场与能源市场之间存在非对称的溢出效应	Wang和Guo，2018
化石能源市场	从煤炭市场到碳交易市场以及从碳交易市场到天然气市场都存在显著的单向波动率溢出	Zhang和Sun，2016
能源市场	能源市场对碳排放市场存在显著的波动性和时变风险传递	Balcılar等，2016
石油市场	这些市场之间存在波动率动态、杠杆效应以及没有显著波动率溢出	Reboredo，2014
能源市场	碳和能源期货的回报具有长记忆和自我平均溢出效应	Liu和Chen，2013

三、样本与方法

（一）样本数据

由于目前碳市场波动风险的来源和传输路径尚不确定，因此我们的数据集包括各种可能和相关的市场因素，这些因素是基于现有文献进行选择的。如表3-31所列，我们关注四类市场，包括碳交易市场、能源市场、金融市场和汇率市场。对于每一类市场，我们将其扩展到几个常用的市场因素。数据来自Wind数据库。

表3-31　四种市场类型及其特定的市场因素

市场类型	因素	定义
碳交易市场	EUA	EUA future contract price
	CER	CER future contract price
	SZA	Close price of Shenzhen carbon pilots
能源市场	OILFUTURE	Brent Crude Oil Futures Settlement Price
	OVX	Crude Oil ETF Volatility Index
	SP500ENERGY	S&P 500 Energy
金融市场	SP500	S&P 500 Index
	STOXX50	Euro Stoxx 50 Index
	SHZS	The Shanghai Composite Index
	SPGSCI	S&P GSCI Commodity Total Return Index
	SPGB	S&P Green Bond
汇率市场	EURIBOR	Euro Interbank Offered Rate
	EURUSD	EUR/USD exchange rate
	USDCNY	USD/CNY exchange rate
	EURCNY	EUR/CNY exchange rate

我们以EUA期货合约为研究对象，这是自2005年以来在欧盟排放交易体系（EU ETS）交易的一种新型商品资产类别。EUA不仅是EU ETS市场中著名的代表之一，而且常被用于研究碳交易市场风险溢出效应。通常情况下，我们关注EU ETS承诺阶段开始的EUA期货数据周期，并覆盖从2008年4月15日到2021年3月22日的时期。每个因素都有2 127个观测值，没有无效数据。

碳交易市场和能源市场之间的联系是内在而自然的。作为能源市场的衍生品，碳交易市场中的商品价格将在一定程度上与全球能源市场波动相关联。欧洲排放交易体系（EUA）市场参与者的评论表明，自2021年初以来，几个因素促成了价格上涨加速。首先，2021年初欧洲特别寒冷，天气导致能源需求增加；其次，ETS第四阶段从2021年开始，还要逐步减少EUAs供应并更新市场稳定储备参数；此外，更直观的因素是天然气价格较高促使发电厂商转向燃煤发电，这会产生更多二氧化碳排放量，并增加对碳配额的需求。在能源市场因素中，我们选择最具代表性的布伦特原油期货价格、原油ETF波动率指数和标普500能源作为调查对象。

碳交易市场和金融市场之间的关系可以通过碳排放权属于全球交易商品这一属性来解释。随着碳交易市场日益成熟，其金融属性也越来越突出。鉴于过去几年中特别是第三阶段EUA价格出现了强劲增长，投机的潜在作用也引起了人们的关注。市场情报还表明，交易所交易基金和其他投资基金可能在ETS市场中发挥越来越重要的作用。近年来，金融市场参与者继续开发更广泛的产品，旨在增加对可持续金融的投资。例如与可持续发展相关联的贷款/债券和桥梁债券以及与碳定价相关联的债券等。因此，我们选择了现有文献中经常出现的金融市场指标。

汇率市场的选择主要考虑两个因素。一方面，基于金融市场参与者的跨国属性，这将对高频、跨市场和跨境联动市场操作产生更大的影响。另一方面，碳交易市场的市场机制决定了CDM项目通常在项目开发准备阶段以预测形式签署CERs。此外，CDM项目需要在国际市场上出售CERs，这必然涉及外汇结算（Zhang和Li，2018）。因此，在传统市场之外容易被忽视但不可或缺的另一个因素是汇率市场因素。

（二）模糊认知图网络

FCM模型是一种多功能的决策支持工具，通常用于包含复杂因果关系的多维情境中。通过为概念定义模糊值和它们之间因果关系的模糊程度，认知映射方法得以增强并引入了模糊特征成为模糊认知映射。该方法有两个特点：（1）使用从-1到1设置不同概念之间联系的箭头和强度值；（2）基于模糊逻辑构建系统，在决策过程中可以反映变量之间的反馈连接，并动态分析时间方面问题。

具体而言，FCM模型中考虑的每个顶点A_i的所有状态值都可以模糊化为一个模糊值范围，介于[0, 1]之间。连接可以用$n \times n$的影响矩阵W表示，其元素w_{ij}表示从顶点i到指向顶点j的模糊关系，而值范围在[-1, 1]。通常情况下，连接又可以分为三种不同类型的因果关系：

1. $w_{ij} > 0$，概念C_i和C_j之间存在正向因果关系。

2. $w_{ij} = 0$，概念C_i和C_j之间不存在直接因果关系。

3. $w_{ij} < 0$，概念C_i和C_j之间存在负向因果关系。

给定一个带有一些初始概念$C_i(i = 1, 2, \cdots, n)$的FCM模型，每个概念的当前状态值受权重矩阵W和前一次迭代中所有相互连接顶点的状态值影响，可以表示为：

$$A_i^{(k+1)} = f\left(A_i^{(k)} + \sum_{j \neq i,\ j=1}^{n} w_{ij} A_j^{(k)}\right) \tag{3-58}$$

其中，$A_i^{(k+1)}$表示时间$k+1$时的激活水平C_i，而$f(\cdot)$是一个阈值激活函数，将计算结果转换为区间[0, 1]。研究人员在文献中采用了多种过渡函数（Hafezi等，2020），其中线性Sigmoid是一种常见选择：

$$f(x) = \frac{1}{1 + \exp(-\lambda x)} \tag{3-59}$$

其中λ为斜率参数。

FCM模型学习过程的目标是找到最优邻接矩阵，以在推理期间实现所需的地图行为。通常有两种主要的学习算法，即Hebbian算法和误差驱动算法。近年来出现了许多基于梯度下降的学习算法应用于学习FCM模型权重，在过去已被证明能够捕捉多个概念特征。我们也采用了基于梯度下降的学习算法来学习FCM模型权重。

（三）社区发现

基于FCM模型建立的复杂网络，探索其社区结构特性是必要且有意义的，因为这些特性对于发现复杂网络的潜在功能至关重要。与图聚类经典问题密切相关，社区检测的目标是找到将图分成顶点群集的最佳方法。模块度是一种用来衡量图中固有聚类质量的指标。基本上，它可以评估预期边数和群集内实际边数之间的权衡。从数学上讲，它可以描述为：

$$Q = \frac{1}{2m} \sum_{ij} \left[w_{ij} - P_{ij} \right] \delta\left(D_i, D_j \right) \tag{3-60}$$

其中，w_{ij}表示由FCM模型优化的邻接矩阵W中的一个元素，$m \in E$是所有边权重之和，D_i是顶点i所属的聚类。函数$\delta\left(D_i, D_j\right)$在$D_i \neq D_j$时等于0，在其他情况下等于1。术语$P_{ij}$表示定义为顶点$i$和$j$之间存在边缘的概率：

$$P_{ij} = \frac{k_i k_j}{2m} \tag{3-61}$$

其中，k_i是与顶点i相连的边的权重之和。

在现有的最优解逼近方法中，常用的是快速贪心算法、Newman算法和多层次优化。虽然快速贪心算法快速且流行，但新方法即多层模块度优化算法通常比快速贪心算法能产生更高的Q值。多层模块度优化算法主要分为两个步骤：模块度优化和聚类聚合。在模块度优化步骤中，首先将每个顶点i标记为一个簇，再针对每个邻居节点j，通过将j所在的簇分配给它来评估Q的增益。这一过程重复进行直到没有更多Q增益发生。而对于聚类聚合步骤，则基于前一步得出的顶点簇构建一个新加权图形成边缘权重被赋予连接不同群集内部顶点之间边缘数目之和；相反地，连接自身的内部边缘权重由其各自内部权重之和给出。通常情况下，在复杂网络上划分是指外部边数低于内部边数。在实践中，$Q \geqslant 0.3$的值是强聚类结构的积极指标。

（四）Copula-CoVaR

CoVaR是用于衡量风险的指标，有三种方法可以获得CoVaR，分别为线性分位数回归，基于双变量DCC模型的GARCH类型模型以及基于Copula的方法。由线性分位数回归估算出来的CoVaR没有随时间变化而暴露在市场上$VaR^i_{\alpha,t}$，并且无法描述非线性风险溢出现象。GARCH类型模型需要进行数值积分计算，这既耗时又费力。同时边缘分布取决于选择的双变量分布，在限制边缘规范时可能会引入计算CoVaR时误差规定不当问题，因为实践中，R_t^i的特征可能存在显著差异。因此，在这里中我们主要使用基于Copula的方法，这些方法具有更大的灵活性，可用于说明边缘分布与相关结构之间的关系。

给定市场（或投资组合）$i(i=1, \cdots, N)$在$t(t=1, \cdots, T)$时间的回报率R_t^i，并且置信水平为$\alpha \in (0, 1)$，则$VaR_{\alpha, t}^i$被定义为回报分布的分位数：

$$VaR_{\alpha, t}^{i, -} = F_{R_t^i}^{-1}(\alpha); \quad VaR_{\alpha, t}^{i, +} = F_{R_t^i}^{-1}(1-\alpha) \tag{3-62}$$

其中，$F_{R_t^i}^{-1}(\cdot)$是广义逆分布函数，$VaR_{\alpha, t}^{i, -}$和$VaR_{\alpha, t}^{i, +}$分别表示下行和上行风险。文献中出现了两种不同的CoVaR定义，分别为$CoVaR_{\alpha, \beta, t}^{i|j, =}$和$CoVaR_{\alpha, \beta, t}^{i|j, \leqslant}$（Girardi和Tolga Ergün，2013）。符号$CoVaR_{\alpha, \beta, t}^{i|j, =}$表示在给定条件$R_t^j = VaR_{\alpha, t}^j$下市场收益$R_t^i$的$\beta$-分位数，而符号$CoVaR_{\alpha, \beta, t}^{i|j, \leqslant}$则表示具有替代条件事件$R_t^j \leqslant VaR_{\alpha, t}^j$的定义。这里仅考虑常用的指标$CoVaR_{\alpha, \beta, t}^{i|j, \leqslant}$。也就是说，CoVaR隐含地由条件分布的$\beta$-分位数所定义：

$$Pr\left(R_t^i \leqslant CoVaR_{\alpha, \beta, t}^{i|j, -} \middle| R_t^j \leqslant VaR_{\alpha, t}^{j, -}\right) = \beta \tag{3-63}$$

$$Pr\left(R_t^i \geqslant CoVaR_{\alpha, \beta, t}^{i|j, +} \middle| R_t^j \geqslant VaR_{\alpha, t}^{j, +}\right) = \beta \tag{3-64}$$

其中，$i \neq j$，置信水平α，β在事先确定时具有典型值，如1%或5%。在本节的其余部分中，除非另有说明，否则将参考上面方程中给出的$CoVaR_{\alpha, \beta, t}^{-}$和$CoVaR_{\alpha, \beta, t}^{+}$。

根据Sklar定理，边缘分布可以通过Copula函数与联合分布相连。

$$C(u, v) = F_{R_t^i, R_t^j}\left(F_{R_t^i}^{-1}(u), F_{R_t^j}^{-1}(v)\right) \tag{3-65}$$

其中，随机变量$u = F_{R_t^i}(\cdot)$和$v = F_{R_t^j}(\cdot)$（通常通过概率积分变换获得）在$[0, 1]$上服从均匀分布。可以证明，上式中的条件概率分布可以表示为

Copula形式：

$$Pr\left(R_t^i \leqslant CoVaR_{\alpha,\beta,t}^{i|j,-} \middle| R_t^j \leqslant VaR_{\alpha,t}^{j,-}\right) = \frac{C(u, v)}{v} \tag{3-66}$$

文献中存在几类核函数族，其中阿基米德核函数族被认为是经济学和金融学使用最广泛的一类。由于其简单的闭式CDF和能够建模随机变量之间依赖关系的性质，这种类型的核函数具有多种用途。双变量阿基米德核函数定义如下：

$$C(u, v; \theta) = \varphi^{-1}\left[\varphi(u; \theta) + \varphi(v; \theta)\right] \tag{3-67}$$

其中，$\varphi:[0, 1] \to [0, +\infty)$是一个连续、严格递减的凸函数，满足$\varphi(1; \theta) = 0$，$\theta$为某个参数空间$\Theta$内的参数。

于是，可以基于阿基米德联合分布推导得出：

$$Pr\left(R_t^i \leqslant CoVaR_{\alpha,\beta,t}^{i|j,-} \middle| R_t^j \leqslant VaR_{\alpha,t}^{j,-}\right) = \frac{\varphi^{-1}\left[\varphi(u; \theta) + \varphi(v; \theta)\right]}{v} = \beta \tag{3-68}$$

通过求解u和应用概率积分变换，同时保持$v = F_{R_t^j}\left(VaR_{\alpha,t}^{j,-}\right) = F_{R_t^j}\left(F_{R_t^j}^{-1}(\alpha)\right) = \alpha$的假设，我们可以得到$CoVaR_{\alpha,\beta,t}^{i|j,-}$的显性表达式：

$$CoVaR_{\alpha,\beta,t}^{i|j,-} = F_{R_t^i}^{-1}\left(\varphi^{-1}\left(\varphi(\alpha\beta; \theta) - \varphi(\alpha; \theta)\right)\right) \tag{3-69}$$

同样地，我们可以通过直接改变风险情景来获得上行风险$CoVaR_{\alpha,\beta,t}^{i|j,+}$。上式仅暗示了$R_t^i$和$R_t^j$之间的恒定相关性，为了实现时变特性以更好地反映不同市场之间的依赖结构，我们利用基于转换滞后数据更新Copula的时间变化依赖参数的观测驱动模型。

我们采用作为风险溢出的度量标准，以量化在市场处于困境时CoVaR与市场正常状态（或最多处于中位数状态）下的CoVaR之间的差异。

$$\Delta CoVaR_{\alpha,\beta,t} = CoVaR_{\alpha,\beta,t} - CoVaR_{0.5,\beta,t} \tag{3-70}$$

类似地，我们可以计算相对风险溢出效应：

$$\%CoVaR_{\alpha,\beta,t}=\frac{CoVaR_{\alpha,\beta,t}-CoVaR_{0.5,\beta,t}}{CoVaR_{0.5,\beta,t}}\cdot 100\% \tag{3-71}$$

（五）组合方法

基于FCM模型构建的关联网络，我们可以进一步采用社区检测方法探索网络结构特性，并揭示与碳交易市场相关的市场因素。我们提出应用混合Copula-CoVaR来评估碳交易市场的相关市场因素之间的风险溢出效应。混合策略包括两个阶段，如图3-32所示。

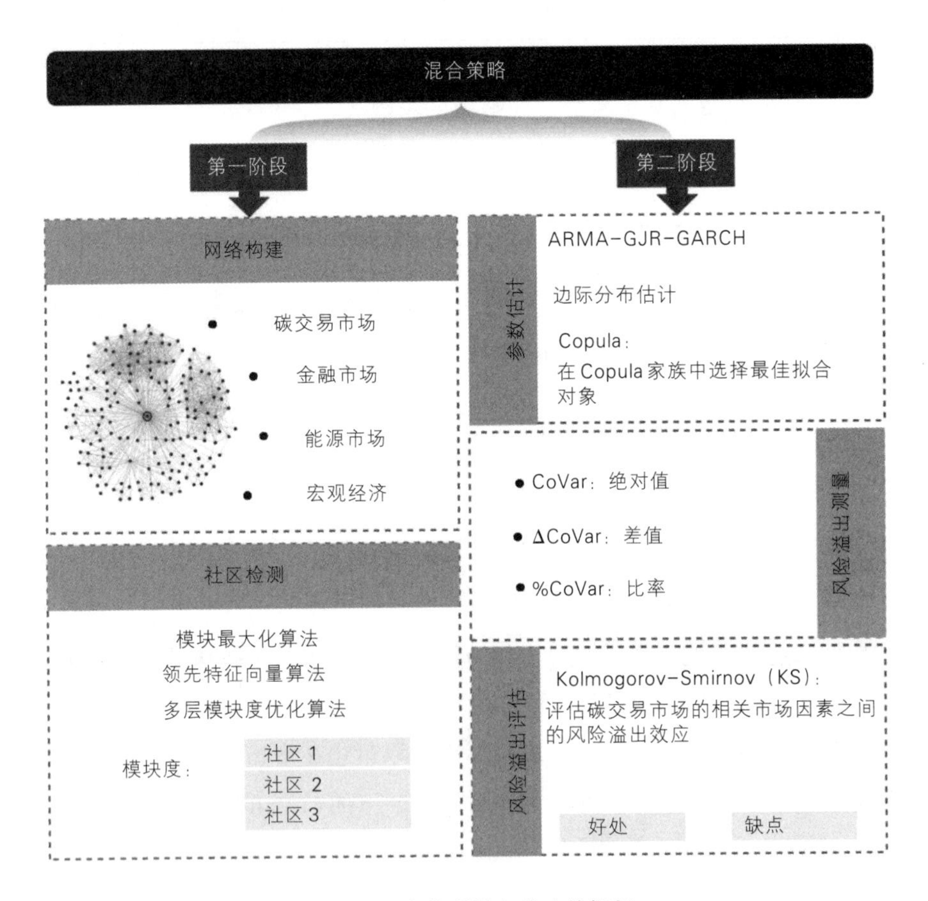

图3-32　本节所提出策略的框架

第一阶段：网络构建和社区检测

步骤1：网络构建。采用FCM模型来构建不同市场因素之间的联系，其中包括碳交易市场波动率和上述易感因素。

步骤2：社区检测。通过利用社区检测方法，可以实现最佳社区划分。我们可以探索碳交易市场所属社区之间的联系。

第二阶段：风险溢出评估和讨论

步骤3：参数估计。该过程包括边际分布估计和Copula模型参数估计。对于前者，考虑使用流行的ARMA-GJR-GARCH模型描述边际波动率。至于Copula模型，我们考虑从整个Copula家族中选择最佳拟合对象。

步骤4：风险溢出测量。我们使用Copula模型来计算下行和上行的$CoVaR$、$\Delta CoVaR$和$\%CoVaR$指标，以评估碳交易市场与步骤2检测到的因素之间的风险溢出效应，并进一步进行回测和机制分析。

步骤5：在投资组合管理中应用。为了阐明上述风险溢出在跨市场投资中的应用，我们进一步讨论了碳交易市场的相关市场因素之间的风险溢出效应。

四、基于碳市场的网络分析

本书通过FCM模型构建了一个完全数据驱动的关联网络，如图3-33所示，每个顶点代表一个市场因素。网络的边表示不同顶点之间的关系。这些关联是通过将几个市场因素与我们感兴趣的EUA期货收益进行映射来建立的。由于原始网络结构非常复杂，并且有效信息无法快速识别，所发通过对权重矩阵进行归一化并使用特定阈值过滤它，我们获得了一个干净简洁结构的网络（如图3-33的右侧），同时保留了重要信息。本节最初的目标是通过该网络分析碳交易市场的风险来源和传播路径。在具体情况下，我们希望观察到影响EUA期货价格波动风险的市场因素，并借助该网络实现此目标。但仅仅在整个网络层面上进行分析还不足以让我们专注于那些在这一过程中发挥关键作用的因素，因此，我们进一步扩展了对关联网络社区检测方面的分析。

图3-33展示了社区检测的具体结果。基于多层模块度优化算法，在关联网络中发现了总共3个不同的社区。每个社区都有不同的成员，即市场因素，这些因素列在表3-32的最后一行中。就多层模块度优化算法生成的社区检测结果而言，模块度指数的P值达到0.324，高于可接受标准0.3。虽然还有其他方法，如模块度最大化算法和领先特征向量算法，但在实证过程中我们发现多层模块度优化算法产生的社区检测结果具有最高P值，证明该方法具有显著优势，所以我们选择该方法是合理的。

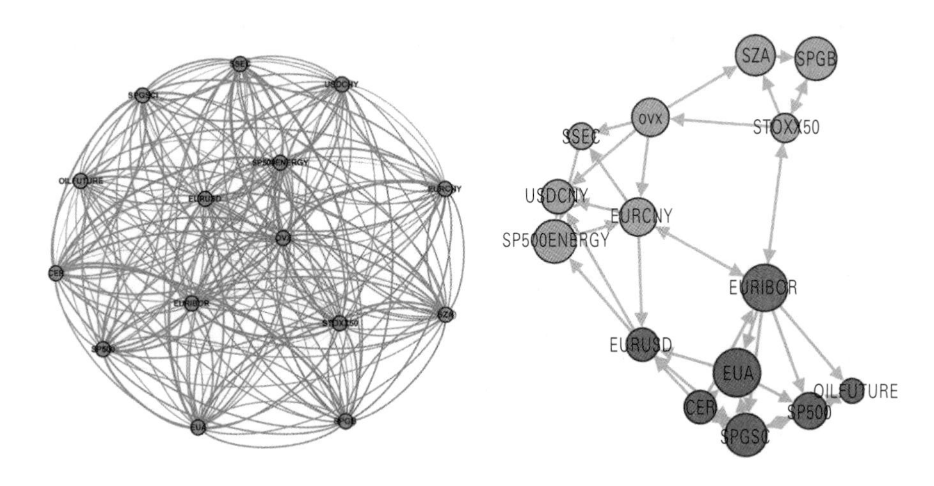

图3-33　EUA挖掘的关联网络和发现的社区

表3-32　检测到的社区结构

算法	社区1	社区2	社区3	模块度
模块度最大化	EUA CER EURUSD SP500 SP500ENERGY SPGB	EURIBOR USDCNY OILFUTURE SHZS SPGSCI	EURCNY OVX STOXX50 SZA	0.2832

续表

算法	社区1	社区2	社区3	模块度
领先特征向量算法	EUA CER EURUSD SP500 SPGSCI SPGB	EURIBOR USDCNY EURCNY OILFUTURE OVX STOXX50 SHZS SP500ENERGY SZA	–	0.2832
多层模块度优化算法	EUA CER EURIBOR EURUSD OILFUTURE SP500 SPGSCI	USDCNY EURCNY OVX SHZS SP500ENERGY	STOXX50 SPGB SZA	0.324

因此，我们的重点已经从网络的整体结构转移到了EUA所属的社区。我们在表3-32中清晰地展示了这个社区的内部结构。除了EUA之外，在这个社区中还有6个成员：CER、EURIBOR、EURUSD、OILFUTURE、SP500和SPGSCI。这些成员不仅与EUA有着不同程度的关联，而且在成员之间也存在联系。这里的关联特征是不同顶点之间的边缘。

作为我们的主要观察对象，欧洲碳排放配额（EUA）受到了来自各种来源的影响，包括CER、EURIBOR和SPGSCI。众所周知，除了

EUA之外，CER是提高履行义务成本效益的关键工具之一。一些学者通过允许动态结构变化（Nazifi，2013），确定了影响EUA和CER价格差异的关键因素。由于CER和EUA有两个不同的市场框架，因此影响CER价格的驱动因素可能以不同方式影响EUA价格，在二者之间反映出来，并且两者之间存在回报联动性和风险溢出现象。因此，在研究EUA风险水平时，我们可以初步明确地指出：需要重点关注CER这个因素。此外，“欧元银行间同业拆借利率”（EURIBOR）是国际金融市场上的基准指标。具体而言，“欧元银行间同业拆借利率”的计算基于多家欧洲银行互相贷款时的平均利率，并被认为是欧洲货币市场上最重要的参考利率。减排公司融资限制的波动直接影响它们参与碳交易市场交易的意愿，因此从EURIBOR到EUA的风险传递链是清晰明了的。对于SPGSCI，我们知道它是以各个商品类别为基础的可投资指数。该指数旨在通过流动商品期货来方便投资者进行投资。作为新兴商品期货，显然EUA价格波动和风险水平受到可投资商品市场整体风险的影响。

相反，在EURUSD和SP500的网络关联中，EUA扮演的是风险传递者而不是接收者的角色。EURUSD连接了世界上最具影响力和交易活跃度的两种货币。可以想象，在欧洲碳市场价格剧烈波动时，大量热钱将在投资窗口期间从美国资本市场流入或流出。对于EUA和SP500的传输链及方向，目前似乎找不到令人信服的逻辑作为解释。然而，需要注意的是我们得到的关联网络和相应社区检测完全是数据驱动的结果。

除了上述直接关联之外，我们还注意到存在许多间接关联指向EUA。例如，虽然OILFUTURE与EUA没有明确的关联，但存在多个复杂的传输路径，如OILFUTURE-SP500-SPGSCI-EUA、OILFUTURE-SP500-SPGSCI-CER-EUA等。总体而言，在这个社区范围内，所有成员都直接或间接地与EUA相关。尽管我们可以通过逻辑和语境来解释大部分这些关联，但仍需要通过更具体的实证分析来验证这些关联的真实性，这也是我们下一步要做的事情。一个自然而然的问题是：如果社区内市场因素都能对EUA风险水平产生影响，那么哪一个因素最重要？如果是这样，则考虑该因素风险水平后所得到的EUA条件风险度量应比简单评估EUA本身风险水平更为准确。

五、风险溢出测度与讨论

（一）边缘分布模型参数估计

在测量相关风险之前，有必要确认个别因素的自相关性和条件异方差性的显著特征。首先，进行Jarque-Bera（JB）检验以测试样本数据的偏度和峰度是否符合正态分布。此外，使用Ljung-Box（LJ）检验来测试因素的串行自相关性。执行拉格朗日乘数（LM）检验以检查Engle ARCH效应是否存在。这些检验结果总结在表3-33中，并且社区1中的每个市场因素都具有显著的自相关性和ARCH效应，拒绝了正态分布假设。

市场回报的分布通常是偏斜且厚尾的，这也适用于碳市场。如表3-33所示，所有市场因素几乎都具有均值回归和聚类性质。此外，还有另一个重要的市场回报特征——波动率，也称为“杠杆效应”，即较大的负价格冲击比同样大的正冲击更容易增加波动率。因此，在考虑到收益率杠杆效应时，我们惯例上认为这些市场因素的边际分布是偏斜t分布。

表3-33　　所选因子收益的描述性统计数据

市场因素	JB	P（JB）	LJ	P（LJ）	LM	P（LM）
EUA	0.9079	0	3 020.6644	0	41.5828	0

续表

市场因素	JB	P（JB）	LJ	P（LJ）	LM	P（LM）
CER	0.3438	0	3 036.7006	0	5.3191	0.0211
EURIBOR	0.8821	0	3 013.7672	0	125.028	0
EURUSD	0.9104	0	3 026.4918	0	45.9254	0
OILFUTURE	0.6953	0	3 031.1858	0	3 030.3406	0
SP500	0.6342	0	3 033.002	0	3 022.8673	0
SPGSCI	0.8868	0	3 028.6136	0	2 112.3999	0

完成上述检验并确定边际分布假设后，我们使用经典计量模型ARMA-GJR-GARCH-skewed-t来估计每个市场因素回报的边际分布。其中，对于每个市场因素，在边际分布中均值和方差方程的最佳滞后阶数是根据AIC值确定的，具体估计结果如表3-34所示。我们估计了边缘模型的整体拟合优度，即LogLik。表3-34最后一行中的LM统计值表明，在模型拟合之后残差中没有显著的ARCH效应。到目前为止，这基本上显示出我们已经对社区1中每个市场因素的边际分布进行了合理、准确和独立的估计。以上估计可以为随后进行的依赖风险测量提供支持和保证。在测量过程中，为了考虑不同市场因素与EUA之间相关性而测量EUA的CoVaR，我们将使用最优化Copula来扩展EUA风险水平的度量。

表3-34　　碳交易市场风险相关因素收益率序列的边际分布模型参数估计

	EUA	CER	EURIBOR	EURUSD	OILFUTURE	SP500	SPGSCI
Mean							
Mu	0.0006 (1.4764)	0** (−2.5681)	−0.4686*** (−575.8294)	1.0992*** (877.2479)	0 (−0.0998)	0.0005* (1.7254)	−0.001 (−0.6965)
Ar1	0.343** (2.3994)	−0.1763 (−0.5581)	–	–	−0.7485** (−2.4992)	0.6427*** (3.364)	−0.8347*** (−8.1189)
Ar2	−0.7625*** (−8.5375)	–	–	–	–	0.0313 (1.0519)	–
Ma1	−0.3876*** (−2.6552)	0.1393 (0.4204)	0.9806*** (227.1929)	1.2082*** (122.5758)	0.7101** (2.2302)	−0.7193*** (−3.9128)	0.8106*** (7.4064)
Ma2	0.7523*** (7.97)	–	0.6396*** (68.087)	0.6694*** (182.1459)	–	–	–
Variance							
Omega	0*** (3.2103)	0 (0.3046)	0*** (4.5839)	0.0003*** (6.6901)	0* (1.7213)	0 (0.4099)	0 (1.6144)
Alpha1	0.097*** (7.417)	0.6809*** (23.8791)	1*** (7.8947)	1*** (2.8876)	0.0665*** (5.2533)	0.06636 (0.4291)	0.0461*** (6.6604)
Beta1	0.899*** (88.0711)	0.315*** (19.9339)	0.8076*** (30.5407)	0.8337*** (36.1428)	0.9245*** (73.4691)	0.8656*** (20.9836)	0.9443*** (130.4819)
Eta1	0.0882* (1.8683)	0.0459 (1.5151)	−1*** (−8.058)	−1** (−1.9695)	0.2512*** (3.8297)	0.8825 (0.3461)	0.2625*** (3.9496)
LogLik	6 701.138	6 991.655	4 314.307	7 429.993	7 630.045	9 970.61	8 917.165
LJ	12.888 [0.1172]	0.002 [1.0000]	9.321 [0.0023]	70.3 [0]	3.945 [0.7038]	6.613 [0.6365]	4.402 [0.5948]
LJ2	3.2933 [0.7097]	0.002 [1.0000]	0.0058 [0.9391]	8.036 [0.0046]	3.631 [0.6518]	0.8142 [0.9927]	2.5495 [0.8303]
LM	0.9742 [0.9177]	0.0012 [1.0000]	0.2313 [0.9959]	0.0795 [0.9996]	2.6317 [0.5856]	0.9657 [0.9191]	2.038 [0.7093]

注：该表格呈现了建立的ARMA-GJR-GARCH-skewed-t模型的最大似然估计值，参数定义细节可参考（Glosten等，1993）。括号中报告的t统计值基于Newey-West标准误差。LogLik是对数似然值。LJ2表示在7个滞后期内计算得到的平方残差模型序列相关性的LJ统计值。方括号中小于0.05的P值表示拒绝零假设。*表示10%水平上显著，**表示5%水平上显著，***表示1%水平上显著。

（二）碳交易市场风险溢出效应

在本节中，我们应用蒙特卡罗模拟来计算CoVaR，以获取碳交易市场和前面检测到的市场因素之间的风险溢出效应。为了找到最适合描述EUA回报与不同市场因素之间依赖关系的Copula，我们将考虑高斯Copula、Clayton Copula、旋转Clayton Copula、Frank Copula、Gumbel Copula、旋转Gumbel Copula和SCJ Copula等Copula家族内的模型。这些Copula模型基本上可以描述EUA-因子对具有不同类型尾部相关结构。通常情况下，Gumbel Copula只允许正尾部相关性，因此它最适合描述EUA-因子对之间呈正相关变化，并且正收益比负变化更显著。相反地，Clayton Copula仅允许负尾部相关性，而Frank Copula则不允许正或负尾部相关性。

在实证研究中，我们使用前一节估计的边际模型对每个EUA-因子对的残差序列进行概率积分变换，作为伪观测样本。对于每个EUA-因子对，从Copula家族中选择最优Copula函数。通过LogLik值、AIC值和BIC值等拟合度量标准确定了表3-35中所列出的最终选定的Copula类型。例如，EUA-CER配对的最佳拟合Copula模型是旋转Gumbel Copula，在CER和EUA之间展现了上尾依赖和下尾独立性；而SPGSCI-EUA配对，则高斯Copula可以提供最佳拟合结果，暗示它们之间存在尾部独立性。至于EUA-OILFUTURE配对和EUA-SP500配对之间的相关性，则发现SCJ Copula是最适合的选择，表明它们之间存在不对称上下尾依赖关系。此外，表3-35还报告了最优Copula模型时间变化参数的摘要统计信息，并使用推断函数两步法与边缘参数一起评估这些信息。

表3-35　Copula模型的估计性能

市场	Copula	LogLik	AIC	BIC	时变参数			
					均值	最小值	最大值	标准差
CER	Rotated Gumbel	-342.5995	-685.1961	-685.1881	1.5227	1.0744	4.0738	0.3829
EURIBOR	Frank	-2.3932	-4.7835	-4.7755	0.0851	0.0000	0.1477	0.0223
EURUSD	Rotated Gumbel	-19.2224	-38.4419	-38.4339	1.0833	1.0042	1.3082	0.0421
OILFUTURE	SCJ	-75.1491	-150.2926	-150.2766	0.1252*	0.0126	0.5259	0.0604
					0.0665#	0.0171	0.2098	0.0214
SP500	SCJ	-49.3690	-98.7323	-98.7164	0.0918*	0.0034	0.5625	0.0521
					0.0351#	0.0016	0.4852	0.0425
SPGSCI	Gaussian	-82.2856	-164.5685	-164.5605	0.2586	0.1829	0.4743	0.0294

注：*和#分别表示SCJ Copula的上尾依赖和下尾依赖。

具有尾部相关结构是CoVaR测量的重要前提。基于通过Copula准确表征EUA因子对的尾部相关结构，我们接下来开始在考虑不同EUA因子对的条件下计算CoVaR。具体而言，使用最佳Copula拟合，我们计算了95%置信水平下与关联市场因素收益率95%VaR有条件的EUA收益率CoVaR。所有风险度量包括$CoVaR$、$\Delta CoVaR_{\alpha,\beta,t}$和$\%CoVaR_{\alpha,\beta,t}$都是在偏斜t分布和置信水平为$\alpha=\beta=0.05$的假设下计算得出的。表3-36从上行和下行方向提供了对$CoVaR$、$\Delta CoVaR_{\alpha,\beta,t}$和$\%CoVaR_{\alpha,\beta,t}$的描述性分析。

为了理解表3-36中的结果，以CER为例。假设一个偏斜的t分布，在5%的显著性水平下，EUR回报在其VaR条件下与CER回报相关联的平均下行风险 VaR 为-0.0294，而平均上行风险 VaR 为 0.1018。显然，上尾部风险的绝对值高于下尾部风险，也就是说，CER 到 EUA 的上尾部溢出比下尾部溢出更大。同样地，我们发现社区 1 内所有关联市场对 EUA 回报产生强烈的上尾部风险溢出效应而非下尾部风险溢出效应。除表 3-36 外，我们还通过图 3-34 展示了 EUA 动态 CoVaR 以提供更清晰的说明。这些结果基本表明，从绝对意义上看，欧洲碳排放配额（EUA）和因子之间正面影响（即“正面”波动）所带来的上行方向威胁要大于负面影响（即“反面”波动）。CoVaR 值和图 3-34 都显示了正反两个方向威胁传染具有不对称性质，并且正面威胁传染比负面威胁传染具有更大的影响，这与之前的研究结果一致。

我们可以通过观察 $\Delta CoVaR_{\alpha,\ \beta,\ t}$ 和 $\%CoVaR_{\alpha,\ \beta,\ t}$ 的值来进一步探究净风险溢出效应。显而易见的是，OILFUTURE 对 EUA 收益率的下行和上行都有最强的净风险溢出效应。相比之下，EURIBOR 收益率具有最弱的净风险溢出效应，这与其表现出的尾部相关特征一致。由于 EURIBOR 首选的函数类型为 Frank copula，这意味着 EURIBOR 和 EUA 回报对之间没有尾部依赖关系。

此外，对于 EUA 收益和相关市场因素的收益，上尾风险 $\%CoVaR^{+}_{\alpha,\ \beta,\ t}$ 和下尾风险 $\%CoVaR^{-}_{\alpha,\ \beta,\ t}$ 均为正数，除了 EURIBO 以外 R。以 SP500 为例，这表明来自 SP500 回报不确定性的上行风险溢出和下行风险溢出通过减少其风险而积极地影响 EUA 回报；然而来自 EURIBOR 不确定性的风险溢出则通过增加其风险而消极地影响 EUA 回报。但是需要注意的是，上行和下行风险溢出是非对称的，因为上行风险溢出比下行风险溢出具有更强的影响力。通常情况下，相关市场收益之间的依赖程度越高，则 $\Delta CoVaR_{\alpha,\ \beta,\ t}$ 和 $\%CoVaR_{\alpha,\ \beta,\ t}$ 的平均值越高，并且这一发现得到了表 3-36 所示的实践行为的证实。

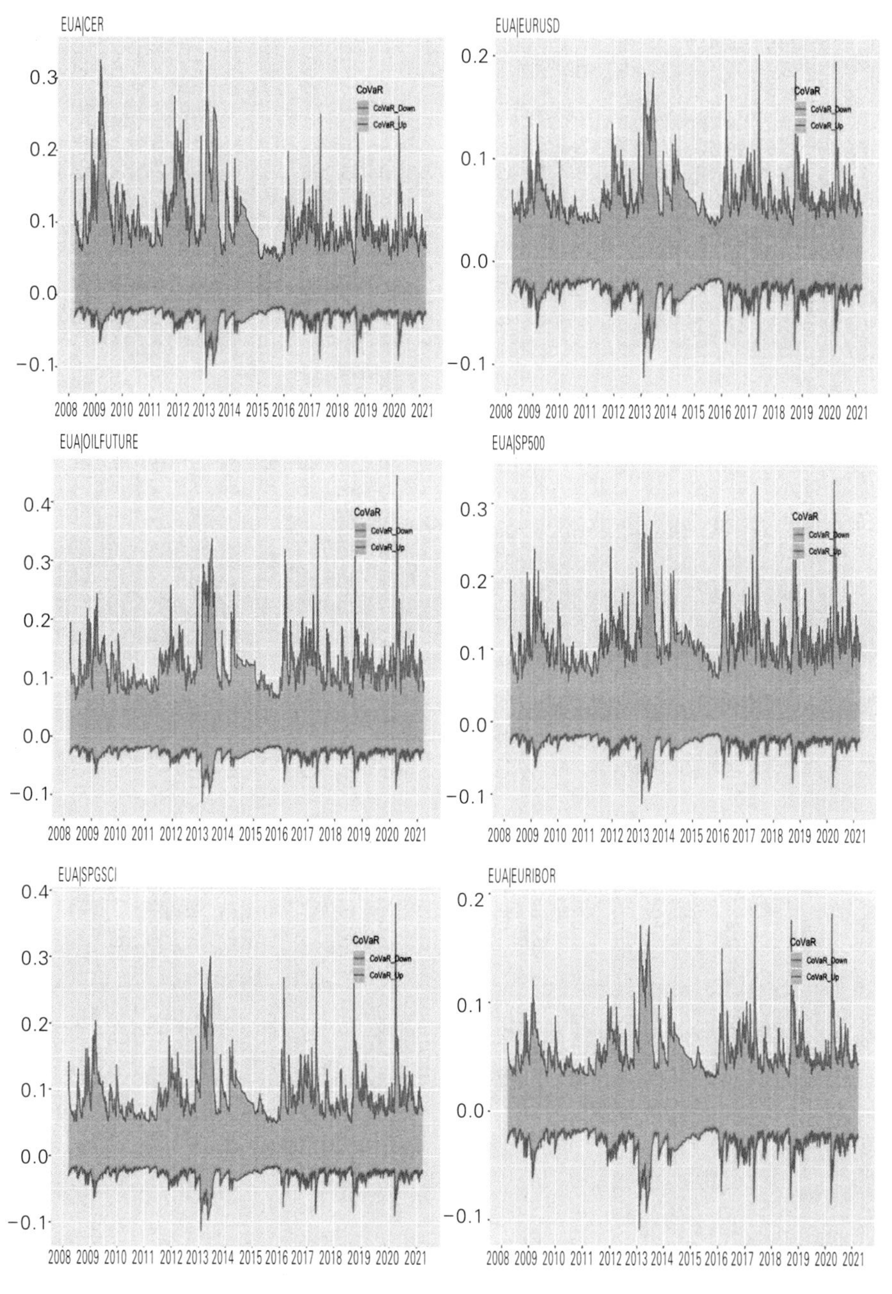

图 3-34　EUA 动态下行和上行 CoVaR

表3-36　　基于最优Copula模型的欧洲碳排放配额及相关市场CoVaR总结

市场对	描述	$CoVaR^{-}_{\alpha,\beta,t}$	$CoVaR^{+}_{\alpha,\beta,t}$	$\Delta CoVaR^{-}_{\alpha,\beta,t}$	$\Delta CoVaR^{+}_{\alpha,\beta,t}$	$\%CoVaR^{-}_{\alpha,\beta,t}$	$\%CoVaR^{+}_{\alpha,\beta,t}$	$VaR^{-}_{\alpha,\beta,t}$	$VaR^{+}_{\alpha,\beta,t}$
EUA | CER	最小值	−0.1145	0.0437	−0.0036	0.0055	2.7937	9.0668	−0.1962	0.0000
	最大值	−0.0155	0.3351	−0.0005	0.1739	4.7303	126.8665	0.0000	0.2486
	中位数	−0.0261	0.0899	−0.0009	0.0263	3.5395	42.3404	−0.0024	0.0023
	均值	−0.0294	0.1018	−0.0010	0.0332	3.5769	48.1505	−0.0046	0.0045
	标准差	0.0115	0.0414	0.0004	0.0230	0.3309	23.4533	0.0083	0.0090
EUA | EURIBOR	最小值	−0.1083	0.0313	−0.0001	0.0000	0.0000	0.0000	−0.0368	0.0045
	最大值	−0.0145	0.1898	0.0000	0.0022	0.2501	1.6573	−0.0076	0.0365
	中位数	−0.0244	0.0500	0.0000	0.0005	0.1311	0.9801	−0.0180	0.0165
	均值	−0.0276	0.0563	0.0000	0.0005	0.1308	0.9803	−0.0194	0.0178
	标准差	0.0108	0.0211	0.0000	0.0002	0.0342	0.2558	0.0069	0.0068
EUA | EURUSD	最小值	−0.1121	0.0354	−0.0032	0.0003	0.6974	0.5263	−0.0257	0.0048
	最大值	−0.0154	0.2019	−0.0002	0.0348	4.8094	32.9267	−0.0051	0.0252
	中位数	−0.0258	0.0587	−0.0010	0.0051	4.0411	9.3097	−0.0082	0.0079
	均值	−0.0290	0.0646	−0.0011	0.0057	3.9633	10.1408	−0.0088	0.0085
	标准差	0.0112	0.0223	0.0004	0.0030	0.4414	4.8377	0.0029	0.0028
EUA | OILFUTURE	最小值	−0.1127	0.0622	−0.0032	0.0206	2.8459	37.0606	−0.1418	0.0117
	最大值	−0.0154	0.4462	−0.0006	0.2247	4.1885	126.8085	−0.0132	0.1381
	中位数	−0.0258	0.1143	−0.0009	0.0525	3.6528	88.1149	−0.0247	0.0224
	均值	−0.0291	0.1232	−0.0010	0.0564	3.6406	86.1235	−0.0292	0.0264
	标准差	0.0113	0.0420	0.0004	0.0204	0.2219	17.5830	0.0160	0.0146

续表

市场对	描述	$CoVaR^{-}_{\alpha,\beta,t}$	$CoVaR^{+}_{\alpha,\beta,t}$	$\Delta CoVaR^{-}_{\alpha,\beta,t}$	$\Delta CoVaR^{+}_{\alpha,\beta,t}$	$\%CoVaR^{-}_{\alpha,\beta,t}$	$\%CoVaR^{+}_{\alpha,\beta,t}$	$VaR^{-}_{\alpha,\beta,t}$	$VaR^{+}_{\alpha,\beta,t}$
EUA | SP500	最小值	−0.1118	0.0540	−0.0025	0.0152	1.9688	27.6311	−0.0211	−0.0011
	最大值	−0.0152	0.3339	−0.0004	0.1455	4.2356	127.1995	0.0001	0.0250
	中位数	−0.0257	0.1043	−0.0008	0.0452	3.2146	76.5410	−0.0014	0.0021
	均值	−0.0289	0.1131	−0.0009	0.0480	3.1897	75.6143	−0.0020	0.0027
	标准差	0.0112	0.0376	0.0003	0.0175	0.4034	18.2962	0.0020	0.0021
EUA | SPGSCI	最小值	−0.1125	0.0496	−0.0026	0.0128	2.0240	26.3421	−0.0702	0.0083
	最大值	−0.0152	0.3809	−0.0004	0.1508	3.3400	73.6657	−0.0097	0.0615
	中位数	−0.0256	0.0816	−0.0006	0.0223	2.6044	37.1815	−0.0180	0.0157
	均值	−0.0289	0.0924	−0.0007	0.0257	2.6101	38.0092	−0.0206	0.0180
	标准差	0.0113	0.0374	0.0003	0.0125	0.1770	4.7122	0.0095	0.0084

注：+表示上尾，−表示下尾。

（三）关于回测的进一步讨论

现在，我们回到本节最初的目的，从网络视角讨论碳市场风险溢出。根据表3-36，我们可以基本判断社区1中不同市场因素对EUA收益率的风险溢出强度，但仍需要进行更严格的检验来比较这些风险溢出强度。因此，我们进行Kolmogorov-Smirnov（KS）检验来评估不同碳交易市场之间不同市场因素在风险溢出方面重要性的差异。表3-37报告了具体统计数据及其P值。基于上下尾部CoVaR均值的初步排名，我们在面板A中进一步检查了不同市场对上尾部CoVaR是否显著满足初步排名。结果显示所有情况都在1%的显著性水平下拒绝原假设。这表明就上行风险溢出水平而言，OILFUTURE的波动率向EUA市场收益率传递的风险溢出是所有市场因素中最强大的，其次是SP500，最弱小的市场因素是EURIBOR。这个结果并没有直观地符合图3-34中所示社区结构的特征，特别是对于OILFUTURE而言，因为在这个社区中它与EUA没有明确关联。但正如我们在前面提到的那样，尽管OILFUTURE和EUA没有直接联系，但存在许多间接关联，例如，OILFUTURE-SP500-SPGSCI-EUA、OILFUTURE-SP500-SPGSCI-CER-EUA等层级传输链。

表3-37　　CoVaR对EUA收益的溢出贡献检验

Panel A：upside	KS	P-value
H0：EUA | OILFUTURE < EUA | SP500	0.1387	0
H0：EUA | SP500 < EUA | CER	0.2285	0
H0：EUA | CER < EUA | SPGSCI	0.1697	0
H0：EUA | SPGSCI < EUA | EURUSD	0.4857	0
H0：EUA | EURUSD < EUA | EURIBOR	0.2628	0
Panel B：downside		
H0：EUA | CER < EUA | OILFUTURE	0.0207	0.4024

续表

<table>
<tr><th>Panel A：upside</th><th>KS</th><th>P-value</th></tr>
<tr><td>H0：EUA | OILFUTURE < EUA | EURUSD</td><td>0.0089</td><td>0.8439</td></tr>
<tr><td>H0：EUA | EURUSD < EUA | SP500</td><td>0.0146</td><td>0.6365</td></tr>
<tr><td>H0：EUA | SP500 < EUA | SPGSCI</td><td>0.0103</td><td>0.7965</td></tr>
<tr><td>H0：EUA | SPGSCI < EUA | EURIBOR</td><td>0.0752</td><td>0</td></tr>
</table>

在面板B中，我们还研究了下行CoVaR绝对值强度的差异。类似地，我们首先根据表3-36获得了低尾部CoVaR均值的初步排名。然后为KS检验设计相应的零假设。结果显示，除了SPGSCI和EURIBOR条件下的低尾部CoVaR之外，我们没有足够的证据来拒绝相应的零假设。然而，在10%的显著性水平上，我们有充分证据认为SPGSCI可以在EUA回报上产生比EURIBOR更强的波动风险溢出效应。

（四）投资组合管理中的应用

以上实证结果为投资者和组合经理在资产配置和分散风险方面提供了一些有用的见解和启示。具体而言，不同资产之间的动态条件相关性对于市场参与者来说是关键的，可以帮助他们对冲下行风险和价格波动。因此，我们自然想知道上述6个市场因素在对冲欧洲碳排放配额期货风险波动时表现如何，这些因素与EUA收益率存在不同程度的风险溢出。

从理论上讲，设计最优对冲策略有两种不同的方法。第一种方法侧重于通过假设投资者无限制地回避风险来最小化组合风险。第二种方法是效用最大化，在该方法中我们可以分析对冲后的组合能否为投资者带来经济利益。在这种情况下，效用是一个关于风险和回报的函数，并将厌恶程度纳入到最优对冲策略中。由于本节重点不在于设计对冲策略，因此我们采用经典的方法。具体而言，我们为EUA和6个市场因素构建了六种不同的投资组合，并通过计算最优权重、对冲比率（HR）和对冲效果（HE）来评估这些市场因素的对冲表现，有关这些指标的详细信息可以参考表3-38（Jin等，2020）。

表3-38列出了为EUA构建的不同投资组合的最优权重、对冲比率（HR）和对冲效果（HE）。针对EUA和CER的投资组合，我们发现投资者需要持有59.56%的权重来最小化该组合回报方差，即降低风险。总体而言，CER具有最大的最优权重，而EURIBOR则具有最小的最优权重。此外，在解释EUA | CER的对冲比率时应结合HE值进行说明。需要注意到表3-38中列出的最优权重和HR是动态结果（如图3-35所示）的平均值。例如，基于动态对冲模型得出EUA和CER资产组合配对的HE值为84.5398%，相应的其平均HR值为0.489。从投资者角度看，在1个美元多头头寸上约84.5398%的收益波动可以通过卖空价值$0.489的CER资产进行避险。通过比较HR和HE可以粗略地得出结论：在各种可选交易品中，CER具有最好的避险效果，而EURIBOR的避险效果较差。但需要注意，在图3-35所示的动态HR和最优权重趋势中，我们可以看到这些不同资产在不同时期具有不一致的避险表现，这意味着投资者面对多种风险时需要频繁调整其组合结构。

表3-38　**投资组合对冲绩效比较**

投资组合	Weight	HR	HE（%）
EUA | CER	0.5956	0.489	84.5398
EUA | EURUSD	0.0397	0.0261	2.5492
EUA | OILFUTURE	0.3689	0.2049	43.9475
EUA | SP500	0.1183	0.0797	20.113
EUA | SPGSCI	0.1918	0.1445	17.3381
EUA | EURIBOR	0.0009	0.0001	0.3299

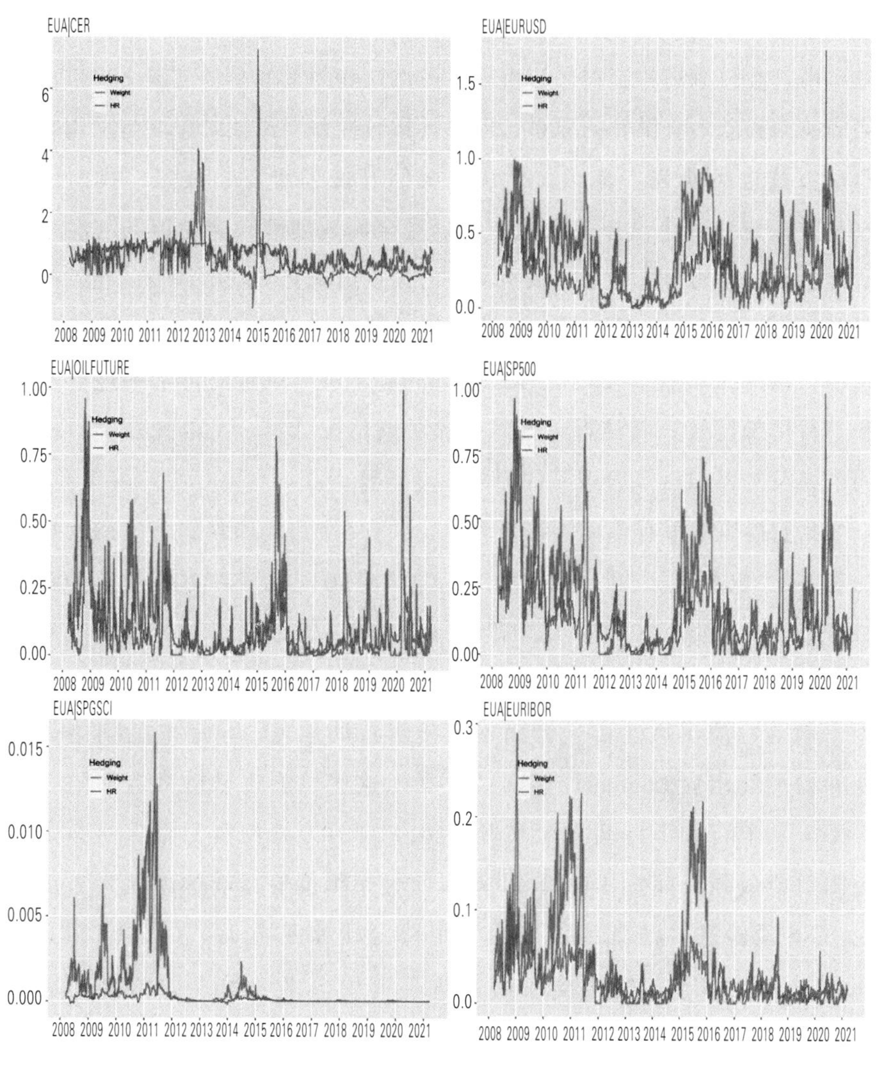

图 3-35 动态最优对冲权重和 HR 的对冲表现

六、小结

过去几十年来，许多学者已经分析了碳交易市场的风险溢出。然而，在选择碳交易市场风险溢出路径即相关市场因素方面，这些研究依然存在很多主观性和经验性。这些相关市场因素主要分为四类：碳排放市场、金融市场、能源市场和宏观经济市场。虽然这些因素似乎都与碳交易市场风险的波动和溢出有微妙的联系，但更具指导性和严谨性的想法是采用数据驱动方法进行研究。基于此想法，我们开展了研究。首先，我们使用FCM方法建立一个虚拟关联网络，以更全面地理解碳交易市场与潜在波动传递者之间的因果关系。该网络中的顶点由现有文献中涉及的相关市场因素组成。其次，在该网络上进行社区检测以探索包括碳交易在内的社区结构；接下来，我们使用GARCH-Copula对EUA风险溢价水平进行上行和下行尾部度量，并结合社区结构和关联情况计算CoVaR比较并讨论不同市场因素对EUA风险水平的影响强度差异。

我们得出以下有意义的结论。首先，有6个市场因素属于与EUA相同的社区，包括：CER、EURIBOR、EURUSD、OILFUTURE、SP500和SPGSCI。在市场对CER、EURIBOR和SPGSCI进行配对时，EUA通常是风险接收者而不是传递者。相反，在与EURUSD和SP500的网络关联中，EUA扮演了风险传递者而不是接收者的角色。已建立的网络还挖掘并检测到指向EUA的许多间接关联。这些风险传输链具有不同强度水平。从上行和下行两方面来看，OILFUTURE对EUA回报率的净风险溢出效应最强，而EURIBOR对EUA回报率则拥有最弱的净风险溢出效应。KS检验进一步证明，在上行风险溢出水平方面，OILFUTURE对EUA回报率的波动性风险溢出是所有市场因素中最强大的，其次是SP500。

我们的研究结果对投资者和政策制定者等利益相关方有着重要的启示，因为越来越多的金融资产被纳入碳交易市场。对于投资者而言，在创建涉及碳交易市场资产的投资组合时，有必要充分考虑碳交易市场本身以及相关市场风险溢出的风险，这对于合理配置投资组合至关重要。正如我们研究发现的那样，有六个影响因素与碳交易市场风险波动高度相关，其中OILFUTURE对EUA上行尾部风险溢出强度最显著。因此，在评估整体风险并分配最佳资产位置时，投资者应当充分考虑这些市场因素及其在该研究中所扮演的角色。

政策制定者可以利用本节的研究结果来制定更有效的碳交易市场风险控制政策。众所周知，从2008年8月到2012年9月，CER价格从20美元暴跌至5美元以下，当局解释说这是为应对欧元区债务危机、减少工业活动和在欧盟下分配过多排放配额而作出的反应。在欧盟排放交易体系中，清洁发展机制仍被描述为“正在形成完全灾难”和“需要彻底改革”，这种现象严重影响了人们对碳排放市场发展前景的信心。因此，政策制定者可以利用本节的研究结果有针对性地量化碳交易市场风险，并及时回应和调整外部风险溢出。

我们的研究还为进一步研究提供了条件。例如，可以基于本节构建的相关网络尝试量化多个市场参与者之间的风险溢出。这种尝试可以进一步阐明碳交易市场中风险波动形成机制的复杂性。

第六节　全球冲突时代碳市场的风险测量与应用：基于关联网络的数据驱动研究

准确度量和有效评估碳市场风险对从业人员和政策制定者来说至关重要，尤其是在全球冲突的新时代，以便将资源调动到适应气候变化的经济中。然而，现有的研究主要依赖经验或主观判断来选择与碳市场风险有关的因素，这种方法不仅损害了估计的准确性，还使得很难确定与风险溢出相关的因果推断。为填补这一空白，我们采用了数据驱动的因子分析策略，引入模糊认知图（FCM）模型来建立碳市场关联网络并识别与风险相关的因素。然后，我们使用组合计量方法评估碳市场的风险水平和溢出效应，并探索其在投资组合管理中的应用。在FCM模型的社区检测过程中出现了5个影响碳市场风险的因素，包括OIL、COAL、SP500ENERGY、SPCLEANENERGY和GPR。本节发现在俄罗斯-乌克兰冲突期间，从GPR

到EUA的风险溢出显著上升，并且在极端事件期间总体跨市场溢出进一步升级。此外，我们的研究提供了在俄罗斯–乌克兰冲突之前的SP500ENERGY对EUA的对冲效应以及在冲突期间SPCLEANENERGY对EUA的对冲效应的新证据。最后，我们讨论了对政策制定者和投资者的启示。

一、引言

气候危机的警示事实正在引起全球关注。近年来，气候变化导致了频繁的灾害事件，如持续不断的野火、难民危机和生物多样性丧失。同时，COVID–19和俄乌冲突等危机为有效的全球环境管理带来了额外挑战。为实现全球环境治理目标，此时的努力比以往任何时候都更加关键。最近COP–27做出了一个决定，即建立损失与赔偿基金以补偿受到气候灾害影响的国家，展示了寻求解决气候变化问题和碳中和问题方案的决心（Nguyen等，2021）。然而，在2050年之前实现全球净零排放的目标仍然具有挑战性，因为各个国家在这方面存在着不同立场和需求。对于一些国家来说，化石燃料仍然是其发展所必需的。总体而言，碳减排措施对实现全球净零排放的目标至关重要。

1997年制定的《京都议定书》要求各国减少其温室气体排放，从而催生了国际碳市场的出现。“上限和交易”（Cap & Trade）成为有效的减少二氧化碳排放的手段。以此为核心，欧盟排放交易体系（EU ETS）于2005年推出了欧洲碳排放配额（EUA）交易。EU ETS已成为世界上最大的碳市场。它是全球最复杂的碳市场，主要用于碳现货交易和衍生品交易，吸引了越来越多的市场参与者。例如，碳期货市场正在快速发展，金融机构通过进行套期保值或投机行为以抵御价格波动，进一步增加了EUA价格波动。EUA的高度波动与诸如经济前景变化、投机者的交易活动（Jin等，2020）、商品和金融市场的冲击以及频繁发生的全球活动等因素有关。近年来，全球冲突导致全球金融市场和碳市场的波动显著增加。特别是自2022年以来的俄乌冲突引发了欧洲能源危机，并威胁到了全球能源安全。相应地，EU ETS中的EUA价格出现了显著波动。

由于碳市场价格的波动性而产生的碳市场风险的有效估计和度量，已经越来越受到学术界的关注（Zhang等，2020）。碳市场风险测量是指评估与碳交易活动相关的不确定性或潜在损失程度的过程。越来越多的研究通过探索碳市场与其他风险相关市场之间共生且复杂的关系（Balcılar等，2016；Jin等，2020）来研究碳市场风险。这些研究通过识别与碳市场有关的风险因素，增加了我们对碳市场风险的理解。然而，在现有研究中风险因素的选择大多基于研究人员的主观判断，并缺乏一致性。在此背景下，需要对潜在的风险因素及其溢出效应系统分析，以推进该领域研究，并为市场参与者的投资决策和风险管理策略提供信息支持，同时促进碳市场的发展。

综合现有文献，我们引入模糊认知图（FCM）模型进行更严格的数据驱动分析，以增强风险相关因素的检测。引入FCM模型使我们能够更全面地考察潜在风险因素并确定它们的溢出链，从而补充现有关于碳市场风险建模越来越重视捕捉溢出效应的研究。这是因为FCM模型结合了模糊逻辑和递归神经网络，并通过引入模糊概念的激活水平促进了因果关系的检测。具体而言，连接模糊概念之间的因果关系由实值权重表示，描述了概念之间正向或负向影响大小。FCM模型已被应用于多个领域，包括供应商选择、可持续社会经济发展战略、能源部署路径和消费预测，以及水质改善方案等。FCM模型尽管具有很多优点并且越来越受到研究人员的欢迎，但尚未被用于研究碳市场风险。因此，本节通过引入FCM模型对碳市场风险进行分析，揭示了影响碳市场的因素之间的相互依存关系，扩展了现有文献。通过使用FCM模型，我们可以获得碳市场的关键关联网络，并明确挖掘风险溢出链。这种方法有助于提高使用时变参数向量自回归（TVP-VAR）模型估计碳市场风险的准确性。

本节构建了一个由14个因素组成的研究样本，包括2008年11月25日至2022年11月30日期间3 217个观测值的每日数据。这些因素在先前的研究中已经显示与碳市场存在相关性。我们首先采用FCM模型识别碳市场潜在风险溢出链并检测风险相关因素。随后，我们使用TVP-VAR模型估计动态溢出效应，以考察碳市场与风险因素的非线性结构特征。接下来，我们利用动态条件相关系数来衡量碳市场与风险因素的对冲比率，并评估不同组合的对冲效果。结果表明，在FCM模型社区检测过程中出现了5个因素。同时，我们提供的实证结果还表明，在极端事件期间总跨市场溢出加剧，并且发现了俄乌冲突之前和俄乌冲突期间EUA的不同最佳对冲工具。

本节做出以下贡献：首先，我们提出了一种基于数据驱动方法而非依赖经验或主观判断来识别与碳市场相关风险因素的方法。据我们所知，这是第一次采用数据驱动策略来建模碳市场风险的研究。其次，我们引入了FCM模型来挖掘风险相关因素，提高了估计精度，在考察与碳市场和其他市场相关的风险溢出效应方面取得了进展。此领域的研究强调了捕捉溢出效应在研究碳市场风险中的重要性（Tiwari等，2022），我们的工作通过为系统分析和管理风险溢出提供更有用的参考而推进了此领域的研究。最后，在先前工作范围内进行扩展，我们考虑到了地缘政治风险指数(GPR)。近期的研究越来越认识到GPR对碳市场和绿色金融工具可能产生影响，然而，在评估国际碳市场风险时还没有系统地研究GPR的影响。在全球冲突时代中这种遗漏显得尤为明显。因此，在设计本节时除了从先前研究中探索出来的风险因素外，我们还将潜在因素GPR加入到碳市场风险的研究中。这样做可以为政策制定者作出治理决策提供新的见解，同时更有效地促进投资者制定碳市场的对冲策略。

本节其余部分如下：首先介绍了衡量碳市场风险的文献综述；其次介绍了所用到的相关模型方法；然后描述了样本和实证分析；再次是结果在投资组合管理中的应用；最后是结论及政策启示。

二、文献综述

鉴于近年来全球变暖和生态退化的严重情况，减少碳排放的紧迫性一直被强调。碳市场是减少碳排放最重要的手段之一，为实现全球净零排放的目标，其稳定和发展比以往任何时候都更为关键。然而，近年来的危机和全球冲突导致能源价格飙升，增加了碳排放并加剧了气候变化。因此，世界碳减排目标的实现受到威胁，这就需要对碳市场进行更有效的政策（重新）制定以治理全球环境。为了达成这一治理目标，在新时代下精确识别和测量碳市场风险至关重要。

（一）碳市场风险相关因素研究

据传，碳市场风险与能源市场、汇率和利率市场以及金融市场有关。例如，Dutta（2018）使用原油波动率指数（OVX）来衡量石油市场的不确定性，并发现能源市场的波动性与碳市场密切相关。此外，汇率和利率市场也被证明是与碳市场风险相关的重要因素（Zhang和Li，2018；Zhang等，2020）。在金融领域，学者们注意到当系统性事件发生时股票市场可能比原油市场对碳市场产生更大的冲击风险（Yuan和Yang，2020）。美国和欧洲股票市场对EUA碳现货价格产生了比中国股票市场更大的风险溢出效应（Luo和Wu，2016）。此外越来越多的研究聚焦于清洁能源市场（Tan等，2021；Tiwari等，2022）。针对碳期货交易投资组合管理方面，Jin等（2020）的研究表明，在波动期内动态对冲模型比OLS模型表现更好，并比较了几个市场指数对碳期货市场的对冲效果。表3-39提供了更多文献细节。

此外，跨市场溢出水平受国际事件影响从而提升了全球GPR。最近俄乌冲突大大加剧了地缘政治摩擦，导致全球GPR上升。高涨的GPR会增加能源和股票市场价格的波动性并阻止市场参与者的投资行为（Tang等，2023），恶化全球经济前景并影响碳市场价格。然而，在衡量碳市场风险时，很少有研究考虑到GPR的关联影响。

（二）衡量碳市场风险方法研究

现有文献记录了各种应用于测量碳市场风险溢出的模型方法。其中，更综合的方法在近年来越来越受欢迎（表3-39有更多详细信息）。风险价值（Value-at-Risk，VaR）方法被广泛用于衡量碳市场风险，但由于碳市场的复杂性和与其他市场的相互关联性增加，该方法被批评不能捕捉到市场间的风险溢出效应。最近的研究越来越多地使用GARCH-CoVaR模型或Copula-CoVaR模型来衡量不同市场之间的溢出效应。GARCH模型，尤其是动态条件相关性（DCC-）广义自回归条件异方差（GARCH）模型已经被用于估计碳市场溢出效应。Copula函数可以反映不同市场之间的复杂非线性溢出效应。这一研究方向的另一个缺点是忽略了市场之间溢出的方向性和强度。为此，Diebold和Yılmaz（2012；2014）通过采用滚动窗口VAR方法构建总溢出指数和方向性溢出指数的动态估计，引入了Diebold-Yılmaz（DY）溢出指数，可以解析多个市场之间的时变溢出效应。Antonakakis等（2020）进一步提出了一种时变溢出指数方法，并引入了TVP-VAR模型。该方法避免了滚动窗口大小设置可能导致的异常值或无法捕捉到的突发变化，从而避免了参数不平稳性和样本丢失问题（Tiwari等，2022）。

尽管这些模型已经被越来越多的人采用，但在模型构建中风险相关因素的选择大多仍然是主观的。风险因素的主观选择会影响估计精度和实证结果，使得难以确定任何因果关系。它还给政策制定者和投资者在制定碳减排政策并作出明智的投资决策方面带来了重大挑战。为解决这些问题，可以利用最初作为政治决策模型引入的FCM模型。自其引入以来，FCM模型不断得到改进，使其能够提供因果推断。鉴于其强大的性能，FCM模型在预测能源消耗、探索可持续发展目标之间的相互关系和物联网的发展等越来越多领域中被应用。因此，我们通过引入FCM模型来扩展现有的碳市场风险文献，并利用其检测因果推断的能力。

（三）文献述评

现有文献对碳市场风险测量的综述揭示了以下研究空白。首先，大多数现有的衡量碳市场风险的研究依赖于研究人员主观选择风险的相关因素。为了提高估计精度，我们可以采用一种数据驱动的因子分析方法FCM模型来解决这个问题。其次，在衡量碳市场风险方面采用的模型方法还可以进一步改进。具体而言，通过FCM模型和TVP-VAR模型相结合可以提高测量精度。最后，越来越多的研究认识到GPR对碳市场可能产生影响，但尚未将GPR明确视为碳市场的一个风险因素或系统地考虑其在此方面的影响力。因此，在衡量碳市场风险时纳入GPR作为潜在风险因素既可促进学术界对该问题探讨，也可在实践应用层面上作出贡献。

表3-39　　衡量碳市场风险溢出的相关文献

风险相关市场	因素	模型方法	作者	结果发现
能源市场	EUA；欧洲煤炭期货；德国天然气期货；布伦特原油期货	DCC-GARCH/BEKK-GARCH	Zhang和Sun（2016）	碳市场和能源市场之间的波动溢出效应存在差异
	EUA；CER；EEX电力期货；ARA煤炭期货	MS-DCC-GARCH模型	Balcılar等（2016）	碳市场从电力、天然气和煤炭期货市场中接收到波动性溢出
	EUA；布伦特原油期货；WTI原油期货；天然气期货	DY	Wang和Guo（2018）	天然气对碳市场产生了最大的溢出影响，而原油则在系统内展现了最大的总溢出效应

续表

风险相关市场	因素	模型方法	作者	结果发现
利率市场/汇率市场	六家银行的财务数据；SHIBOR；USDCNY；CER；布伦特原油价格	KMV信用监测模型；GARCH模型；Normal/t-Copula模型	Zhang和Li（2018）	发现了碳金融的四个风险因素，包括汇率、利率、CER价格和布伦特原油价格
	EUA；EURIBOR；EURUSD	Vine-Copula模型；VaR模型	Zhang等（2020）	对碳市场风险的评估涉及测量如碳价、利率和汇率因素
金融市场	EUA；WTI原油；彭博欧洲500指数；标普500指数；上海证券交易所综合指数	MV-OGARCH	Luo和Wu（2016）	与中国相比，在美国和欧洲股票市场上，EUA碳现货价格的风险溢出效应更大
	EUA；EURO STOXX50波动率指数；OVX	广义自回归得分-动态条件得分-Copula模型（GAS-DCS模型）	Yuan和Yang（2020）	当系统事件发生时，股票市场不确定性将比原油市场更有能力向碳市场转移风险
	EUA；标普能源指数；标普动态商品期货指数；标普500动态波动率指数；标普绿色债券指数	DCC-AP-GARCH模型；DCC-T-GARCH模型；DCC-GJR-GARCH模型	Jin等（2020）	碳期货收益与绿色债券指数收益之间的相关性最高
	EUA；S&P绿色债券价格指数；Solactive全球太阳能指数；Solactive全球风能指数；S&P全球清洁能源指数	TVP- VAR；LASSO- DY	Tiwari等（2022）	清洁能源是系统中主要的净溢出者，并支配着其他市场

三、模型构建

（一）FCM模型

FCM模型源于认知图谱，最初被作为一种研究政治决策的建模工具。FCM模型的强大之处在于引入了模糊特征，定义了概念之间因果关系的模糊值，构建出模糊认知图。模糊认知图有两个显著特点：（1）不同概念之间的因果关系值范围从-1到1；（2）建立在模糊逻辑上的系统可以根据变量之间的反馈动态地分析决策过程。

具体来说，在FCM模型中每个节点状态值A_i都可以被转化为一组介于[0，1]的范围内的模糊值。概念之间的因果关系用$n \times n$权重矩阵W表示。矩阵中元素w_{ij}表示源节点i指向目标节点j的模糊关系，其取值范围在[-1，1]，表示三种不同类型的因果关系（Papageorgiou和Salmeron，2013）：

1. $w_{ij} > 0$，表示概念C_i和概念C_j存在正向因果影响；

2. $w_{ij} = 0$，表示概念C_i和概念C_j没有直接因果关系；

3. $w_{ij} < 0$，表示概念C_i和概念C_j存在负向因果影响。

假设一个FCM模型具有初始概念$C_i(i = 1, 2, \cdots, n)$，其当前状态值受到权重矩阵W和前一次迭代中所有相互连接节点的状态值的影响，可以表示为：

$$A_i^{(k+1)} = f\left(A_i^{(k)} + \sum_{j \neq i, j=1}^{n} w_{ij} A_j^{(k)}\right) \tag{3-72}$$

其中，$A_i^{(k+1)}$表示当时间为$k+1$时概念C_i的激活水平，$f(\cdot)$是激活函数，并将激活程度限制在区间[0，1]内。就转换函数而言，线性Sigmoid是一个流行的选择（Hafezi等，2020），其形式为：

$$f(x) = \frac{1}{1 + \exp(-\lambda x)} \tag{3-73}$$

其中，λ是斜率参数。近年来，基于梯度的学习算法已经应用于FCM模型的学习过程中，特别是用于捕捉多个概念的特征。因此，在现有研究基础上本节采用了一种基于梯度的学习算法来研究FCM模型的权重。获得权重矩阵后，我们使用社区检测方法即多级模块化优化算法得出优化后的社区结构。

该算法可以描述为两个步骤：第一步涉及社区检测。最初，每个节点 C_i 都被分配到不同的社区中。然后，如果将节点 C_i 移动到相邻社区 C_j 会增加模块性，则尝试将每个节点移动到相邻社区，否则保持原始状态不变。当第一步停止时，在已有社区检测结果的基础上把新的社区作为节点进行第二步操作，并且新社区节点之间边的权重是社区内节点之间边的权重之和。然后进行迭代，直到达到最大模块性为止。在这种情况下，该模型可以提供关于哪些因素对碳市场具有异质依赖性的见解。

（二）TVP-VAR模型

我们采用了Antonakakis等（2020）提出的TVP-VAR模型，该模型进一步扩展了Diebold和Yılmaz（2012；2014）的溢出指数方法。TVP-VAR模型的每个参数都是时变的，这意味着VAR可以在任何时刻表示为其向量移动平均值（VMA）。然后基于Diebold和Yılmaz（2012）引入的广义脉冲响应函数（GIRF）和广义预测误差方差分解（GFEVD），估计在不同市场之间的相关性。

在借鉴Antonakakis等（2020）的研究方法时，用GIRF计算市场 i 的溢出冲击，即具有或没有溢出冲击情况下对市场 i 进行 J 步预测的结果差值。GFEVD可以被解释为单个市场对其他市场收益变化的贡献程度，并通过规范化这些方差份额来计算所有市场共同解释单个市场的预测误差方差百分比，也就是说所有市场共同解释单个市场100%的预测误差方差为：

$$\tilde{\varphi}_{ij,t}^{g}(J)=\frac{\sum_{t=1}^{J-1}\psi_{ij,t}^{2,g}}{\sum_{j=1}^{N}\sum_{t=1}^{J-1}\psi_{ij,t}^{2,g}} \tag{3-74}$$

其中，$\sum_{j=1}^{N}\tilde{\varphi}_{ij,t}^{g}(J)=1$ 并且 $\sum_{i,j=1}^{N}\tilde{\varphi}_{ij,t}^{g}(J)=N$。通过GFEVD，总溢出指数（TCI）可以表示为：

$$\begin{aligned}\tilde{C}_{t}^{g}(J)&=\frac{\sum_{i,j=1,i\neq j}^{N}\tilde{\varphi}_{ij,t}^{g}(J)}{\sum_{i,j=1}^{N}\tilde{\varphi}_{ij,t}^{g}(J)}\times 100\\&=\frac{\sum_{i,j=1,i\neq j}^{N}\tilde{\varphi}_{ij,t}^{g}(J)}{N}\times 100\end{aligned}\tag{3-75}$$

我们还可以测量两个市场之间的净成对方向性溢出指数。首先，可以分别计算从市场 i 到市场 j 的溢出冲击和从市场 j 到市场 i 的溢出冲击，它们的差值是从市场 i 到市场 j 的净成对方向性溢出指数，可以表示为：

$$\begin{aligned}&C_{i\rightarrow j,t}^{g}(J)=\frac{\tilde{\varphi}_{ij,t}^{g}(J)}{\sum_{j=1}^{N}\tilde{\varphi}_{ij,t}^{g}(J)}\times 100\\&C_{i\leftarrow j,t}^{g}(J)=\frac{\tilde{\varphi}_{ij,t}^{g}(J)}{\sum_{i=1}^{N}\tilde{\varphi}_{ij,t}^{g}(J)}\times 100\\&C_{i,t}^{g}(J)=C_{i\rightarrow j,t}^{g}(J)-C_{i\leftarrow j,t}^{g}(J)\end{aligned}\tag{3-76}$$

同样地，可以计算每个市场的净总方向性溢出指数，并表示为：

$$\begin{aligned}&TO_{i,t}=\sum_{j=1,j\neq i}^{N}C_{i\rightarrow j,t}^{g}(J)\\&FROM_{i,t}=\sum_{j=1,j\neq i}^{N}C_{i\leftarrow j,t}^{g}(J)\\&NET_{i,t}=TO_{i,t}-FROM_{i,t}\end{aligned}\tag{3-77}$$

（三）混合策略

基于前面讨论的方法，我们提出了一种新颖的方法，采用混合策略直接评估碳市场的风险溢出以避免主观性。这种混合策略包括两个阶段的分析，如图3-36所示。

第一阶段由前两步组成，可以视为基于原始数据和FCM模型进行初步分析。

步骤1：变量选择。在此步骤中，我们全面收集与碳市场动态相关的因素的原始数据，并将这些因素 $C=\{c_1,\cdots,c_n\}$ 作为节点输入到FCM模型中。

步骤2：构建关联网络。在此步骤中，我们建立了由节点间因果关系的权重组成的关联网络。然后通过社区网络研究中的社区检测方法来发现与碳市场属于同一社区的风险因素并且直接识别其风险溢出链条。

第二阶段包括步骤3和4，重点关注实证分析过程。

步骤3：使用TVP-VAR模型估计动态溢出。在这一步中，我们分析碳市场和风险相关因素的风险溢出效应。通过扩展不同危机期间因素之间溢出水平的度量，我们重点观察俄乌冲突对碳市场网络溢出水平的影响。

步骤4：估计套期保值率和套期保值效果。在这一步中，使用DCC-GARCH模型计算套期保值率并比较套期保值效果。

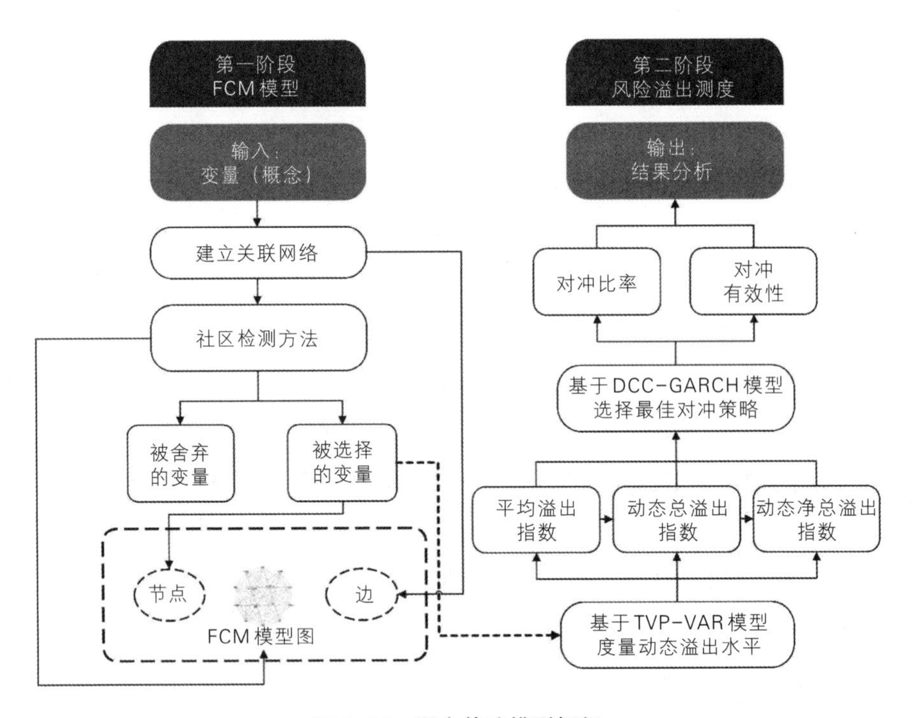

图3-36 混合策略模型框架

四、实证分析和结果

（一）基于FCM模型的社区网络构建

1.数据的初步分析

我们选择欧洲碳排放配额（EUA）期货价格，并收集欧洲气候交易所（ECX）的EUA期货每日结算价格，因为其每日交易量占碳期货市场的90%。我们还收集其他指数数据，可以分为能源市场、利率市场、汇率市场、股票市场和GPR指数。

对于能源市场，选择原油波动率指数（OVX）、布伦特原油期货价格、鹿特丹煤炭期货价格和亨利枢纽天然气期货价格。在芝加哥商品交易所上交易的原油波动率指数反映了国际能源市场的不确定性。布伦特原油期货价格被认为是石油价格基准。鹿特丹煤炭期货价格为煤炭交易者提供了一个参考价值，在欧洲市场中影响着煤价。美国的亨利枢纽是最具影响力的天然气贸易枢纽，其未来价格设定了北美天然气价格基准。碳排放配额与能源市场密切相关（Dutta，2018），因为能源市场价格波动会影响碳排放配额的供需。

对于汇率市场，我们遵循之前的研究并选择EURIBOR（Zhang等，2020）。对于汇率市场，我们考虑到欧洲和美国对国际碳市场的贡献及其相应影响。尽管不同货币的汇率对碳价格的影响有所不同，但外汇汇率波动影响着能源的进口和出口价格，进而影响着碳市场。针对这一情况，政府会引入或修订货币政策以进一步改变利率（Zhang等，2020）。

对于股票市场，我们选择以下指数：标普500指数（SP500）、欧洲斯托克50指数（STOXX50）、标普能源指数（SP500ENERGY）、标普全球清洁能源指数（SPCLEANENERGY）、标普500高盛商品指数（SPGSCI）和标普500动态VIX指数（SP500VIX）。股票市场会影响EUA价格波动性（Luo和Wu，2016；Yuan和Yang，2020）。具体而言，SP500包含在美国证券交易所的500家公司的股票指数。STOXX50反映了欧洲12个国家列出的50家大型公司的股票价格。SP500ENERGY由能源行业中的大型公司组成。SPCLEANENERGY指数是一个可再生能源指数，衡量与清洁能源相关业务的公司表现，它被认为是与碳价格和非可再生能源价格密切相关的指数（Tiwari等，2022）。SPGSCI是全球投资商品市场中最受欢迎的商品指数之一，提供了公开可见的跟踪商品市场投资绩效基准。商品在文明中不可或缺，并且可以显著影响碳市场风险。当商品指数随着经济活动水平下降时，对商品的需求和工业部门供应的减少将导致碳排放和津贴需求的降低。SP500VIX指数代表市场未来30天内的波动率，并衡量了SP500预期波动性。

此外，最近的研究已经认识到GPR对碳市场的影响。在本节，我们也涉及GPR指数，并借鉴了以前的工作。GPR指数构建方法：通过计算全球10家主要报纸上与地缘政治风险相关的文章出现频率来确定该指数。具体而言，从每家报纸每天发布的新闻文章总量中计算涵盖不利地缘政治事件文章数量所占的比例，即地缘政治风险指数。这种方法使我们能够从全球各种报纸获取关于地缘政治风险的全面视角，增强了GPR指数的可信度和相关性。GPR指数提供了有关地缘政治风险水平和动态的见解。

碳市场及其风险因素的缩写列表如表3-40所示。我们使用Wind数据库和https：//www.matteoiacoviello.com/gpr.htm获取每日价格构建样本数据集，并剔除无效数据。遵循以前的工作，我们排除了EU ETS启动的第一阶段，因为第一阶段与其他阶段存在显著差异，涉及监管和交易机制变化。此外，煤炭期货于2008年11月25日开始交易。因此，样本期从2008年11月25日至2022年11月30日，覆盖了EU ETS第二、三阶段以及第四阶段的一部分。

表3-40　　碳市场及其风险因素的缩写列表

风险因素	描述	数据来源	观测值
EUA	欧洲碳排放配额期货	Wind	3 217
EURIBOR	欧元银行同业拆借利率	Wind	3 217
EURUSD	欧元兑美元汇率	Wind	3 217
OVX	原油波动率指数	Wind	3 217
OIL	布伦特原油期货价格	Wind	3 217
COAL	鹿特丹煤炭期货价格	Wind	3 217
GAS	亨利枢纽天然气期货价格	Wind	3 217
SP500	标准普尔500指数	Wind	3 217
STOXX50	欧洲斯托克50指数	Wind	3 217
SP500ENERGY	标普500能源指数	Wind	3 217
SPCLEANENERGY	标普全球清洁能源指数	Wind	3 217
SPGSCI	标普高盛商品指数	Wind	3 217
SP500VIX	标普500动态波动率指数	Wind	3 217
GPR	地缘政治风险指数	https：//www.matteoiacoviello.com/gpr.htm	3 217

表3-41 关联网络的权重矩阵

	EUA	EURIBOR	EURUSD	OVX	OIL	COAL	GAS	SP500	SP500 VIX	STOXX50	SPGSCI	SP500 ENERGY	SPCLEAN ENERGY	GPR	Weighted-indegree
EUA	0.4188	0.4066	0.5049	0.5415	0.3164	0.5994	0.6300	0.5845	0.3909	0.5354	0.3405	0.6096	0.3898	0.5694	6.8379
EURIBOR	0.3156	0.5221	0.4658	0.6863	0.2310	0.9794	0.6109	0.0100	0.3879	0.5294	0.4893	0.5359	0.6281	0.5176	6.9093
EURUSD	0.4794	0.5312	0.3639	0.2940	0.4739	0.6987	0.3145	0.3526	0.4688	0.6226	0.6617	0.4135	0.4687	0.4953	6.6390
OVX	0.4347	0.5750	0.3240	0.4741	0.5814	0.5017	0.3588	0.5266	0.5767	0.4754	0.5854	0.5016	0.5125	0.5645	6.9922
OIL	0.5131	0.3580	0.6748	0.5764	0.3617	0.5537	0.6772	0.7209	0.4554	0.3826	0.3247	0.5946	0.4191	0.5791	7.1913
COAL	0.5826	0.6100	0.3497	0.4127	0.4412	0.4909	0.2737	0.3031	0.5958	0.5532	0.6023	0.3285	0.4498	0.5039	6.4974
GAS	0.4367	0.6059	0.7389	0.3244	0.5017	0.4991	0.4149	0.5031	0.4694	0.5776	0.5769	0.4042	0.5486	0.5458	7.1472
SP500	0.4912	0.4594	0.7077	0.4157	0.3928	0.5861	0.8081	0.6065	0.4010	0.2319	0.3133	0.4703	0.4893	0.4989	6.8722
SP500VIX	0.3362	0.4932	0.7325	0.6526	0.4910	0.5158	0.6710	0.7267	0.6015	0.4330	0.4348	0.5601	0.5173	0.5104	7.6758
STOXX50	0.3771	0.3332	0.6177	0.6228	0.4678	0.4923	0.7156	0.6506	0.4487	0.5778	0.4703	0.6771	0.4968	0.5384	7.4861
SPGSCI	0.3845	0.5250	0.7127	0.6624	0.3018	0.6819	0.6508	0.1386	0.3783	0.4859	0.4450	0.5483	0.4585	0.5621	6.9358
SP500 ENERGY	0.5744	0.5902	0.4524	0.3321	0.7463	0.3177	0.2459	0.6716	0.5451	0.6245	0.5919	0.3648	0.4794	0.5313	7.0675
SPCLEAN ENERGY	0.3810	0.5185	0.5067	0.5061	0.5618	0.5039	0.5338	0.5440	0.5284	0.5840	0.5242	0.3422	0.3745	0.5009	6.9101
GPR	0.2550	0.3193	1.0000	0.6996	0.2115	0.8521	0.6413	0.3530	0.4460	0.3012	0.1190	0.7924	0.4938	0.1363	6.6205
Weighted-outdegree	5.9803	6.8476	8.1517	7.2006	6.0804	8.2725	7.5465	6.6918	6.6939	6.9146	6.4793	7.1430	6.7262	7.0540	
Strength	12.8182	13.7569	14.7907	14.1927	13.2717	14.7699	14.6937	13.5640	14.3697	14.4007	13.4152	14.2105	13.6363	13.6745	

2.社区网络分析

从FCM获得的关联网络的权重矩阵如表3-41所示，该表列出了与风险相关因素之间的关联权重。14×14的权重矩阵显示了两个因素之间的加权入度指数和加权出度指数。表3-41的第一行是所有源节点，而第一列是所有目标节点。最后一列中的加权入度和倒数第二行中的加权出度分别显示进入该节点的权重总和以及离开该节点的权重总和。最后一行的强度指数显示连接到该节点的权重总和。其中，SP500到EURIBOR之间的加权入度最弱，而EURUSD到GPR之间具有最高的加权入度。SP500VIX节点具有最高的加权入度，为7.6758，COAL具有最高的加权出度，为8.2725，EURUSD具有最高的强度，为14.7907。

社区结构是分析网络特征的主要工具。有四种类型的社区结构：平面的、分层的、多级的和重叠的。即使在同一张图上，不同的社区检测方法得到的结果也会有所不同，因为这是一个启发式的过程。基本上，外部或内部质量函数被用于检测社区结构。与通过将检测到的社区集合和预先给定的另一个集合进行比较来实现的外部质量度量相反，内部质量度量适用于真相未知的情况。后者适用于大多数研究，并且可以在碳市场关联网络研究中使用。

基于内部质量度量，本节提出了实施多级模块化优算法以找到最优化社区结构。通常认为模块度大于0.3表示社区划分质量较为合适。使用多级模块化优算法获得的模块度为0.55，表明社区划分有效。为验证多级模块化优化算法的有效性，基于内部质量度量而言我们还使用了其他聚类算法——即模块度最大化和领先特征向量。两种算法的模块度都不超过0.55，表明使用多级模块化优化算法是最好的。

图3-37展示了由多级模块化优化算法发现的总社区结构以及EUA所在社区的结构。左侧标记了不同的社区，边的宽度与其权重相对应。五个因素与EUA处于同一社区中，包括OIL、COAL、SP500ENERGY、SPCLEANENERGY和GPR，在右侧标记。该结果表明我们可以将研究范

围缩小到仅关注EUA所在社区中的风险因素。

具体来说，化石能源燃烧会产生碳排放，影响对EUA的需求。特别是OIL和COAL价格下降会导致更高需求并产生更多碳排放，进而提高EUA价格和需求量。从长远来看，可以通过抑制化石燃料消耗并影响能源价格大幅减少碳排放（Wang和Guo，2018）。SP500ENERGY和SPCLEANENERGY与碳市场密切相关。蓬勃发展的股票市场可能会激发投资者对碳市场的投机需求，增加碳市场的价格波动性，特别是在极端天气或经济危机时期，并进一步增加碳市场和股票市场之间的风险溢出效应（Tiwari等，2022）。随着全球地缘政治格局变得越来越不平衡，GPR对碳市场、能源市场和股票市场的直接或间接影响上升，影响投资者的关注度和信心。

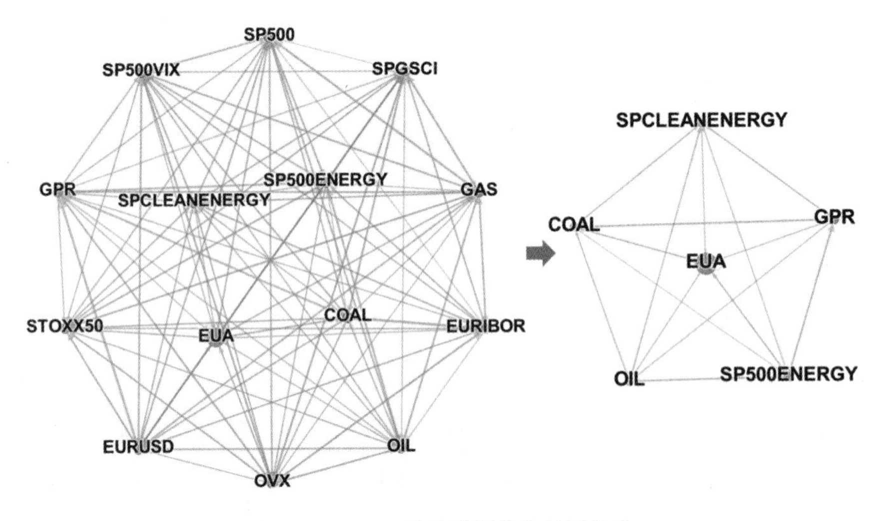

图3-37　EUA的关联网络和社区结构

（二）基于TVP-VAR模型的动态溢出效应度量

1.数据的描述性统计

我们通过对数差分计算不同市场因素的收益率序列，即 $R_t = \ln P_t - \ln P_{t-1}$，$t = 1, 2, 3, \cdots, N(N = 3\,217)$，其中 P_t 代表时间点 t 的价格。

如图3-38所示，所有收益率序列均呈现出时变和波动聚集特征。表3-42展示了EUA和5个风险相关因素的收益率的描述性统计数据。每个收益率的偏度值都不等于零，而峰度值大于零，说明每个收益率都具有尖峰厚尾特征。此外，Jarque-Bera检验结果拒绝了正态分布的原假设，表明所有收益率序列均呈现出厚尾非正态分布特征。我们对EUA和5个风险相关因素的收益率进行ADF检验以检查它们是否平稳。结果显示，在所有收益率序列中不存在单位根，并且在1%水平上显著，这意味着这些收益率序列是平稳的。为确认使用DCC-GARCH模型来分析双变量对冲是否合适，我们应用LM测试来检验残差ARCH效应并发现其均存在显著条件异方差性，因此将DCC-GARCH模型应用于分析双变量对冲是合适的。

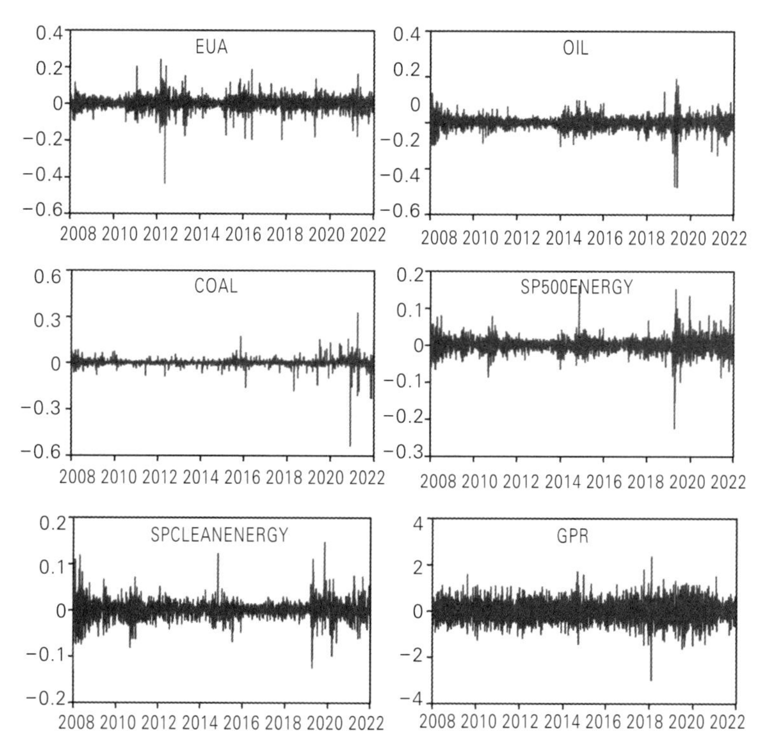

图3-38 EUA和五个风险相关因素的收益率变化（2008-11-25—2022-11-30）

表3-42　EUA和五个风险相关因素收益率的描述性统计

	EUA	OIL	COAL	SP500ENERGY	SPCLEANENERGY	GPR
平均值	0.0005	0.0002	0.0004	0.0002	0.0001	0.0001
中位数	0.0007	0.0010	0.0000	0.0003	0.0005	0.0025
最大值	0.2405	0.1908	0.3262	0.1511	0.1463	2.3449
最小值	−0.4347	−0.2798	−0.5369	−0.2242	−0.1280	−2.9959
标准差	0.0334	0.0253	0.0234	0.0193	0.0181	0.4229
偏度	−0.8086	−0.7212	−2.8707	−0.4616	−0.0169	−0.0037
峰度	16.8456	16.8081	125.6667	16.5761	10.9997	4.5186
Jarque-Bera	26 038.2***	25 827.8***	2 020 732***	24 811.9***	8 575.4***	309***
相关系数	1	0.1735	0.0869	0.2122	0.1597	0.0129
ADF	−58.2893***	−56.7980***	−36.4318***	−60.2718***	−60.2718***	−52.0786***
ARCH-LM	67.0416***	152.2486***	55.9879***	54.1619***	78.1562***	75.0135***
观测值	3216	3216	3216	3216	3216	3216

注：*表示 $p < 0.1$，**表示 $p < 0.05$，***表示 $p < 0.01$。

2.平均溢出指数

在前面的内容中，我们基于FCM模型确定了碳市场的五个风险相关因素。接下来，我们根据DY溢出指数模型计算碳市场和这五个因素之间的风险溢出水平。根据赤池信息准则（AIC），我们首先选择最优滞后阶数为4，建立VAR（4）模型并进行20步预测。为了更好地观察俄乌冲突对碳市场以及五个风险相关因素溢出水平的影响，我们将样本分成两个时期。第一个时期是从2008年11月25日到2022年2月23日；第二个时期是从2022年2月24日到2022年11月30日。这种划分是基于俄乌冲突爆发时间而定的，第一个时期在冲突之前，而第二个时期则是俄乌冲突期间。基于TVP-VAR模型的6个因素的平均溢出指数如表3-43所示。其中两个6×6方差分解矩阵列出了两两因素之间的净配对溢出指数。例如，表3-43的第一行第二列的值表示从OIL到EUA的溢出指数。6×6方差分解矩阵的对角线显示了因素内部冲击的大小。例如，第一行第二列的值为79.36%，表示EUA受其内部冲击影响占比79.36%，系统中其他因素的溢出冲击影响占比20.64%。第九列的“FROM others”和第九行的“TO others”显示了从其他因素到i和从j到其他因素之间的溢出水平。“NET”表示净总溢出指数，即“TO others”和“FROM others”之间的差值。

如表3-43所示，在俄乌冲突之前，GPR受到最少的溢出冲击，仅为8.75%，并且对其他人的溢出冲击最小，值为9.82%。相反，在俄乌冲突时期变量之间的溢出水平发生了显著变化。很明显GPR的溢出冲击已经从9.82%增加到45.36%，这表明俄乌冲突对碳市场系统产生了极大影响。

在俄乌冲突之前，除了GPR以外的其他因素对EUA的溢出冲击相似且都超过4%。同样，除了GPR以外的几个因素都受到来自EUA的溢出冲击，在接近和超过3%的范围内，表明在冲突之前GPR对碳市场的溢出冲击较弱。在同一时期，SP500ENERGY向EUA传递了较多的溢出冲击，并且COAL从EUA收到了较多的溢出冲击。我们发现在这个时期，这些因素对EUA的溢出冲击都大于它们受到来自EUA的溢出冲击。

表3-43 **基于TVP-VAR模型的平均溢出指数表（2008-11-25—2022-11-30）**

		EUA	OIL	COAL	SP500ENERGY	SPCLEANENERGY	GPR	FROM others
俄乌冲突之前	EUA	79.36	4.34	4.76	5.06	4.41	2.07	20.64
	OIL	3.58	60.68	2.96	22.40	8.27	2.11	39.32
	COAL	4.36	3.95	83.98	3.08	2.48	2.15	16.02
	SP500ENERGY	3.65	20.62	2.01	54.91	17.25	1.56	45.09
	SPCLEANENERGY	3.74	8.51	2.17	19.93	63.72	1.93	36.28
	GPR	1.43	1.84	1.78	1.83	1.87	91.25	8.75
	TO others	16.76	39.25	13.68	52.30	34.29	9.82	TCI
	NET	-3.88	-0.07	-2.35	7.21	-1.99	1.07	27.68
俄乌冲突期间	EUA	75.28	1.84	8.11	1.83	2.07	10.87	24.72
	OIL	2.84	57.75	6.36	22.45	1.83	8.78	42.25
	COAL	5.24	5.23	79.31	0.82	0.71	8.70	20.69
	SP500ENERGY	3.10	23.23	1.52	60.26	6.09	5.81	39.74
	SPCLEANENERGY	2.52	1.45	2.65	6.17	76.01	11.20	23.99
	GPR	1.06	0.31	0.15	0.11	1.85	96.51	3.49
	TO others	14.76	32.06	18.78	31.38	12.54	45.36	TCI
	NET	-9.95	-10.20	-1.91	-8.36	-11.45	41.87	25.81

相比之下，在俄乌冲突期间，各种因素之间的溢出震荡水平发生了巨大变化。首先，从GPR和COAL到EUA的溢出冲击分别从2.07%增加至10.87%以及从4.76%增加至8.11%，而其余因素对EUA的溢出冲击降低了。类似地，除COAL外，其他几个因素从EUA接收到的溢出冲击水平都下降。在此期间，只有GPR和COAL对EUA的溢出冲击大于来自EUA的溢出冲击。

最后，“NET”行是两个时期的净总方向性溢出指数。正号（负号）表示该因素是系统中的净溢出者（净溢入者）。结果表明，在俄乌冲突之前，EUA、COAL、SPCLEANENERGY和OIL是溢出冲击的净溢入者，分别为-3.88%、-2.35%、-1.99%和-0.07%。在冲突之前，SP500ENERGY和GPR是净溢出者，值分别为7.21%和1.07%，表明SP500ENERGY在系统中占主导地位。在俄乌冲突期间，SP500ENERGY已成为净溢入者，值为-8.36%，而GPR是系统中唯一的净溢出者。此外，GPR的值已从1.07%变为41.87%，表明GPR在俄乌冲突期间占主导地位。

总体而言，总溢出指数（TCI）表明自俄乌冲突以来单个因素对其他因素产生的平均溢出冲击已从27.68%降至25.81%。

3.动态总溢出指数

系统中因素的相互关联程度在两个时期都保持着相对较高的水平。为了展示总溢出指数的变化，图3-39描述了其动态演化过程，动态总溢出指数随时间剧烈波动，并与全球经济形势和地缘政治事件密切相关。我们的发现与Tiwari等（2022）的结论一致，即动态总溢出指数不仅受到系统内因素之间溢出冲击的影响，还受到与重大事件有关的外部冲击。

2008年全球金融危机严重打击了金融市场。在此次危机期间，动态总溢出指数飙升至64%，处于样本中所有危机事件的最高水平。2010年至2014年间爆发了欧洲主权债务危机，在此期间，动态总溢出指数达到了39%。

某些国家于2014—2015年对俄罗斯实施经济制裁以回应克里米亚事件，这显著影响了全球经济。这段时期见证了国际油价大幅下跌，动态总溢出指数也从最低点急剧上升，达到了30%的水平。2016年英国脱欧公投将该指数提高至37%。此外，2018年中美贸易摩擦和油价暴跌也增加了动态总溢出指数。全球经济受到COVID-19的严重影响，该疫情始于2020年1月。在COVID-19早期阶段，该指数迅速达到了47%，然后下降至约为20%。

相比之下，在俄乌冲突爆发前，动态总溢出指数的水平并没有显著高于其他重大事件。但是，在这个时期内该指数的增长不容忽视。

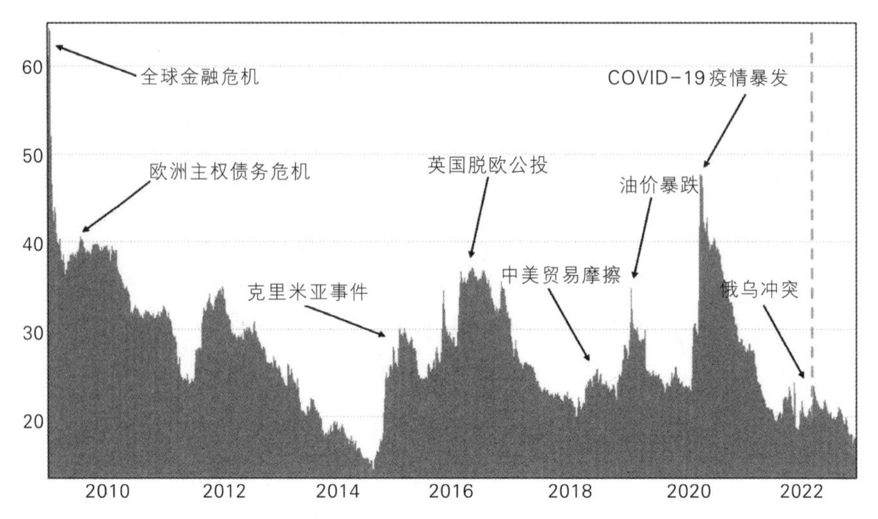

图3-39　碳市场与其风险相关因素之间的动态总溢出指数

(2008-11-5—2022-11-30)

4.动态净总方向性溢出指数

我们绘制了6个因素在不同危机期间的净总方向性溢出冲击水平变化图，以便观察不同时期的变化。我们关注全球金融危机、COVID-19和俄乌冲突期间。因此，三个子样本期包括（1）2008年11月25日至2009年10月20日；（2）2020年1月1日至2020年12月31日；（3）2022年2月24日至2022年11月30日。它们分别在图3-40、图3-41和图3-42中呈现这些变化曲线。此外，我们注意到各因素的阴影区域混合着正负值。如果阴影区域处于正值范围内，表示该因素是一个净溢出者，在其他情况下则为净溢入者。这些曲线变化显示每个市场可能在不同时期扮演着不同角色。

在第一个子样本期中，2008年全球金融危机摧毁了全球经济。在此期间，GPR的阴影区域保持在正值范围内，表明它是一个净溢出者；而SP500ENERGY则是弱净溢入者，在一月之前为净溢出者。其余市场主要是净溢入者，阴影区域为负值。根据我们的发现，不良经济条件显著提高了GPR在短期内的净总方向性溢出冲击，使得从GPR到其他市场的动态净总方向性溢出指数与地缘政治事件和经济形势相关。

在COVID-19期间，EUA、COAL和SPCLEANENERGY是净溢入者。同时，OIL一直是一个净溢出者，直到四月份才变成弱净溢出者。SP500ENERGY和GPR则是净溢出者。

在第三个子样本期中，很明显，在俄乌冲突期间GPR一直是一个净溢出者。除COAL外其余市场都是净溢入者，并且COAL已成为弱净溢出者之一。其中一个可能的解释是俄乌冲突导致煤炭供应短缺和国际煤价飙升，进而影响EUA价格。这些曲线反映了系统中GPR的支配地位。

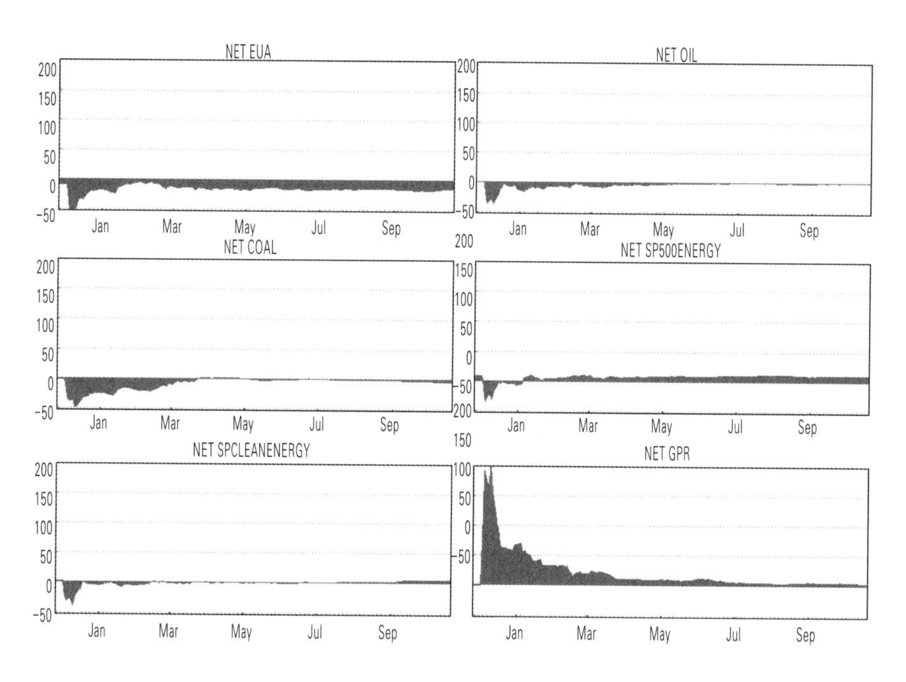

图3-40　全球金融危机期间碳市场及其风险相关因素的动态净总方向性溢出指数（2008-11-25—2009-10-20）

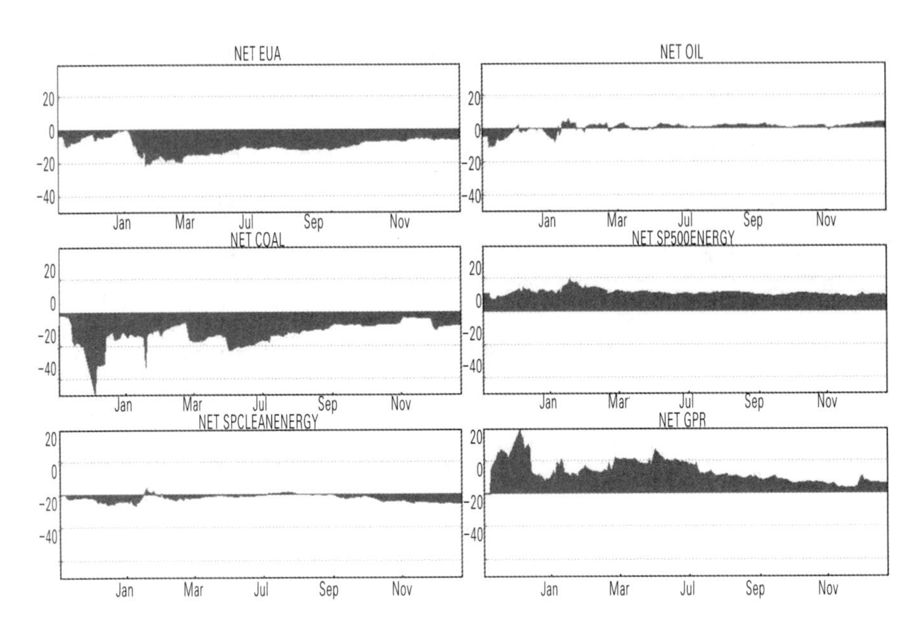

图 3-41 COVID-19大流行期间碳市场及其风险相关因素的动态净总方向性溢出指数

(2020-1-1—2020-12-31)

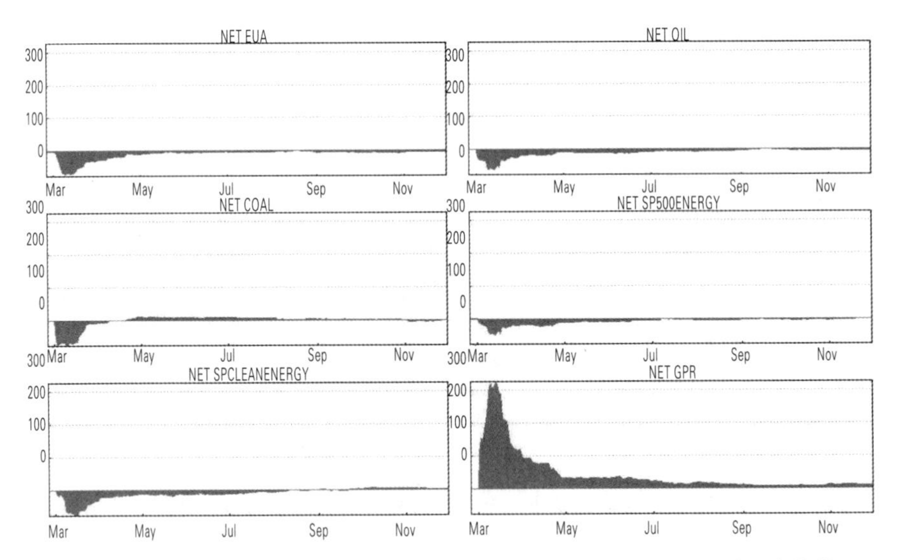

图 3-42 俄乌冲突期间碳市场及其风险相关因素的动态净总方向性溢出指数

(2022-2-24—2022-11-30)

（三）投资组合管理中的应用

对碳市场风险和溢出效应的实证分析为讨论在投资组合管理中的应用提供了实践参考。我们关注与碳市场相关联的对冲策略制定及其评估。将最小方差对冲比率应用于投资组合收益风险，可以计算EUA与风险相关因素的动态最佳对冲比率。为了实现跨市场对冲，投资者通过在与风险相关市场上采取与EUA期货合约相反的头寸来建立对冲组合。借鉴这一领域的文献（Jin等，2020），我们可以基于方差和协方差获得动态最佳对冲比率。

根据Ederington（1979）的方法，我们测量投资组合的有效性（HE）。跨市场套期保值效果描述了使用某种特定对冲比率相较于不进行任何套期保值时减少投资组合收益风险的程度。与之前研究对冲的效果一致，HE值越大，对冲策略的效果就越好。

表3-44展示了俄乌冲突前后动态对冲模型的最佳对冲比率和HE值。在冲突之前，OIL、COAL、SP500ENERGY和SPCLEANENERGY是降低EUA市场风险的有效对冲工具。相较于其他工具，SP500ENERGY可以被认为是最好的选择，因为其HE值更高。在EUA与SP500ENERGY组成的动态对冲模型中，其HE值为4.5318且最佳对冲比率的均值为0.4175。根据我们的发现，做空0.42美元的SP500ENERGY来对冲1欧元的EUA多头头寸，可以为EUA降低4.53%的风险。此外，OIL、SPCLEANENERGY和COAL也可以作为EUA对冲工具使用，并分别拥有2.8575、2.5308和2.1032的HE值。自俄乌冲突以来，对冲EUA的四个因素的HE值都明显下降。SPCLEANENERGY成为这一时期对冲EUA的最佳工具，其HE值为0.3708。

表3-44　　最佳对冲比率和HE值的描述性统计

		最佳对冲比率				HE（%）
		均值	中位数	最大值	最小值	
俄乌冲突之前	OIL	0.3104	0.2746	1.5040	0.0422	2.8575
	COAL	0.2804	0.2397	1.1857	0.0039	2.1032
	SP500 ENERGY	0.4175	0.3557	1.6909	-0.0531	4.5318
	SPCLEAN ENERGY	0.3013	0.2545	1.8144	-0.2613	2.5308
俄乌冲突期间	OIL	0.0044	0.0106	0.1585	-0.3051	0.3384
	COAL	-0.0669	-0.0635	0.0030	-0.3523	-1.3621
	SP500 ENERGY	0.2539	0.2313	0.6433	0.1717	0.1904
	SPCLEAN ENERGY	0.0477	0.0428	0.1345	0.0355	0.3708

这些发现基于实证分析的结果，为风险溢出效应的讨论模式提供了额外支持。总体而言，SP500ENERGY和SPCLEANENERGY对EUA表现出最佳的对冲效果，并可被视为在不同时期管理碳市场风险最有效的工具。本节内容的发现凸显了国际碳市场对投资者的重要性。它吸引更多投资者关注，同时进一步增加国际碳市场的影响力。通过帮助投资者制定对冲策略，它也促进了节能减排和全球低碳经济的发展。综合来看，这些发现可以为全球环境带来积极的影响。

五、小结

众所周知，气候变化和全球变暖是当今最重要的环境挑战之一。这归因于温室气体二氧化碳等的排放，其对环境造成了危害。作为对环境保护承诺的代表措施，国际碳市场是减少碳排放的有效机制。多年来，欧盟碳排放交易体系已成为世界上最大、最复杂的碳市场，并与其他市场的联系日益紧密。因为其越来越复杂并与其他市场相互关联，所以在估计和测量碳市场风险方面面临着更大的挑战。在此背景下，学者们利用不同模型解释碳市场风险，并越来越强调捕捉溢出效应。然而迄今为止，在这方面的研究仍依赖经验或主观判断来选择模型构建中碳市场的风险相关因素以估计碳市场风险。主观选择过程削弱了估计精度同时也增加了研究风险溢出时的困难。

为了填补这一空白领域，我们采用数据驱动的因子分析策略，首先引入FCM模型，增强了风险相关因素的检测并建立了碳市场关联网络。通过对与EUA相关因素进行更全面的分析，非主观地确定了与碳市场有关的风险相关因素及其溢出链。接下来，我们采用计量经济学方法度量碳市场和其风险相关因素之间的风险水平和溢出效应，并探索它们在投资组合管理中的应用。特别是，在忽略风险溢出方向方面缺乏研究时，我们使用FCM和TVP-VAR模型丰富了现有文献。这些方法的结合使我们能够更全面、准确地捕捉动态溢出效应的方向和强度。最后，我们在俄乌地缘政治冲突背景下考察了GPR在碳市场系统中所扮演的角色。

利用包括EUA在内的14个指数的每日数据构建从2008年11月25日至2022年11月30日的样本期，涵盖欧洲排放交易体系第二、三阶段以及第四阶段的一部分。我们得到以下结论：首先，在FCM模型的基础上，社区检测过程中出现了五个影响碳市场风险的因素，包括OIL、COAL、SP500ENERGY、SPCLEANENERGY和GPR。其次，在俄乌冲突之前，SP500ENERGY向EUA传递了较多的溢出冲击；COAL从EUA接收到较多的溢出冲击；而SP500ENERGY主导着系统。再次，在俄乌冲突期间，GPR是唯一的净溢出者，并且主导着整个系统。此外，在危机事件期间动态总溢出指数迅速上升，尽管碳价格风险驱动因素在不同时期有所变化。

我们的研究结果对政策制定者和投资者有以下重要启示。对于政策制定者而言，应考虑到风险相关市场的波动溢出。实证结果突显了认识碳市场与包括OIL、COAL、SP500ENERGY和SPCLEANENERGY在内的风险相关市场之间时变关联的重要性。全面地考虑特定风险溢出模式有助于更有效地治理碳市场及其风险管理。全球不断加剧的地缘政治不确定性对全球金融市场、能源市场和碳市场都产生了重大影响。GPR的提高以及俄乌冲突等紧张局势可能导致国际能源价格上涨，从而影响替代能源需求和碳价走势。当前冲突再次强调了减少化石燃料依赖并加速向清洁能源转型的紧迫性。我们的研究还为政策制定者提供了指导，并明确规划了治理碳市场以有效应对全球变暖所带来的生态挑战。

对于投资者而言，我们的结果为他们在碳交易中构建对冲策略提供了建议。在俄乌冲突之前，SP500ENERGY可以作为碳期货的有效对冲工具，如果投资者将其纳入投资组合，则能够分散对EUA的风险。研究表明，做空0.42美元的SP500ENERGY来对冲1欧元的EUA多头头寸，可以为EUA降低4.53%的风险。此外，在冲突之前，OIL、SPCLEANENERGY和COAL也可以用于EUA的对冲。在冲突时期，虽然所有市场的套期保值效果都有所下降，但是SPCLEANENERGY是EUA最好的对冲工具。研究表明，做空0.05美元的SPCLEANENERGY可将EUA的风险降低0.3708%。鉴于全球紧张局势导致金融市场不稳定性的增加，我们的发现为投资者减少风险暴露、减少风险防范成本并优化资本配置以提高对冲效果提供了参考依据。特别地，GPR会削弱投资者的信心并增加市场波动性；当他们感知到更大程度上存在着风险时，投资者会更加注意风险规避，从而减少他们的投资。这种行为可能导致市场价值持续下跌，同时增加金融不稳定性并降低碳减排效果。值得注意的是，GPR与各个市场之间的关系是复杂且动态化的，因此需要进一步研究机制以更好地指导风险管理。

最后，我们承认以下限制，这些限制可以从未来的学术研究中受益。

我们提出了一种数据驱动方法来识别与碳市场相关的风险因素。虽然这种方法通过解决主观性问题有助于推进此项研究，但由于数据约束，我们只能从14个因素中进行抽样。未来的研究可以在增加数据可用性的基础上扩大调查范围，以进一步增加对碳市场风险相关因素和风险溢出模式的理解。在这里，我们重点关注了俄乌方面的国际冲突。希望将来能够扩大我们的研究范围，并涵盖研究其他国际冲突事件发生带来的影响。

参考文献

［1］陈晓红，王陟昀．碳排放权交易价格影响因素实证研究——以欧盟排放交易体系（EUETS）为例［J］．系统工程，2012，30（2）：53-60.

［2］方意，和文佳，荆中博．中美贸易摩擦对中国金融市场的溢出效应研究［J］．财贸经济，2019，40（6）：55-69.

［3］高辉，魏荣，李康琪．结构突变下的碳价波动及碳市场风险测度——基于EUA碳期货结算数据的实证研究［J］．金融与经济，2018（7）：59-66.

［4］海小辉，杨宝臣．欧盟排放交易体系与化石能源市场动态关系研究［J］．资源科学，2014，36（7）：1442-1451.

［5］胡珺，黄楠，沈洪涛．市场激励型环境规制可以推动企业技术创新吗？——基于中国碳排放权交易机制的自然实验［J］．金融研究，2020（1）：171-189.

［6］黄元生，刘晖．基于藤Copula-GARCH的中国区域碳市场波动溢出效应研究［J］．金融理论与教学，2019（2）：55-60.

［7］姜永宏，穆金旗，聂禾．国际石油价格与中国行业股市的风险溢出效应研究［J］．经济与管理评论，2019，35（5）：99-112.

［8］姜永宏，刘璐，成金．时频视角下中国碳市场间波动溢出效应研究［J］．软科学，2022，36（9）：72-80.

［9］亢娅丽，朱磊，范英．基于Copula函数的EU ETS和电力市场间相关性分析［J］．中国管理科学，2014，22（1）：814-821.

［10］李晶，师军．碳税和碳排放交易体系对比与碳定价发展策略探析［J］．西部财会，2023（3）：14-16.

［11］刘建和，梁佳丽，陈霞．我国碳市场与国内焦煤市场、欧盟碳市场的溢出效应研究［J］．工业技术经济，2020，39（9）：88-95.

［12］刘明磊，姬强，范英．金融危机前后国内外石油市场风险传导机制研究［J］．数理统计与管理，2014，33（1）：9-20.

［13］任志宇．中国商业银行风险溢出效应实证研究——基于CoVaR技术分析［J］．江苏商论，2018（9）：86-88.

［14］宋雅贤，顾光同．中国碳市场试点区碳交易价格驱动因素及其时空异质性［J］．林业资源管理，2022（5）：32-41.

［15］田园，陈伟，宋维明．基于GARCH-EVT-VaR模型的国际主要碳排放交易市场风险度量研究［J］．科技管理研究，2015，35（2）：224-231.

［16］王倩，高翠云．中国试点碳市场间的溢出效应研究——基于六元VAR-GARCH-BEKK模型与社会网络分析法［J］．武汉大学学报（哲学社会科学版），2016，69（6）：57-67.

［17］王庆山，李健．基于时变参数模型的中国区域碳排放权价格调控机制研究［J］．中国人口·资源与环境，2016，26（1）：31-38.

［18］王喜平，王婉晨．中国碳市场与电力市场间的风险溢出效应研究——基于BK溢出指数模型［J］．工业技术经济，2022，41（5）：53-62.

［19］王喜平，王雪萍．基于时变Copula-CoVaR的欧盟与国内碳市场风险溢出效应研究［J］．分布式能源，2022，7（2）：8-17.

[20] 王正新，姚培毅．中国经济政策不确定性的跨国动态溢出效应［J］．中国管理科学，2019，27（5）：78-85.

[21] 张晨，刘宇佳．基于 DGC-MSV-t 模型的欧盟碳市场信息流动研究［J］．软科学，2017，31（2）：130-135.

[22] 张希良，黄晓丹，张达等．碳中和目标下的能源经济转型路径与政策研究［J］．管理世界，2022，38（1）：35-66.

[23] 张晓楠，蒋语然．碳金融市场风险度量在全国碳市场交易中的应用［J］．投资与创业，2021，32（21）：38-40.

[24] 张云．中国碳交易价格驱动因素研究——基于市场基本面与政策信息的双重视角［J］．社会科学辑刊，2018（1）：111-120.

[25] 张志俊，闫丽俊．碳排放权交易价格的 VaR 风险度量研究［J］．生态经济，2020，36（1）：19-25.

[26] 赵选民，魏雪．传统能源价格与我国碳交易价格关系研究——基于我国七个碳排放权交易试点省市的面板数据［J］．生态经济，2019，35（2）：31-34.

[27] 赵芷萱．碳价格影响因素及碳市场风险度量研究［J］．山西青年职业学院学报，2022，35（2）：104-108.

[28] ADRIAN T, BRUNNERMEIER M K. CoVaR [R]. National Bureau of Economic Research, 2011.

[29] AKKOC U, CIVCIR I. Dynamic linkages between strategic commodities and stock market in Turkey: evidence from SVAR-DCC-GARCH model [J]. Resources Policy, 2019, 62: 231-239.

[30] ALOUI R, BEN AÏSSA M S, NGUYEN D K. Conditional dependence structure between oil prices and exchange rates: a Copula-GARCH approach [J]. Journal of International Money and Finance, 2013, 32: 719 - 738.

[31] ANTONAKAKIS N, CHATZIANTONIOU I, GABAUER D.

Refined measures of dynamic connectedness based on time-varying parameter vector autoregressions [J]. Journal of Risk and Financial Management, 2020, 13 (4): 84.

[32] BALCILAR M, DEMIRER R, HAMMOUDEH S, et. al. Risk spillovers across the energy and carbon markets and hedging strategies for carbon risk [J]. Energy Economics, 2016, 54: 159-172.

[33] BARUNÍK J, KŘEHLÍK T. Measuring the frequency dynamics of financial connectedness and systemic risk [J]. Journal of Financial Econometrics, 2018, 16 (2): 271-296.

[34] BIANCHI M L, DE LUCA G, RIVIECCIO G. Non-Gaussian models for CoVaR estimation [J]. International Journal of Forecasting, 2023, 39 (1): 391-404.

[35] BONACCOLTO G, CAPORIN M, PATERLINI S. Decomposing and backtesting a flexible specification for CoVaR [J]. Journal of Banking & Finance, 2019, 108: 105659.

[36] CHRISTOFFERSEN P. Evaluating interval forecasts [J]. International Economic Review, 1998: 841-862.

[37] DE MENDONÇA H F, DA SILVA R B. Effect of banking and macroeconomic variables on systemic risk: an application of ΔCOVAR for an emerging economy [J]. The North American Journal of Economics and Finance, 2018, 43: 141-157.

[38] DHAMIJA A K, YADAV S S, JAIN P K. Volatility spillover of energy markets into EUA markets under EU ETS: a multi-phase study [J]. Environmental Economics and Policy Studies, 2018, 20: 561-591.

[39] DI FEBO E, ORTOLANO A, FOGLIA M, et al. From Bitcoin to carbon allowances: an asymmetric extreme risk spillover [J]. Journal of Environmental Management, 2021, 298: 113384.

[40] DIEBOLD F X, YILMAZ K. Better to give than to receive: Predictive directional measurement of volatility spillovers [J]. International Journal of Forecasting, 2012, 28 (1): 57-66.

[41] DIEBOLD F X, YILMAZ K. On the network topology of variance decompositions: measuring the connectedness of financial firms [J]. Journal of Econometrics, 2014, 182 (1): 119-134.

[42] DONG X, XIONG Y, NIE S, ET AL. Can bonds hedge stock market risks? Green bonds vs conventional bonds [J]. Finance Research Letters, 2023, 52: 103367.

[43] DUTTA A, BOURI E, NOOR M H. Return and volatility linkages between CO_2 emission and clean energy stock prices [J]. Energy, 2018, 164: 803-810.

[44] DUTTA A. Modeling and forecasting the volatility of carbon emission market: the role of outliers, time-varying jumps and oil price risk [J]. Journal of Cleaner Production, 2018, 172: 2773-2781.

[45] EDERINGTON L H. The hedging performance of the new futures markets [J]. The Journal of Finance, 1979, 34 (1): 157-170.

[46] FAMA E F. The behavior of stock-market prices [J]. The Journal of Business, 1965, 38 (1): 34-105.

[47] FANG S, CAO G. Modelling extreme risks for carbon emission allowances—evidence from European and Chinese carbon markets [J]. Journal of Cleaner Production, 2021, 316: 128023.

[48] FENG H, WANG F, SONG G, et al. Digital transformation on enterprise green innovation: effect and transmission mechanism [J]. International Journal of Environmental Research and Public Health, 2022, 19 (17): 10614.

[49] GIRARDI G, ERGÜN A T. Systemic risk measurement:

Multivariate GARCH estimation of CoVaR [J]. Journal of Banking & Finance, 2013, 37 (8): 3169-3180.

[50] GLOSTEN L R, JAGANNATHAN R, RUNKLE D E. On the relation between the expected value and the volatility of the nominal excess return on stocks [J]. The Journal of Finance, 1992, 48 (5): 1779-1801.

[51] GUO D, ZHOU P. Green bonds as hedging assets before and after COVID: a comparative study between the US and China [J]. Energy Economics, 2021, 104: 105696.

[52] GUO J, HUANG Q, CUI L. The impact of the Sino-US trade conflict on global shipping carbon emissions [J]. Journal of Cleaner Production, 2021, 316: 12838.

[53] HAFEZI M, GIFFIN A L, ALIPOUR M, et al. Mapping long-term coral reef ecosystems regime shifts: a small island developing state case study [J]. Science of the Total Environment, 2020, 716: 137024.

[54] HAMMOUDEH S, AJMI A N, MOKNI K. Relationship between green bonds and financial and environmental variables: a novel time-varying causality [J]. Energy Economics, 2020, 92: 10494.

[55] JI Q, LIU B Y, FAN Y. Risk dependence of CoVaR and structural change between oil prices and exchange rates: a time-varying copula model [J]. Energy Economics, 2019, 77: 80-92.

[56] JI Q, XIA T, LIU F, et al. The information spillover between carbon price and power sector returns: Evidence from the major European electricity companies [J]. Journal of Cleaner Production, 2019, 208: 1178-1187.

[57] JIAO L, LIAO Y, ZHOU Q. Predicting carbon market risk using information from macroeconomic fundamentals [J]. Energy Economics, 2018, 73: 212-227.

[58] JIMÉNEZ-RODRÍGUEZ R. What happens to the relationship between EU allowances prices and stock market indices in Europe? [J]. Energy Economics, 2019, 81: 13-24.

[59] JIN J, HAN L, WU L, et al. The hedging effect of green bonds on carbon market risk [J]. International Review of Financial Analysis, 2020, 71: 10150.

[60] LI Y, NIE D, LI B, et al. The Spillover Effect between Carbon Emission Trading (CET) Price and Power Company Stock Price in China [J]. Sustainability, 2020, 12 (16): 6573.

[61] LIU H H, CHEN Y C. A study on the volatility spillovers, long memory effects and interactions between carbon and energy markets: the impacts of extreme weather [J]. Economic Modelling, 2013, 35: 840-855.

[62] LIU J, MAN Y, DONG X. Tail dependence and risk spillover effects between China's carbon market and energy markets [J]. International Review of Economics & Finance, 2022, 84: 553-567.

[63] LIU J, TANG S, CHANG C P. Spillover effect between carbon spot and futures market: evidence from EU ETS [J]. Environmental Science and Pollution Research, 2021, 28: 15223-15235.

[64] LIU Y, SHAO X, TANG M, et al. Spatio-temporal evolution of green innovation network and its multidimensional proximity analysis: empirical evidence from China [J]. Journal of Cleaner Production, 2021, 283: 124649.

[65] LU Y, GAO Y, ZHANG Y, et al. Can the green finance policy force the green transformation of high-polluting enterprises? A quasi-natural experiment based on "Green Credit Guidelines" [J]. Energy Economics, 2022, 114: 106265.

[66] LUO C, WU D. Environment and economic risk: an analysis of

carbon emission market and portfolio management [J]. Environmental Research, 2016, 149: 297-301.

[67] NAZIFI F. Modelling the price spread between EUA and CER carbon prices [J]. Energy Policy, 2013, 56: 434-445.

[68] NGUYEN D K, HUYNH T L D, NASIR M A. Carbon emissions determinants and forecasting: evidence from G6 countries [J]. Journal of Environmental Management, 2021, 285: 111988.

[69] NGUYEN T T H, NAEEM M A, BALLI F, et al. Time-frequency comovement among green bonds, stocks, commodities, clean energy, and conventional bonds [J]. Finance Research Letters, 2021, 40: 101739.

[70] QIN Q, LIU Y, LI X, ET AL. A multi-criteria decision analysis model for carbon emission quota allocation in China's east coastal areas: efficiency and equity [J]. Journal of Cleaner Production, 2017, 168: 410-419.

[71] REBOREDO J C. Volatility spillovers between the oil market and the European Union carbon emission market [J]. Economic Modelling, 2014, 36: 229-234.

[72] SHENG C, ZHANG D, WANG G, et al. Research on risk mechanism of China's carbon financial market development from the perspective of ecological civilization [J]. Journal of Computational and Applied Mathematics, 2021, 381: 112990.

[73] SUN L, QIN L, TAGHIZADEH-HESARY F, et al. Analyzing carbon emission transfer network structure among provinces in China: new evidence from social network analysis [J]. Environmental Science and Pollution Research, 2020, 27: 23281-23300.

[74] SUN X, LIU C, WANG J, et al. Assessing the extreme risk spillovers of international commodities on maritime markets: a GARCH-

Copula-CoVaR approach [J]. International Review of Financial Analysis, 2020, 68: 101453.

[75] TAN H, LI J, HE M, et al. Global evolution of research on green energy and environmental technologies: a bibliometric study [J]. Journal of Environmental Management, 2021, 297: 113382.

[76] TANG Y, CHEN X H, SARKER P K, et al . Asymmetric effects of geopolitical risks and uncertainties on green bond markets [J] . Technological Forecasting and Social Change, 2023, 189: 122348.

[77] TIWARI A K, ABAKAH E J A, GABAUER D, et al. Dynamic spillover effects among green bond, renewable energy stocks and carbon markets during COVID-19 pandemic: implications for hedging and investments strategies [J]. Global Finance Journal, 2022, 51: 100692.

[78] TIWARI A K, MISHRA B R, SOLARIN S A. Analysing the spillovers between crude oil prices, stock prices and metal prices: the importance of frequency domain in USA [J]. Energy, 2021, 220: 119732.

[79] WANG Y, GUO Z. The dynamic spillover between carbon and energy markets: new evidence [J]. Energy, 2018, 149: 24-33.

[80] WHITE H, KIM T H, MANGANELLI S. VAR for VaR: Measuring tail dependence using multivariate regression quantiles [J] . Journal of Econometrics, 2015, 187 (1): 169-188.

[81] XU Q, JIN B, JIANG C. Measuring systemic risk of the Chinese banking industry: a wavelet-based quantile regression approach [J]. The North American Journal of Economics and Finance, 2021, 55: 101354.

[82] XU W, MA F, CHEN W, et al. Asymmetric volatility spillovers between oil and stock markets: evidence from China and the United States [J]. Energy Economics, 2019, 80: 310-320.

[83] YUAN N, YANG L. Asymmetric risk spillover between financial

market uncertainty and the carbon market: a GAS - DCS - copula approach [J]. Journal of Cleaner Production, 2020, 259: 120750.

[84] ZARE S G, ALIPOUR M, HAFEZI M, et al. Examining wind energy deployment pathways in complex macro-economic and political settings using a fuzzy cognitive map-based method [J]. Energy, 2022, 238: 121673.

[85] ZENG S, NAN X, LIU C, et al. The response of the Beijing carbon emissions allowance price (BJC) to macroeconomic and energy price indices [J]. Energy Policy, 2017, 106: 111-121.

[86] ZHANG C, YANG Y, YUN P. Risk measurement of international carbon market based on multiple risk factors heterogeneous dependence [J]. Finance Research Letters, 2020, 32: 101083.

[87] ZHANG W, ZHUANG X, WANG J, et al. Connectedness and systemic risk spillovers analysis of Chinese sectors based on tail risk network [J]. The North American Journal of Economics and Finance, 2020, 54: 101248.

[88] ZHANG X, LI J. Credit and market risks measurement in carbon financing for Chinese banks [J]. Energy Economics, 2018, 76: 549-557.

[89] ZHANG Y J, SUN Y F. The dynamic volatility spillover between European carbon trading market and fossil energy market [J]. Journal of Cleaner Production, 2016, 112: 2654-2663.

[90] ZHU B, YE S, HE K, et al. Measuring the risk of European carbon market: an empirical mode decomposition-based value at risk approach [J]. Annals of Operations Research, 2019, 281: 373-395.

索引

碳金融—7，25，26，27，33，48，56-57，123-125，152-154，200，282
风险溢出效应—46，105-107，115-116，121，125-128，132，134，139，142，144-145，149，151-156，168，170-172，215，229，243，245，247，250，255-257，264，266，274，278-280，282，286，292，302
原油波动率指数—136，154，279，287，289
“双碳”目标—165，171
TVP-VAR 模型—73，74，155，156，195，206，277，278，280-282，284，286，292，296，303